U0340410

京津冀协同发展规划中的新思维

王　凯　中国城市规划设计研究院副院长

一、京津冀作为国家战略的背景解析

京津冀作为国家战略是一个重要的转折点，是 2014 年中央经济工作会议对未来中国的走势的一个判断。在新常态之下，经济增速放缓，发展方式从粗放型无序增长向效率型集约增长转变，经济结构从增量扩能为主转向调整存量、做优增量并存，经济发展动力正从传统增长点向新增长点转变。因此，需要大力完善区域政策，促进地区的协调发展，协同发展、共同发展。重点实施一带一路、京津冀协同发展、长江经济带三大战略。

京津冀是未来国家的经济格局要进行优化和调整的重点之一，其作为国家战略有以下三个视角：

第一个从国际视角看。京津冀是我国新时期实现大国崛起，担当国际责任的核心地区。2014 年中国经济总量已跃居世界第二，由此带来的全球经济政治事务管理职能必须由首都承担，亚投行的总部放在北京就是一个例子。从国际经验来看，大国首都国际化也是国家保持全球竞争力的重要途径。

第二个从现实视角看。京津冀是引导国家转型发展创新发展，推进生态文明建设的核心地区。第一，中国经济的可持续发展，京津冀地区的作用不可替代。第二，转型发展、创新示范，京津冀地区具有优先性和紧迫性。第三，首都“首善之区”的特殊地位，对于探索社会、文化、公共服务等多方面国家现代化治理体系意义重大。

第三从历史视角看。京畿之地，国之重器，代表了一个时代的核心精神与空间精粹。作为千年强国的首都，京畿地区的发展责任责无旁贷。

二、京津冀发展存在问题的程度判断

1. 北京的人口功能过度聚集，大城市病问题突出

目前，北京人口 2 100 万，已超过 2004 年版做北京总体规划中 2020 年预期人口数量 1 800 万，其中中心城区人口 1 270 万。各类高端服务功能，公共服务的中心都在中心城区集聚，郊区外围大量低端制造业集中。几乎所有重大交通设施的枢纽都在北京，但首都的职能与世界城市的差距依然显著。

2. 生态环境问题严峻，城市宜居品质差

水、大气环境污染形势严峻。——北京水资源开发率达到 84%~244%；地下水严重超采，形成 25 个大型地下水“漏斗”，是全球最大的漏斗区；地表水 V 类及劣 V 类占比达到 43%。大气污染严重、污染范围大，以 PM2.5 为核心的区域性复合型大气污染趋于恶化，形成“燃煤废气 – 机动车尾气 – 工业废气”多种污染物共生局面。

城市周边生态质量大幅下降，城市宜居品质不高。——北京 60 公里范围内高品质生态用地（林地）面积占比不足 10%，远低于世界主要城市；北京第一道绿隔保留不到 11%。

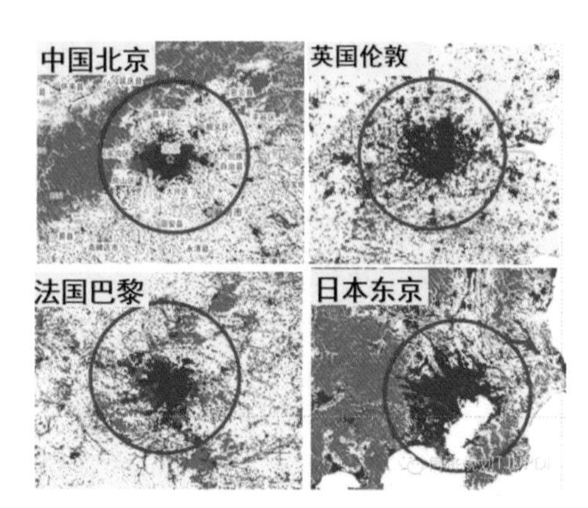

图 1　北京与世界主要城市 60 公里范围绿地对比

3. 城镇体系结构失衡，中小城市发育严重不足

区域二级中心城市明显不足：经济开放度、综合枢纽职能、城市商贸服务职能、区域创新能力等方面与长三角、珠三角同等规模城市相比差距显著。县市城区规模小、公共服务水平不高、聚集效能差；区域内 20 万 ~50 万规模 I 型小城市仅为长三角的三分之一。

4. 乡村地区建设无序、品质差，城乡统筹流于形式

北京南部地区、山区采矿地区、大清河流域、冀中南地区的农村工业粗放扩张。农村地区的工业化是造成区域环境污染与生态危机的重要因素。北京郊区建设用地管控失序，工业仓储（集体用地）达 370 平方公里，占全市工业仓储用地比重的 54.5%，城乡建设用地达 2880 平方公里，一半在农村。

5. 空间发展缺乏引导，区域空间管制机制缺位

北京相邻地区“贴边发展”的潜在风险突出，影响首都的可持续发展能力。大规模跨区通勤问题亟待解决：卧城带来的通勤压力短期内难以解决；社会安全隐患日益突出：中低收入人群过度聚集带来的社会安全隐患；区域生态安全风险持续加大：连绵化的蔓延阻断通风廊道，加剧热岛效应；水资源承载力不足：环渤海湾区的“竞争填海”，严重影响湾区生态环境。

造成上述问题原因之一是政府过度干预和市场的监管不力。一方面，由于政府过度干预，大量的优质公共服务资源（教育、医疗、文化）过度集中在北京，造成大量流动人口。如北京三级甲等以上医院 40% 的病人来自外地，仅看病一项北京每天的流动人口达 188 万。另一方面，市场监管不力，土地、水、电等资源价格偏低，大量的一般制造业、物流业、房地产等非首都功能在中心城和周边“井喷式”发展。原因之二是“京畿”到“京津冀”的历史包袱。京津区划从“小市”变为“大市”，行政等级也从附属河北变为平级；河北省会曾在保定、北京、天津间多次迁移，到了文革的时候，又迁至石家庄。纵观近代历史，京津冀区域存在许多政治性和经济社会性问题。

图 2　河北省会变迁

三、京津冀协同发展规划的创新思考

1. 规划的认识论

从规划的认识论来讲，必须要认清京津规划的特殊性。

首先要有政策性，京津冀协同发展不是一般的技术性的规划，要从战略角度出发，以十八大以来中央的决策精神为指导，特别是要贯彻党中央国务院对于新型城镇化的有关指示要求。其次要有科学性，京津冀也是一个大都市地区，符合世界大都市地区的发展特点，要从世界城市群的角度，把握空间布局的规律性。最后要有效性，要从空间要素的规划和管控入手，实现规划的可操作性。

2. 规划的方法论

首先要实现三位一体。即一体化的本底认识、一体化的空间谋划、一体化的有效管理。要以习总书记关于京津冀地区“地缘相近，人缘相轻，地域一体，文化一脉”的方针为指导建立对规划的本底认识。建立包括城镇体系、生态交通、文化公共服务一体化的空间谋划。京津冀协同发展既要有问题导向，也要有目标导向，实现一体化的有效管理。另外有要两个产出。要支

撑这个发展，中央提出率先发展生态、交通、产业基础设施，除此以外还应进一步完善把文化、城乡一体的公共服务基础设施都完善，最后要有良好的区域管控的体制机制。

3. 规划的思路

经济的协调发展要有前提是可持续发展，将生态文明贯穿于国家社会经济发展的全过程。要有底线思维，区域确定发展的综合承载力，要有规模的控制，要以水定人，空间上有所约束，确定空间的开发边界，分析京津冀地区对生态承载力。

规划从问题角度来讲，要以参与全球竞争为目标，提升京津冀地区的整体竞争力。建立对城市职能体系，空间结构区域一体化新的思考。从历史和现实角度出发，北京是一个功能复合的首都，要认识我国国情和客观规律，作为区域层面整体的布局，不应该把所有的功能集中在北京，可以依托现有交通条件进行一定区域层面的扩展。

对于区域的经济空间和实体空间的结构要有新认识，建立多中心、网络化的城镇空间结构。一是构建京津冀整体的城镇体系，环首都地区的规划。依托京津冀北地区最高的人口密度，经济密度，线网密度，交通城际轨道网密度，统筹发展布局；二是构建整个京津冀地区显山露水品质优良的生态网络，实现看得见山，望得见水，轨道引领，绿色高效，产城融合，创新驱动，京畿特色，多元活力，设施均好，覆盖城乡，共建共享，协调集约。

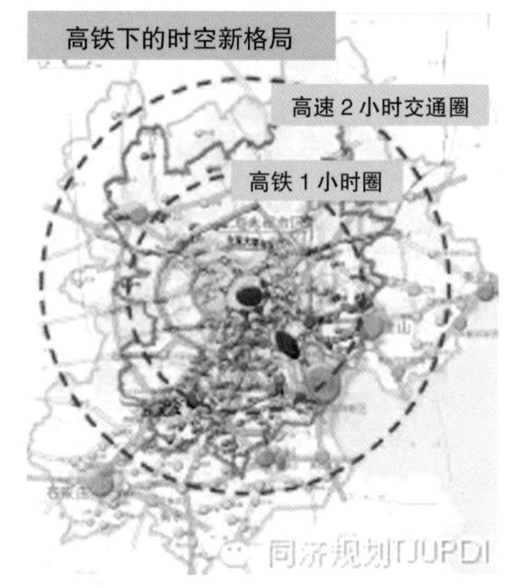

图 3　高铁下对时空新格局

四、京津冀协同发展规划的实施

京津冀协同发展需要有良好的政策上保障、畅通的对接机制，迫切在需要中央层面对发展顶层设计和目前的规划管理体制机制进行改革创新。第一要立足中央事权，明确重点管理对象，重点管控生态区域；第二进行规划管理，进一步突出城乡规划管理的重要性，实施“三区四线”管理，进行跨区域片区、专项规划管理，建立动态管理平台；第三要有配套体制政策，实现规划落地的保障机制，包括区域绿地建设配套政策，建立跨区域合作对接机制，率先实施县镇试点，对行政区划进行调整。

目前京津冀协同发展规划对制定工作还在进行当中，图纸和数据不能公开，希望可以能给大家提供相关思路和参考。

此外，作为毕业多年的学生，谈一点工作体会。

第一，既要广泛听取意见，更要独立见解。立足城市规划的基本理念，一定要坚持独立、科学、合理的认识。

第二，我们既要借鉴国际经验，也要符合国情。中国社会经济发展存在既存在全球范围内的普遍性问题，也存在我国特色的特殊性问题，因此，包括制度设计等一系列规划手段都应该符合中国国情。

第三，既要埋头规划创作，更要主动沟通。充分了解对方意图，吸纳采用合理内容，充分调研，良好对接。

城市设计和规划控制问题的新认识

唐子来　同济大学建筑与城市规划学院教授

一、什么是新常态

2014年5月，习近平总书记在河南考察时首次提出中国经济"新常态"的论述，此后"新常态"成为观察和解析中国发展的"新视角"。在此发展背景下，需要认识新常态，深入新常态，引领新常态。

1. 中国发展进入"新常态"

目前，国内的经济增长速度从高速增长转向中高速增长，经济发展方式从规模速度型粗放增长，转向质量效率型集约增长。新常态的转型主要从过去的规模、速度主导型转向至现在的质量、效率主导型。

2. 中国城镇化进入"新常态"

新型城镇化规划中包含的七个核心维度——社会、经济、空间、生态、文化、制度、政策，其中制度维度最为重要，社会、经济、空间、生态、文化五个维度紧随其下，最后政策维度落地，进行统筹规划和分类指导。

3. 城市规划进入"新常态"

国家新型城镇化规划提出，提高城市规划建设水平，要从创新规划理念、完善规划程序、强化规划管控三个方面进行深化，而城市规划的"新应对"应与这三个层面进行对接。从规划理念角度，要重新认识城市设计的属性与内涵；从规划程序角度，要重新明确城市设计事权；从规划管控角度，完善城市设计实务。

二、"新常态"下的"新应对"策略

1. 认识城市设计属性：管理 & 设计

城市设计与城市规划的属性一致，是作为政府管理职能，以城市建成环境为对象、以土地及空间利用为核心，通过规划编制和规划实施，对城乡发展资源进行空间配置，并使之付诸实施的公共政策过程。城市规划与城市设计最重要的是公共管理职能，以建成环境为管理对象，城市规划控制关注城市建成环境的"功能合理性"，而城市设计控制关注城市建成环境的"形态和谐性"，规划控制与设计控制组成了城市的开发控制。

城市设计不是房子造的漂亮，而是政府对于城市建成环境的公共干预。因此，城市设计与城市规划的目的一致。第一，克服城市建成环境开发中市场机制存在的缺陷；第二，满足城市发展在经济、社会和环境方面的空间需求与品质；第三，保障社会各方的合法权益。城市设计关注的是城市空间形态和景观风貌的公共价值领域，并非所有的私权都可以被侵犯和干预，但是公共价值领域不仅仅是公共空间本身，同时也涵盖了对公共空间品质有影响的各种要素。例如纽约中央公园，影响其品质的并非只有公园本身，还包括周边的建筑界面。

城市设计作为公共干预的基本方式包括两种，第一，对城市公共空间（如街道、广场和公园等）的具体设计，称为形态型，作为结果的城市设计；第二，制定和实施城市空间形态和景观风貌的公共价值领域的控制规则，称为管制型，作为过程的城市设计。而"新常态"下，城市设计更多的是过程管控，制定相关的管控规则，符合管控要求，同时符合公共利益。

2. 明确城市设计事权：政府 & 市场

城市设计和城市规划一样，是有事权的。在我国全面依法治国的国情下，政府应进行如何程度干预？政府和市场之间的

关系应该如何处理？是目前应解决的重要问题。改革开放以来，产权跟私权的核心问题没有进行完善的解决，政府跟市场的关系也未进行有效的梳理。2014 年李克强总理提出了政府的三张清单——“负面清单”、“权力清单”和“责任清单”。政府要给出“负面清单”，明确企业不该干什么，做到“法无禁止皆可为”；拿出“权力清单”，明确政府该做什么，做到“法无授权不可为”；理出“责任清单”，明确政府怎么管市场，做到“法定责任必须为”。这与城市城市规划与城市设计的三个目的是切合的，第一，市场的“负面清单”，要克服城市建成环境开发中市场机制存在的缺陷；第二，政府的“责任清单”，要满足城市发展在经济、社会和环境方面的空间需求，规划和设计要告诉市场，哪些可以做，哪些不能做；第三，政府的“权力清单”，要保障社会各方的合法权益，把权力装进制度的笼子，明确体制的权力边界。作为对私人权益的公共干预，城市设计事权必须在政治上是可行的，即城市设计的控制元素和控制要求必须是广大公众所认可的公共价值范畴。因此，新常态的规划的新应对，不是说规划做得多漂亮，而是更加强调制度与产权。

3. 完善城市设计实务：效率 & 效果

城市设计在实施当中应如何操作，是效率导向还是效果导向，这是城市设计的实务需解决的问题，表现在成果上即为城市设计的导则。城市设计导则是以规定性为主还是以绩效性为主，往往是颇有争议的。规定性设计导则强调达到设计目标所应采取的具体设计手段；绩效性设计导则注重达到目标的绩效标准，并不规定具体设计手段，通常配有引导性的示例，采取文图并茂的形式，有助于解释每项导则的设计控制意图。

在实践中，城市设计控制往往采用规定性和绩效性导则相结合的方式，分别适用于不同的控制元素。由于设计控制往往涉及到难以度量的品质特征，所以普遍认为尽可能多地采用绩效性设计导则，确保达到设计控制目标但不限制具体手段，但一些地区特征明显的（如历史保护地区的文脉特征），表明采取规定性设计导则，也是必要的、合理的和可行的。

三、设计提案收集

1. 香港城市设计导则应用案例

香港规划当局分别在 2000 年 5 月和 2001 年 9 月发表了香港城市设计导则的公众咨询文件。城市设计导则的第一轮公众咨询文件提出七项城市设计议题，而城市设计导则的第二轮公众咨询文件仅针对五项主要议题，包括香港的高度轮廓、滨水地带发展、城市景观、步行环境、缓解道路交通所产生的噪声和空气污染。

香港城市设计导则的公众咨询文件表明，作为公共政策的城市设计既是专业技术过程，更是民主政治过程。城市设计是公共政策，需要沟通，不能关起门来做，要保障合法权益和问责。以确定维多利亚港两岸发展的整体高度轮廓为例，城市设计管控涉及到经济发展利益和社会环境利益，香港规划局根据公共政策管控，进行公众意见征询后，在经济发展和社会环境的利益之间进行统筹和博弈，最终确定城市设计的管控以保留七个视线通廊的结论。

然而，由于目前国内经济发展太过主导，经济发展利益与社会环境利益没有应对，因此新常态的第一种现象出现——经济发展放缓。面对此“新常态”，“新应对”的策略要从规模、速度导向转化为品质、质量导向。首先需要进行观念的转变，进行公共干预，其次需要明确政府的事权，将市场的负面清单、政府的权力清单和责任清单在城市设计政策中划分清楚。城市设计的公共干预，不仅仅要按照技术进行管控，更需要明确政府的与市场的关系、中央政府和地方政府的关系，征询公众意见，是一个民主政治的过程。

2. 旧金山居住区设计导则应用案例

旧金山居住区设计导则明确表示，该设计导则是为建立和谐的邻里环境提供“起码准则”而不是“最高期望”。这表明，城市设计作为公共政策，具有技术合理性和政治可行性的双重特征。

在美国的教科书中，规划控制和设计控制具有警察权属性，从法律意义上讲是禁止做坏事，而不是鼓励做好事。因此在城市规划和城市设计中，规划要控制禁止做坏事，但是为了保证更好的品质和质量，不能采用强制性的方式，而是需要采用辅助型的方式。因此，有些设计控制要求更适宜于采取奖励性而不是强制性的实施机制，建立完善合理的激励机制，鼓励开发者能够满足城市设计的理想期望。

3. 上海世博会后续发展规划应用案例

以上海世博会城市最佳实践区会后发展控制性详细规划为例，该规划在城市设计管控中，更多的从公共价值领域进行控制，例如针对公众可以使用的积极界面与界面贴线率等公权要素进行严格干预，对于私权的建筑空间要素则不进行过多干预，符合相关控制原则即可。

针对城市设计的品质控制，开发控制的各项指标都可以进行量化，然而设计控制品质难以度量。因此，在设计控制中普遍采用的绩效标准方式，要进行审议，明确公共价值领域空间是否符合管控要求。因此管理方和开发方之间的沟通非常重要，需要建立有效的沟通和磋商机制，通过不断沟通达成共识，明确可能采取的具体手段。

综上所述，可将现有的城市设计分为两种，一种是针对城市一般地区，管理语境是效率导向，设计控制需要确保底线的价值取向，是以管制型为主的设计管理方式；第二种是重点地区的城市设计，要以效果导向为管理语境，要追求满意、满足理想期望的价值取向，确保城市建设的品质，设计管理方式需要以沟通型为主导，提供公众参与，保障各方面的合法权益。

四、结语

城市规划与设计的规模、速度的春天也许已经过去，但质量、效率的春天随之到来。未来城市规划和城市设计会纳入更多的风格和元素，规划要追求品质，做精品，这是新常态的新应对。

新方法、新技术在城市规划研究中的应用

沈振江　日本国立金泽大学教授

一、规划设计方案展现

日本的城乡规划过程中，对公众的规划参与是非常重视的。我们利用虚拟现实和云技术手段向用户展示规划成果，这是目前应用的最多，也是规划设计人员作为重视的设计表现层面。

二、法规普及与推广

为了能够使公众在规划参与过程中的提议更具有可操作性且符合法规要求，需要将规划、建筑法规在公众中予以普及和推广。由于日本的规划法规相当复杂，普通民众较难全面理解，于是开发了基于 BS 构架下的三维技术应用——“智慧规划系统（JSPS）”，将法规的各项要求通过三维方式向土地所有者进行直观形象的展示，并提出设计建议。值得一提的是，该法规学习工具利用游戏软件进行开发，可以自动计算出法规中涉及的斜线控制、斜面控制、容积率控制、多面体控制以及平面控制要求道路退界等各项建设要求。通过这个三维学习工具，使民众能够较好的理解法规条文要求，减少群众违规建设的出现。

此外，该系统还可供市民学习金泽地区传统建筑风貌。金泽在日本具有很高的知名度，是仅次于京都的日本第二大古城，在一定程度上来说，其历史风貌的保护甚至比京都更为成功，在保护法规的制定方面也是先于日本国家的保护条例的。金泽市的传统建筑，有其独特的特征，当地人称之为“金泽样式”，但在实际的开发和建设过程中，也有大量的建筑遭到破坏，群众对什么是真正的“金泽样式”把握不准。通过学习软件中简单的菜单操作，可以使群众了解金泽市不同样式的传统建筑的区别，如荒格子、细格子、二重庇等等。民众可以随时随地通过软件进行网上学习。

三、设计提案收集

通过虚拟现实技术在线收集民众对规划设计方案的提案，充分展现民众自身的想法。此处通过一个小型公园的案例进行说明：该公园基地为一个狭长的方形，地形有一定的高差，软件将地形数据进行直观呈现，居民可根据自身的游憩活动需求，可将设施要素进行拖放、移动以及尺寸修改等等，并将其在线设计方案存储在软件系统之中。居民可以通过查询，找出自己的方案，与其他进行交流讨论，投标选出较佳的方案。可以看到，在这公园提案中，老人活动的空间希望位于高处，可以随时照看在低处活动的孩子的安全，孩子活动完以后，在高处有洗手、洗脚的设施，然后再将孩子安全带回家中。这样的设计方案，是居民意愿的朴素体现，体现了居民对这一区域的功能要求，最终将提交给专业的设计公司，对设计方案进行修改和完善。

四、设计方案审议

通过内容管理系统（CMS）的应用搭建民众与规划编制人员之间的桥梁，充分发挥民众自主性，调动民众规划参与的积极性。设计方案提出以后，还有一个重要的过程，就是民众参与设计方案的审议。以往的方案审议一般通过会议形式，现在通过虚拟现实技术，民众可以通过公共设备、个人电脑及会议等多种方式参与方案审议，使得群众对规划的参与不再受到时间和地点的限制。方案审议完成之后，设计团队将会进行一些修改，完成之后再进行新一轮的审议，通过循环的审议和修改核对，形成一个最终的实施方案。规划方案的数据收集工作需要花费半年左右的时间，公众参与也需要半年的时间，因此在日本规划设计方

案制定需要一个较长的时间段。

以七尾市的风貌设计导则为例，该项目的主要目的是进行道路拓宽和建筑改造，规划审议包括10位居民、4位专家、规划师和官员8名、规划主持（通常是来自外地的非利益相关者）1名。审议内容包括街道横断面组成、街道家具设计、沿街建筑设计三方面内容。通过虚拟现实，将方案设计内容予以展示，同时民众可以对规划方案进行动态修改，如日本民众比较偏向常绿的行道树，因为落叶树的落叶问题通常会带来打扫方面的困扰，但同时民众又希望拥有良好的景观，种植应有季相变化，最终将行道树确定为枫树便满足群众的要求。

五、云端虚拟现实及大数据技术对规划编制的支持

智慧城市建设近年来在日本也是较为火热的。日本的智慧城市建设包括网络基础设施、智慧设施和生活服务三个层次。当前日本的智慧城市建设重点在于产品设施的更新。由于日本战后六七十年间网络基础设施所采用的老技术已经不适应当前的形式，因此需要进行产品更新。智慧城市建设与规划技术支持有重要的关系，在城乡规划模拟时，城市空间上着眼于房、地、人之间的关系，时间上也应考虑到人的全寿命周期性，出生、长大、结婚、生子、老年、去世等一系列过程也是城市规划需要考虑的内容之一。

大数据与三维技术结合，也可以为规划设计带来新的思维。在广场、公共用地、购物行为或者是防灾设计中，大数据能够反映一定的问题，起到较大的作用。在涉谷区步行桥的设计中，首先将交通流量数据导入到软件系统，通过分析人车关系，对不同时间段进行步行桥人流量的进行数据模拟，评价步行桥改造方案的实施效果。

期冀可以通过计算机技术模拟、分析等新技术、新方法的应用，建立从政策制定到规划设计各个层面的整合化服务平台，更智慧的进行规划，使规划能更好地为民众服务。

多元化主体参与的城市更新方法与实践

赵城琦　日本早稻田大学研究员

一、日本都市再开发制度的发展阶段

日本都市再开发制度的发展大致经历了三个阶段。第一个阶段，城市更新手法开始从大规模开发向渐进式转变；第二个阶段，出现了“高密度旧城区的小规模渐进性街区更新”的探索；第三个阶段，日本正式引入公众参与，将政府、公众、开发商都可以提案的“三方一会制”作为再开发制度之一。

二、日本都市再开发制度的经验与借鉴

1. 日本都市再开发制度的经验

在东京，有 70% 的地区是木结构密集住宅区，这是日本最重要的城市更新的课题之一。

六十年代，在“贫民区改造完成、市民诉求提高、财政负担局限”的背景下，日本逐步推行了市街地再开发事业的制度化，并制定了非常多的政策和制度。这些制度的制定标志着存量规划的开始。以 1968 年颁布的新“日本城市规划法”和 1969 年颁布的“再开发法”为标准，城市更新手法由“政府主导大规模开发”向“活用地域资源渐进式开发”转变，都市再开发制度也由原来的“自上往下”转变为“自下往上”。

七十年代的日本，在城市更新过程之中，仅用制度的叠加已无法避免新问题的出现。很多老区的趣味在新开发的小区里没有办法体验，很多趣味也不是在短期能够被设计出来的。到底什么样的街区空间才最符合老公众和政府的需求？“高密度旧城区的小规模渐进性街区更新”的探索和研究应运而生。

八十年代，日本正式引入公众参与。提出了政府、公众、开发商都可以提案的“三方一会制”。

2. 日本都市再开发制度的内容借鉴

都市再开发基本构想的内容大致为：实现土地、建筑的共同化，实现城市空间的复合高效利用，完善必要的公共设施；原产权所有人的利益，在实施再开发事业之后实行就近（就地）等价置换；提高城市空间的复合高效利用，用增加部分的建筑面积换取开发建设的费用。再开发制度的权利，经原产权人的产权关系变更之后，可增加 20% 的增量，使项目得以运营下去。以东京六本木为例，用了十四年进行产权关系变更，该项目的体量和功能关系，是在制度基础上进行的设计。

随着日本旧城区更新课题的深刻化，再开发制度明确为三部分：

（1）相关法律，包含国家法、国家的再开发法、地方条例等；

（2）补助、奖励制度，包含容积率的奖励、税收的优惠及其他补助系统。其中最重要的是：所有再开发的项目都可享受“国库补助制度”，补助费用占整个街区改善费用的 20%~40%；

（3）扶持系统，包含各级政府、相关机构的支持。在土地高度利用的地区，法律上允许容积率按比例增加和斜线归置等缓和制度。

都市再开发制度受法律保障，只要项目推进程序符合都市计划项目的推进程序，则被认为是合法的。随着再开发目的的变化，制度也相应调整。

都市再开发项目在日本全国共实施 864 个地区，引导 9 倍民间投资效益，为城市功能空间的完善等方面起到极大作用。都市再开发制度形成了权益相关者之间的意见一致，使流程标准化、手续细致周到，并且具有能对应各种复杂情况的补助制度，即使高难度的项目，也能公平公正的解决。

三、城市更新在国内存在的矛盾与解决思路

在保护区内，如果政府不允许增量，则城市更新很难进行下去。公众对更新后的生活空间期望值很高，但这个要求在中心城区不可能做到。结果要么把居民从保护区内赶走，要么居民自己搬走，否则没有更多的生活、生存空间。而对政府来说，拆一块亏一块。

究竟有没有适当缓解矛盾、改善民生的方法？在对国内案例的研究过程中，发现很多项目存在增量的可能性。例如，杭州郊区的洋溪老街在改造中并没有严格控制增量，政府在老街区改造中可以统筹安排增量，植入公众需要的功能，如菜市场、养老院等公共设施。通过增量的设置，就近解决居民的生活需求。并且政府可以提供多套改造方案，让公众参与进来，共同完成项目的更新改造。不难看出，这个案例虽不可能一步将居民的期望落实到位，但只要达到保障居民生存、改善居民生活的目的，公众可以接受中间妥协的方案。在今后改善民生的项目中，可以酌情考虑做一个增量缓和，作为缓解矛盾、改善民生的方法。

但是，增量又涉及到了各方的利益。政府可以主导修建公共护理站，也可以为公众做民宿经营的收益，还可以做商铺的出租或者出售。很多领导认为增量的提议不符合中国国情，对此，我们建议：

在制度方面，根据日本的实际经验，结合中国居民委员会街道的组织，提出了一个街区层面的城市更新的新型组织关系的可能性，更符合现行的法规和政策，我们称之为“改善性居民委员会”。更新委员会和统筹街区改善资金的可能，把社区养老、完善配套、就近安置的问题解决。

在规划方面，可将“土地储备”变成“容积率储备”。在既成街区，往往面临动拆迁日益困难，各利益主题之间矛盾加剧的现象。可考虑在某一个保护区，或风貌协调区做一些尝试。在城市中心的风貌保护区，剩余容积率的资产价值巨大，在保护的基础上适当做“规则制度的缓和”，增加可转换成巨大市场价值的部分，作为再开发项目的部分开发费用。

在技术手段方面，提出对街区内控制容积率转移的设定，保证了街区内相关主体的利益平衡。其具体手法是：在考虑了地区的社区单元、空间构成、权利关系等条件的基础上，对相关政策，控制性引导以及街区更新方法系统等相关环节进行研究，提出进行制度化的必要性。此外，在保护历史建筑的项目中，也可考虑对空中所有权的协商交易，即容积率转移。

四、多元主体参与的城市更新反思与建议

国内城市更新面临的问题，需要根据更多案例试点的经验，来共同完善法律法规。既成街区的城市更新，需要优化地方规划审批程序及操作层面的细则。

根据国内城市更新的经验，我们反思以下几个问题：

（1）控制性详细规划和土地招牌挂制度，在旧城改造项目中，特别是居住区改造的案例中是否已经成为了桎梏。

（2）以上海历史风貌保护区为例，居民改善居住条件的小规模改建项目，能否作为土地招牌挂程序的特例。

（3）能否在改建的面积指标上，在保护允许的范围内允许部分的规制缓和，允许部分增量。

（4）随之而来的审批程序和技术规范条例，是否可以设置城市更新的绿色通道。

城市更新一个是利益相关者博弈、协作、推进，并循序渐进的过程。这个过程的设计是空间规划设计的前提。城市更新需要建立推进项目顺利进程的组织，需要新的规划技术的支持，需要制定或者完善城市更新的制度、法规、技术条例，以及原有归置的缓和条件和审理程序。

除此之外，城市更新还需要专业人员的工作方式从“短、平、快”向“长期化、持续化、渐进性”转变；规划内容从“空间规划技术”向“程序、组织等系统设计”转变；工作内容的表现形式从“绚烂的效果图”向“关系图、流程图”转变。还有很重要的一点，我们要有对这片土地有感情：乡土爱、生活爱、街区爱、城市爱。对这里的每条巷子，一砖一瓦，和世代生活在这片土地上人们的热爱。

创新论坛

城乡统筹与规划变革

1. 城市总体规划编制的新趋势

（1）上海同济城市规划设计研究院王新哲以上海市新一轮总体规划展望为例，阐述了“新常态”下总体规划的变革，认为上海城市规划工作面临空间管理模式转变、有效控制城市蔓延、城市治理模式转型、引领城市战略升级四大挑战，提出价值取向、发展模式、管理方式、规划内涵四个转变。总结上海市总体规划编制的创新为六条：形式创新带动内容创新的成果体系创新；从经济到人本的城市目标创新；从中心到全域的规划范围创新；从愿景到底线的规划方法创新；从技术到政策的规划成果创新；落实主体与动态调整的行动规划创新。

同济大学建筑与城市规划学院陈秉钊教授指出，城市目标从经济到人本，但对一座城市而言，要人本与经济并举，只是过去太偏重经济，现在应该多重视人本，但是也要避免从一极端走向另一极端。

成都市规划设计研究院曾九利院长指出，为了应对新的发展诉求，总规改革迫在眉睫。

（2）成都市规划设计研究院唐鹏在“城市规划要由扩展性规划逐步转向限定城市边界、优化空间结构的规划”背景下，就四川省城市开发边界划定工作进行了论述。城市开发边界划定流程为控制底线、初始生成、确定规模、评估调整，进而采取终极建设用地规模和城市开发边界线双重控制的模式，下发《城市开发边界划定导则》。

中国城市规划学会耿宏兵副秘书长指出，增长边界要有年限，规划都是有年限的，永久的思想可能跟社会和动态的变化是不一致，不仅仅是规模的预测，形态上也有变化。大城市零增长，小城镇可能长得很快，如果划得太大就会失去意义。

中国城市规划设计研究院王凯副院长指出，领导提出要划定开发边界来遏制城市无序开发，但可能依然很乱。本质的问题不转变，不能从外延式的模式转化为内涵式的发展，转型很难。重点要掌控住城市发展核心资源。无论是生态还是城市发展，从科学合理性的角度进行分析很重要。

扬州市规划局刘雨平总规划师认为，针对城市开发边界问题，倾向于将其划定范围变小，这样才能更好地遏制政府扩张，否则只留生态底线用地，会让政府感觉还有很多的土地可用，不能更好地可持续发展。

上海同济城市规划设计研究院裴新生所长认为，规划能有所作为的更多在于划定弹性边界，依照城市发展的规律，预测城市的规模来划定，但并不是所有城市都要划定，不同地区不同发展阶段，要区别对待。

陈秉钊教授建议，城市发展成熟以后，再定义刚性边界，先阶段通过建立一个标准来进行约束而不是用划定边界的方法。而成都市规划设计研究院曾九利院长认为，城市开发边界划定很有必要，否则可能出现失控的局面。

（3）广州市城市规划勘测设计研究院朱江认为：我国空间规划重纵向控制，轻同一空间上的横向衔接和联系，使得在同一横向维度上，不同规划管控逻辑矛盾，造成我国城市空间管理的众多问题。从“非常态”走向“新常态”，“多规合一”将成为国家体制创新和空间治理的重要突破口。通过介绍我国“多规合一”相关工作大致经历了早期探索期、试点推动期、政策支持期三个阶段。从已开展规划融合工作的城市的经验看，目前已基本形成三种主要的规划融合模式：概念衔接型、技术融合型和体制创新型。由于“多规”情况复杂，在实践基础上，他认为“多规合一”的工作思路可以分为两个阶段：“三规合一”协调规划；“多规合一”体制创新。中国城市规划学会耿宏兵副秘书长认为，总体规划虽然在变革，但依然是自上而下，太过依赖于政府，利益分配考虑不足，参与机制有待改善，划定过程中并没有让各方全部参与；事权划分方面，各个部门需提前协调。陈秉利教授认为，要做多规合一可先做到两规合一，然后再将其他规划逐渐加入。

曾九利院长谈到关于规划内容改革，第一，要适应新型城镇化对城市化的转型发展要求，更多的要从技术型走向管控型。第二，公共政策要转化、体现全面。总规变革需要明确总规要管什么，审批的重点要把事权划分清楚。

2. 城乡空间发展的新动态

（1）昆明市规划设计研究院罗兵保以昆明福保村城中村改造更新过程为例，指出持续七年“一刀切”的昆明城中村改造方式给昆明带来了全新面貌的同时也造成了许多社会问题和城市空间问题。总结新常态下城中村的应对策略：对交通区位较好的城中村采取转为城市社区的整治方式；对于特色较为明显、旅游资源丰富的城中村，应对城中村进行产业升级，围绕释放土地价值、激活文化旅游源泉、构建地域风貌、提升地区人文气质、保护自然基地、营造生态品质空间等核心内容完成城中村的人居环境更新。随着我国经济进入新常态，城中村不应被消灭，而应在其居民自愿和自助的基础上进行“功能增强、适度调整”；积极探索有效的城中村更新模式，避免推倒重建的野蛮改造模式。

陈秉钊教授认为，对于昆明城中村改造方案——福保村的阐述很好，但应分清主次，对于昆明原来城中村改造产生的一系列的问题，阐述很透彻，但更要关心福保村最后解决了什么问题。

裴新生所长指出，“三旧改造”是目前必须要关注的热点问题，对于有特色的村庄，可利用原有产业发展旅游、文化；对于不具备发展工业和现代服务业条件的非特色村庄，更要考虑如何进行改造。

（2）上海同济城市规划设计研究院陆韬论述了智慧城市与城乡空间组织重构，分析了“淘宝村”的出现及其对城市空间的重构，以及规划在其中如何作为等思考。从界定标准、发展路径、空间特征等方面阐述了淘宝村现象。认为“淘宝村”作为新的空间节点，未来将成为自下而上重构大都市区城乡空间组织的重要支点。进而，城乡空间组织的重构必然引起规划的转型和变革，同时提出信息化背景下的规划应对思考。

陈秉钊教授指出，淘宝村反映出新技术的发展会改变人居环境和居住人口的分布方式，这是非常重要的一个新领域，值得深入研究。王凯副院长认为“互联网 +”对城市空间结构的影响应该是革命性的，到底是自上而下的结构终结还是自下而上的新结构的建立，暂不能妄加断言。下一步互联网时代应该依托各自特色资源和网络化服务，为认识城市经济、城市空间结构和城市组织方式提供了新视角。

刘雨平总规划师认为，网络特别是“互联网 +”的发展，并不意味着城乡关系崛起，回到理想化的城市。人对交往的需求，后工业时代对创业的需求，并不能完全通过互联网实现。耿宏兵副秘书长也指出，互联网前景美好，但互联网科技的发展，对看病难、垃圾分类问题并没有那么乐观，互联网带给人的改变有待观察。“淘宝村”究竟是解决了人的需求，还是改变了空间结构，还需要更本质的剖析。

成都市规划设计研究院曾九利院长认为，规划师角色需要转变，对于新生事物如互联网的影响，随着城市发展一定会有新的需求和变化，规划师要敏感，提前做好应对。

（3）上海市浦东新区规划设计研究院朱新捷介绍了浦东新区在人口演化中的空间分异，指出浦东在这人口迅猛增长过程中产生了诸多现象和问题。详细阐述了户籍人口、外来流动人口和常住人口的分布差异，不同族群、省市的人口分布分异。

裴新生所长指出，浦东人口分布的特点跟上海总规中人口动态应对相关，城市空间、结构、功能三者要能够动态应对人口和公共基础设施，包括下一步公共指标的配置。

寻求“界线”和“规模”双重控制的结合

——四川省城市开发边界划定的探索

唐　鹏
成都市规划设计研究院

1 背景

2013 年 12 月，中央城镇化工作会议提出“城市规划要由扩展性规划逐步转向限定城市边界、优化空间结构的规划”、“根据区域自然条件，科学设置开发强度、尽快划定每个城市特别是特大城市开发边界”的要求。按此要求，四川省住房和城乡建设厅督促省内各个城市在进行新一轮总体规划修编时，要对城市开发边界进行研究，并把这部分内容写入总规中。截至 2014 年底，四川省已有 40 多个城市划定了开发边界。

但由于目前全国的城市开发边界划定工作仍处于探索和试验阶段，尚未形成统一的规范和准则，各个城市在划定时遇到了许多问题。同时，源于对开发边界的理解不相同，导致不同地区划出的开发边界范围差异很大，给规划管理带来不便。

为进一步规范省内的开发边界划定工作，四川省住房和城乡建设厅委托开展城市开发边界划定研究，形成《城市开发边界划定导则》。

2 如何认识

2014 年 7 月，住房和城乡建设部与国土资源部联合召开城市开发边界划定试点工作启动会，就对城市开发边界的认识、部分地方实践做了介绍，北京、上海、广州、深圳、成都等 14 个城市作为首批试点城市。在启动会上，两部联合发布了《城市开发边界划定工作试点方案》（讨论稿），对开发边界划定的试点工作做出了部署。

但两部委下发的文件并未明确城市开发边界的定义、划定期限、划定范围等，因此在实践中还存在较大争议，各试点城市的做法也各不相同。

结合城市开发边界提出的时代背景和以往相关空间管制手段的实施效果，研究认为城市开发边界应重点突出刚性和永久性。

因此，我们将城市开发边界定义为：“城市开发边界是可进行城市开发建设和禁止进行城市开发建设的区域之间的空间界线，即允许城市建设用地拓展的最大边界。”相应地城市开发边界划定期限明确为永久期限，即永久线而非阶段线，避免边界的随意调整。同时，基于城市规划区是城市进行规划管理工作的事权范围，因此，城市开发边界应在城市规划区内划定。

3 如何划定

对应于城市开发边界的不同认识，国内外已有研究中定量划定城市开发边界的理念及方式主要有“有机生长理念下的城市开发边界划定”、“反规划理念下的城市开发边界划定”、“内外结合综合确定城市开发边界”三大类。综合借鉴已有城市开发边界划定的思路，确定四川省城市开发边界划定的步骤主要包括以下几步：

（1）控制底线

将法律法规要求明确需要进行管控的区域（如风景名胜区、湿地、自然保护区等）和生态敏感性较高的地区，以及为塑造良好的空间形态所必须控制预留的区域（如生态廊道等）统一划入生态控制区（图 1）。

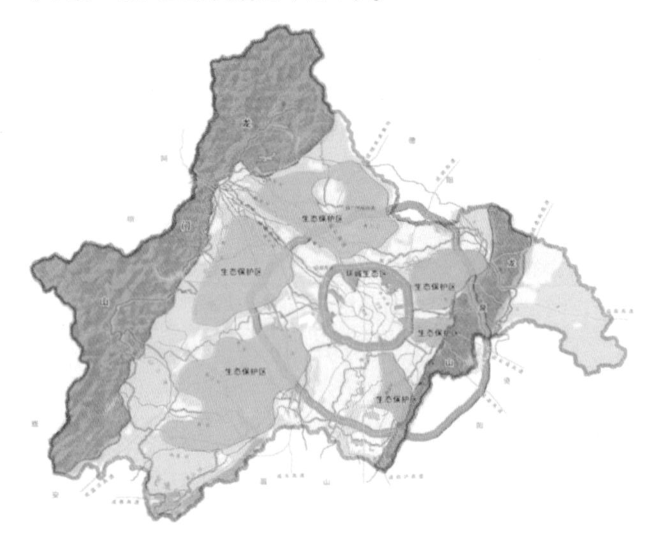

图 1　成都 “两环两山，两网六片”的总体生态格局图

（2）初始生成

划定生态控制区后，可明确不能进行城市开发建设的区域。在此基础上，应以道路、河流、山脉或行政区划分界线等清晰可辨的地物为参照，选择其中集中成片或成组的建设用地，并结合土地利用总体规划确定初始城市开发边界的范围和面积。

（3）确定规模

根据当地的资源环境承载能力，以建设宜居城市为基本目标，综合确定城市人口终极规模和相应的用地规模。

（4）评估调整

初始城市开发边界划定后，有可能会很大，很难起到对城市空间的有序引导作用。因此，需要结合终极建设用地规模对划定的初始开发边界进行一定的合理性检验。通过确定初始开发边界与终极建设用地规模之间的倍数关系，就可以判断初始开发边界是否合理。判定的情况分为以下三种：

初始开发边界 > 终极建设用地规模 × 相应的倍数：初始开发边界过大，对开发边界内用地集约程度的引导力度不够，建议重新审视城市开发边界，缩小城市开发边界的范围；

终极建设用地规模 < 初始开发边界 < 终极建设用地规模 × 相应的倍数：表明开发边界的划定和终极建设用地规模的预判较为合理，初始划定边界即为最终城市开发边界。

初始开发边界 < 终极建设用地规模：则未来的城市发展极有可能突破开发边界的限制，建议对城市发展规模进行重新审视，调整规模预判，初始划定边界即为最终城市开发边界（图 2）。

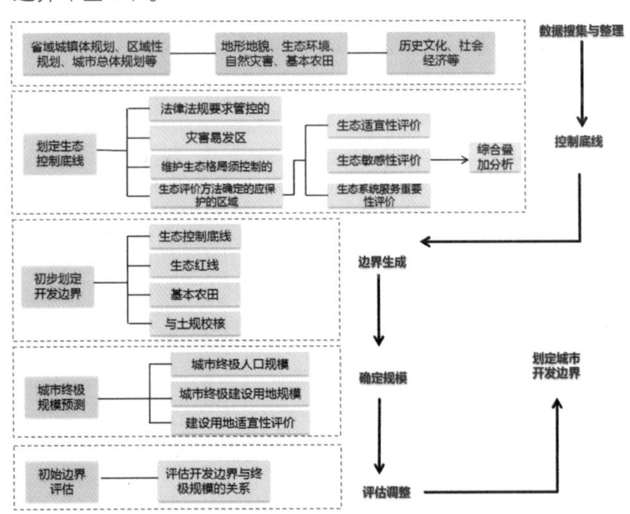

图 2　四川省城市开发边界划定技术路线

4 如何管理

城市开发边界划定后，应采取终极建设用地规模和城市开发边界线双重控制的模式。在生态承载力没有明显提高，特别是短板要素没有得到显著改善时，城市建设用地总规模不得突破终极建设用地规模，而城市建设的空间布局不得突破城市开发边界（图 3）。

城市开发边界的范围、面积和管控要求，应在城市总体规划文本、说明书中以专章进行表述并明确为强制性规定，与城市总体规划一同上报，经法定程序批准后实施。

划定的城市开发边界原则上不得更改。因国家和省重大政策变化、上位规划重大调整、重大自然灾害等原因确需修改的，应编制专项评估报告并报城市总体规划原审批机关批准。

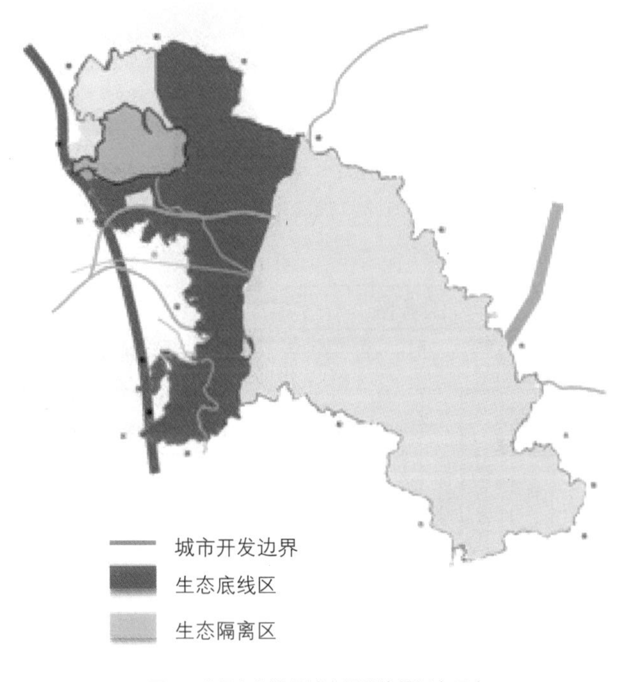

图 3　成都市金堂县城市开发边界划定示意

“多规合一”：新常态下规划体制创新的突破口

朱　江
广州市城市规划勘测设计研究院

1 研究背景

“多规合一”是在梳理空间规划体系矛盾基础上，针对城市空间管控中的实际问题，基于底线思维和信息化手段提出的一种创新性的解决空间中发展和保护问题的手段。“多规合一”的发展和创新将是适应新常态要求，提升空间管控水平和规划体制创新的重要抓手。习近平总书记于2013年12月12–13日举行的中央城镇化工作会议上，指出要建立统一的空间规划体系、限定城市发展边界、划定城市生态红线。“在县市通过探索经济社会发展、城乡、土地利用规划的‘三规合一’或‘多规合一’，形成一个县市一本规划、一张蓝图，持之以恒加以落实”，这为新常态下，如何提高城市空间管控水平指出了方向（图1）。

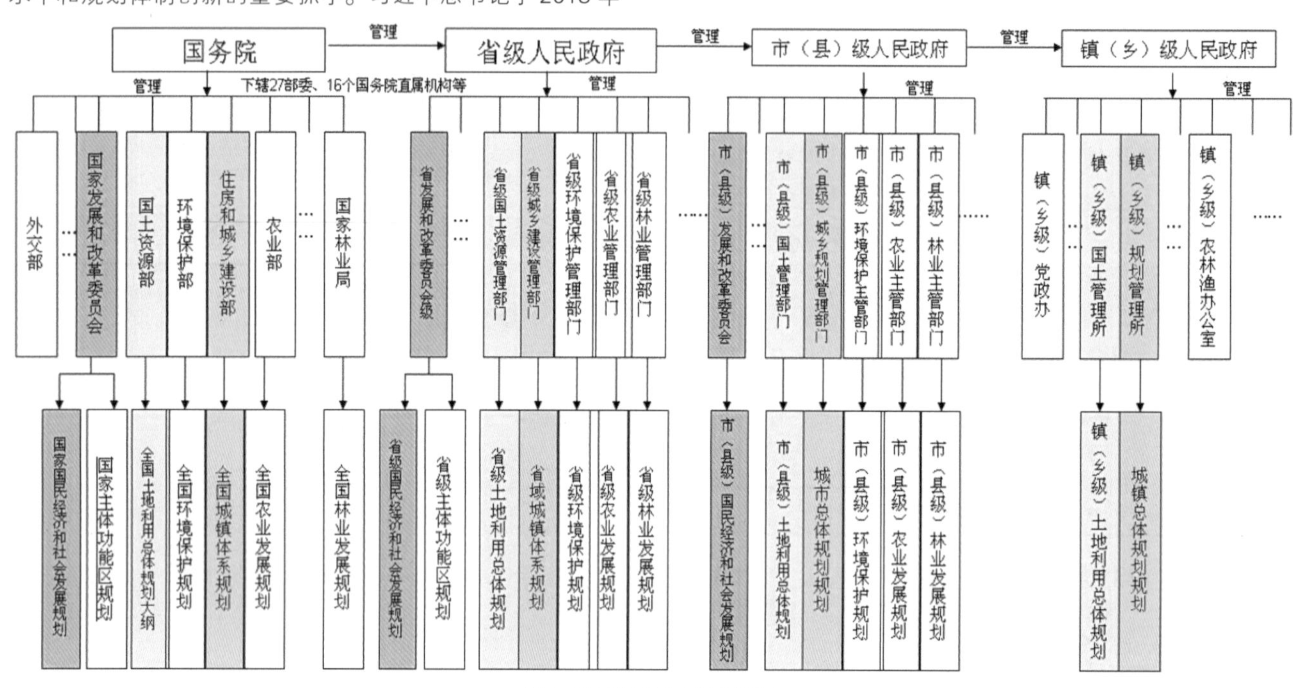

图1　我国现行的规划体系框图

2 “多规合一”的发展历程

目前，北京、上海、广州、武汉、深圳、重庆、厦门、云浮、河源等城市开展了“两规合一”、“三规合一”或“多规合一”等相关规划融合工作。2008年以来，“多规合一”已经成为规划体制创新的热点研究领域。总体来说，我国“多规合一”相关工作大致经历了早期探索期、试点推动期、政策支持期三个阶段。从已开展规划融合工作的城市的经验看，目前已基本形成了三种主要的规划融合模式：概念衔接型、技术融合型和体制创新型。

类型一：概念衔接型

通过部门合作和公众参与等形式，利用咨询、讨论、协商、交流、参与等措施在一些规划理念，目标及主要内容上，融合其他类型规划的理念和规划要求，最终形成与其他多种规划的共识。

类型二：技术融合接型

在梳理各个规划的体系和技术内容，在明确各类规划之间管控底线基础上，通过制定一套多个规划共同执行的法则，以此作为指导多个规划融合的依据。以统筹兼顾为方法，走一条分层次、讲要点的渐进式规划整合之路，最终形成一种“技术整合”基础上的融合。

类型三：体制创新型

将规划融合与政府规划管理的具体方式和组织架构的改革、转变与调整结合，采取职能合并、改组、调整等运作方式，使行政整合作用直接影响到空间规划融合上，最终形成一种“机制”上的融合。

3 “多规合一”的工作思路

由于“多规”情况复杂，在实践基础上，笔者认为“多规合一”的工作思路可以分为两个阶段：

3.1 第一阶段：“三规合一”，协调规划

此阶段将“多规合一”定位为地方行政协调活动。此阶段的“多规合一”可以限于国民经济和社会发展规划、城乡规划、土地利用总体规划等城市的主要规划之间的基于城乡空间布局的衔接与协调，达到合理布局城乡空间，有效配置土地资源，促进土地节约集约利用，提高政府行政效能的目的。我们将这个以“三规”为主的协调阶段，定位“三规合一”阶段，其工作重点是利用协调规划手段，通过控制线体系的建立，解决城乡发展和保护的规模、边界与秩序问题（图2）。

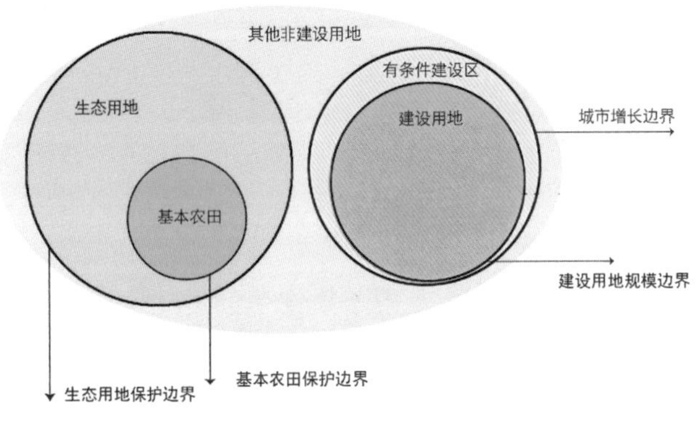

图2 “三规合一”控制线体系图

3.2 第二阶段：“多规合一”，体制创新

就目前已开展的“三规合一”工作地区来看，“三规合一”面临法理基础的困惑。“三规合一”作为地方政府的行政活动，它的合法性、合理性与正确性需建立在两个基础之上，第一要有明确的编制、审批、实施和管理的实体；第二要有规范的行政程序。当前的“自下而上”的“三规合一”试点城市（如广州、厦门）基本可以在规划编制环节解决上述两个问题，但如果将“三规合一”运用在政府部门日常的行政审批工作中，将面临法律缺失、既有法律障碍的问题。

另外，地方政府通过建立“三规合一”与法定规划之间的协同运行关系，将“三规合一”变为隐于法定规划之后的协调手段和机制。这种方法，在实际工作中化解了“三规合一”没有法定定位的尴尬局面，是对现有法律体制的一种妥协。但是，这种方式给“三规合一”的未来带来诸多不确定因素，基于地方政府的“三规合一”运行协调机制与长期形成的纵向分割的规划体系之间的博弈关系使“三规合一”工作成果面临功亏一篑的可能。因此“三规合一”工作成果的有效应用呼唤统一的空间规划体系的建立和与之配套的对现有法律体系的变革。

“多规合一”以信息平台为依托，通过多部门沟通协调，促进环保、文化、教育、体育、卫生、绿化、交通、市政、水利、环卫等专业规划的相互协调和融合，实现同一城市空间实体的多专业规划协调统一，进而推动规划体系的变革和创新。其工作的重点应包括分类研究、标准统一、布局协同和体系创新。“多规合一”的缘起在于矛盾突出的空间规划体系给城市空间管理带来的诸多问题，“多规合一”的未来需要通过空间规划新秩序的构建来保障，在此阶段“多规合一”工作中前三方面是工作基础，体制的创新是目标（图3）。

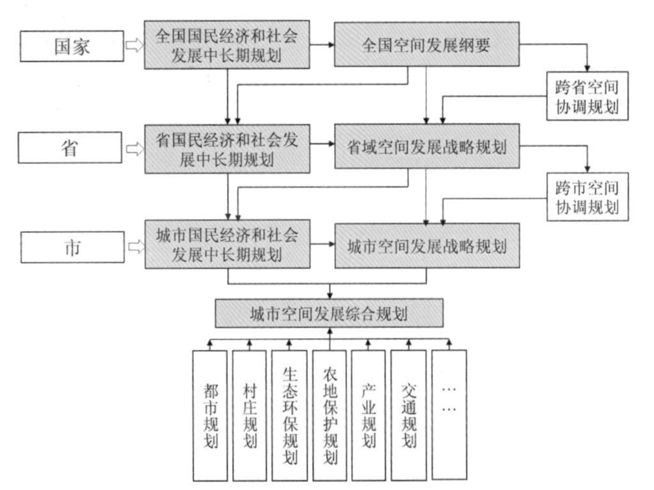

图3 空间规划新秩序设想框图

“春（村）城”里的后城中村时代

罗兵保
昆明市规划设计研究院

1 昆明城中村改造

曾经，这里是“村城”。在昆明主城建成区249平方公里范围内，遍布着336个城中村，常住人口达76万，城中村居住用地面积19.5平方公里（图1）。

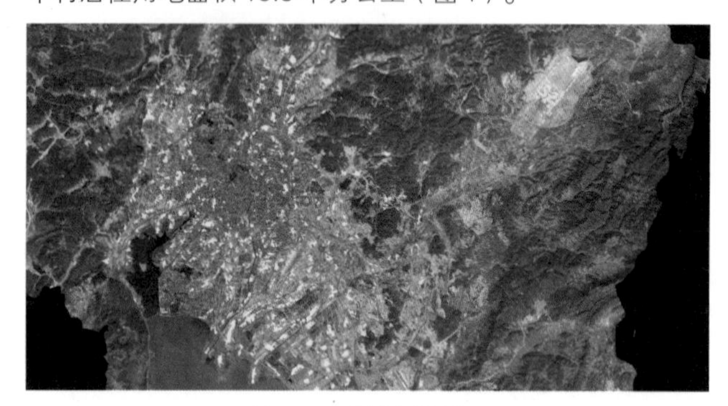

图1　昆明市城中村分布图

市政府决定把“村城”变“春城”。2008年起，在7年的昆明城中村拆迁改造史，涉及常住人口70万人，加上流动人口，共110万人左右；拆除的建（构）筑物已经达3 482.7万平方米。

一刀切的城中村改造方式一直延续至今，城中村改造给昆明带来全新面貌的同时也出现了一系列的后遗症。

2 昆明城中村改造“后遗症”

2.1 社会问题

（1）社会问题——社会安定

昆明采用的是先拆迁后安置的改造方式，野蛮的改造方式，造成社会安定问题，富有村、古滇国等群体性事件频频发生。

（2）社会问题——安置问题

先拆迁再安置的改造方式，大量已拆完城中村村民安置问题仍未得到解决，协议里约定30个月回迁的棕树营片区5年过去仍未得到安置。

（3）社会问题——钉子户

部分村民蛮不讲理，漫天开价，钉子户时有发生，造成城市公共设施难以完成，贵昆路开工4年仍难完工。

（4）社会问题——就业问题

城中村改造将居民搬进了电梯房，村民失去了赖以生存的土地，就业问题未得到解决。

（5）社会问题——人口素质

改造后的城中村人口素质没有得到根本改善，部分村民拿到拆迁款后无所事事，易引发聚众赌博、群体性事件等。

2.2 城市空间问题

（1）拆完已建带来的城市问题

城中村改造影响城市格局，对城市景观风貌破坏严重，拆完已建的城中村改造项目一味地追求经济平衡，城市空间组织无序，城市建筑千篇一律，空间形象枯燥乏味；城市天际线单一。

（2）拆完未建带来的城市问题

部分拆完未建城中村改造项目，由于开发商资金链断裂，项目难以推动造成烂尾或者故意拖延工期，村民安置房得不到解决。

3 新常态下的城中村应对策略

3.1 旧常态下的城中村反思

（1）旧常态下的城中村改造

在旧常态下的城中村改造模式大多是一次性推倒重建，由于拆迁建设费用庞大和多方利益驱使，改造方大幅降低建设标准，以超高容积率、高建筑密度及牺牲环境设施的方式获取利益，导致改造结果不尽如人意。

（2）旧常态下的城中村改造方式不可取

城中村改造会给城市带来不可逆转的危害，搬迁安置费用非常昂贵（在欧洲及中国均如此），并非只有推倒重建才能解决城中村的问题，故应尽可能地避免拆迁安置。

3.2 新常态下的城中村改造应对策略

（1）转换为城市社区

对区位交通较好的城中村可以采取转为城市社区的整治方式，避免推倒重建，应对村内破旧厂房、影响规划系统性的原村民私宅用地进行拆除重建，置换成城市建设用地，使该地块增值：全面增值社区内集体与个人物业资产。改造后的商业办公物业统一管理经营，使村民从房东变为股东，彻底融入规范化的现代城市经济运作方式作。

深圳下沙村成功案例：

下沙村位于深圳市福田区西南部，毗邻香港，紧靠深圳市中心区，是由南山区进入福田区的一个重要门户地区。该村通过由政府引导、股份公司与开发商合作开发，由股份公司“以地入股”的形式与开发商合作共同开发，在物质场所空间升级的同时，实现股份公司产业结构的升级。对于大部分建筑质量、环境品质较好的村民私宅及其周边环境进行综合整治，并将下沙传统民俗文化的传承纳入其中，活化下沙渔村传统文化，整合都市型乡村旅游与商务开发资源（图2）。

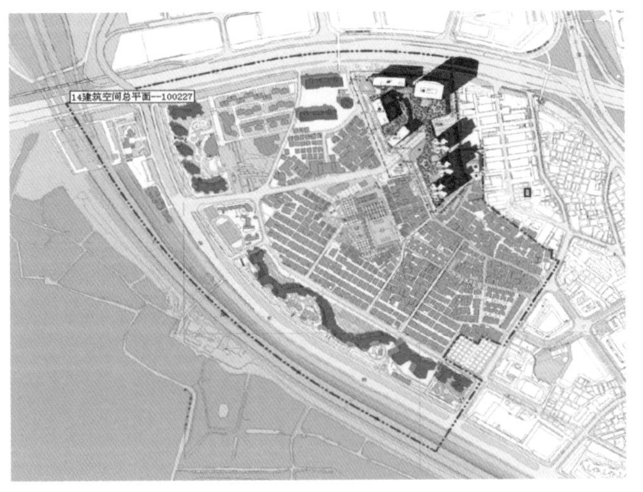

图2　深圳下沙村规划总图

（2）转型升级

对于特色较为明显、旅游资源丰富的城中村，应对城中村进行产业升级，释放土地价值，激活文化旅游源泉；构建地域风貌，提升地区人文气质；保护自然基地，营造生态品质空间等三个核心内容完成城中村的转型升级，人居环境更新。

昆明福保村成功案例：

福保村位于昆明市西山区滇池之滨，海拔1891米，位于滇池北部三个半岛的中心位置，三面临水。福保半岛面积最大、岸线最长，与西北方向的星海半岛以及东南方向的宝丰半岛共同构成滇池周边景观带独有的半岛区域，但该村也同样存在工业厂房多、道路系统不完善、基础设施差等城中村存在的相应问题（图3）。

一方面，规划充分关注了福保村现时体制的特殊性以及村民对新增宅基地的要求，在满足村民意愿的基础上对福保村未来的发展预留下充足的产业发展用地，并提出多种构想，积极以规划进一步促进福保村产业的成功升级，完成“退二进三”的产业转型的目的，提高村内稀缺的土地资源的使用效率，提升经济价值。

另一方面，环湖生态湿地景观带的规划极大地降低了人为建设因素对滇池沿岸土地的影响，维护了生态稳定。同时，环湖景观带与福保村内的景观系统相互联系渗透，形成统一完整的景观系统，为福保村未来向第三产业转型成功留下积极的促进因子。

通过产业升级转型有力地推动福保的新型农村居住社区和公共服务基础设施的建设、助推公共服务能力的升级，提高土地的利用效率。

图3　昆明福保村规划总平图

4 新常态下的城中村改造思考

城中村的功能多样，形式灵活，包容力强，成本低廉，它现在是我国城市建设中不可或缺的重要组成部分，在未来较长时间内，仍将发挥不可替代的作用。因此，随着我国经济进入新常态，城中村不应被消灭，而应在其居民自愿和自助的基础上进行“功能增强、适度调整”；积极探索有效的城中村更新模式，避免推倒重建的野蛮改造模式。总之，应使其“有序存在”，少用或慎用“城中村改造”这类方式。

浦东新区人口演化中的空间分异研究

朱新捷
上海市浦东新区规划设计研究院

浦东在开发开放的20多年里，常住人口规模从145.55万人发展到383.32万人，吸引了大量上海市户籍人口和外来流动人口涌入。在这人口迅猛增长的过程中产生了诸多的现象和问题，值得中国其他新城新区借鉴和参考（本文中所有的浦东新区均指在2009年与原南汇区合并前的浦东新区范畴）。

1 户籍人口、外来流动人口和常住人口的分布差异

1.1 户籍人口变化

（1）户籍人口增长情况

1992年浦东新区户籍人口数为138.82万人，到2013年户籍人口数为201.68万人，共增加了62.86万人；占上海市户籍人口比例从10.73%提升到14.08%（图11）。

（2）变化特征

首先，原有计划经济时代（1980—1990年）设置的沿江街道是浦东20年来户籍人口最为密集的地区，从1992—2007间每年以2万户籍人口规模不断增加，2007年开始基本达到稳定。

其次，有效阻隔城市蔓延的是浦东设置的各大开发区，而非交通环形和绿带。

再次，中环沿线是户籍人口增加最快速的区域。

图1 1992年与2013年浦东新区户籍人口分布情况

（3）增长来源

与上海情况基本一致，浦东新区的户籍人口自然增长基本为零。但在此前提下的浦东户籍人口的长期稳定增长以机械迁入为主。

（4）户籍人口城市化扩展的格局分析

户籍人口的城市化扩张——由于户籍人口对原有城市的认知，导致了户籍人口的增长偏向于一种基于既有认知格局的"摊大饼模式"增长，因此户籍人口的扩展到一定的空间边界后不再继续扩展。

1.2 外来流动人口变化

（1）外来流动人口增长情况

1992年浦东新区外来流动人口数为6.73万人，到2013年外来流动人口数为181.64万人，增加了174.91万人；占上海市外来流动人口比例从8.90%提升到18.52%（图2）。

（2）变化特征

首先，与户籍人口增长相比，外来人口的分布更为匀质，全域都在快速增加。

其次，外来人口增加最多的区域集中在外环线沿线。

再次，虽然增量上不及各镇，但街道的外来人口增速高于各镇，外来人口密度高于各镇，外来人口群租现象高于各镇。

图2 1992年与2013年浦东新区外来流动人口分布情况

1.3 常住人口变化

（1）外来流动人口增长情况

1992年浦东新区常住人口数为145.55万人。到2013年常住人口数为383.32万人，增加了237.77万人；占上海市外来流动人口比例从10.66%提升到15.87%（图3）。

（2）变化特征

在这20多年的变化中可以发现以下几点特征。

首先，全域的常住人口都在快速增加，但是常住人口的快速增加是由外来人口主导的。

其次，外环外各镇的常住人口增速最快。

再次，常住人口增长最多的是三林镇、张江镇、曹路镇和北蔡镇。

1.4 户籍人口和外来流动人口的分异

户籍人口和外来人口的增长区域和范围并不相同，但三林、北蔡、高桥是两者均快速增加的区域，是促进户籍和外来人口融合发展的关键地区。

户籍人口的生活需求与外来人口的需求并不一致，户籍

人口更需要与市中心快速联系和沟通的途径。

图 3　浦东新区户籍人口和外来流动人口增长区域分布情况

2 不同族群、省市的人口分布分异

2.1 外籍人士的分布情况

在上海，外籍人士也存在着明显的聚居现象，如虹泉路地区、古北地区、新天地附近区域。在浦东，外籍人士聚居在陆家嘴滨江地区、碧云地区、联洋地区。外籍人士如是，那么来自不同省市的外来流动人口是不是也存在这种现象？

2.2 不同省市外来流动人口的分布情况

由于缺乏落实到各街镇的外来人口户籍资料数据，因此本文仅从各区层面对人口分异做简单分析，抛砖引玉。

（1）按居住地分

将各地在沪人员按居住地分，分为中心城区、浦东新区、外围区县三类，并以外省市流动人口在中心城区的占比为区分。

（2）浙江人指数

对占上海市外来人口比例大于 5% 的省市进行分类分析发现，浙江人在上海外来人口总排名中位居第六，占总外来人口比例的5%。但在区县分布上，浙江人存在明显的差异性。越成熟和发达的中心城区浙江人占比明显高于郊区县。

3 规划人口预测

近几年的常住人口快速增长使得城市规划的人口预测一直为人诟病，但从浦东新区发展过程中的人口预测来看，在城市稳定发展阶段通过科学方法是可以实现科学预测的。

3.1 1992 年浦东新区人口与社会经济发展研究

1992 年浦东新区户籍人口为 138.82 万人，流动人口为 6.73 万人。在该发展研究中，通过多种方法预测到 2000 年浦东户籍人口应在 190 万 ~210 万之间，流动人口应在 80 万 ~100 万之间。而 2000 年实际情况为户籍人口 183 万，流动人口 75 万，非常接近于预测情况（图 4）。

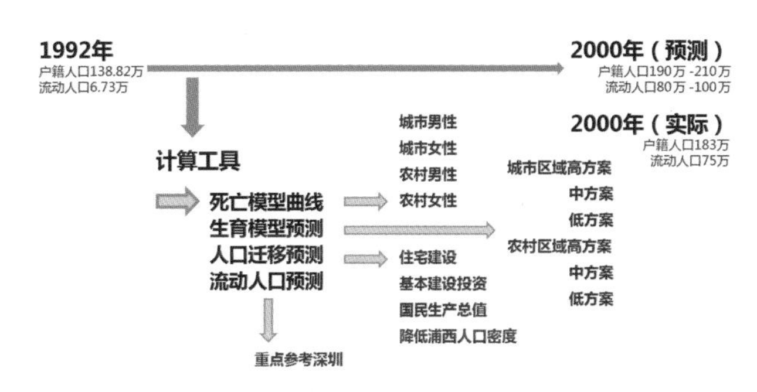

图 4　浦东新区人口与社会经济发展研究中的规划人口预测模型

当然上述的预测成果与当时段的城市扩张速度也有密不可分的关系。

3.2 2000 年浦东新区综合发展规划

2000 年浦东新区户籍人口 183 万，流动人口 75 万。该规划预测到 2020 年户籍人口数为 230 万，流动人口为 120 万。到了 2013 年实际情况是户籍人口 202 万，流动人口 182 万（图 5）。

根据该规划的户籍人口模型继续推算，到 2020 年浦东新区户籍人口规模应为 221.5 万人，因此该规划的户籍人口规模是较为准确的。

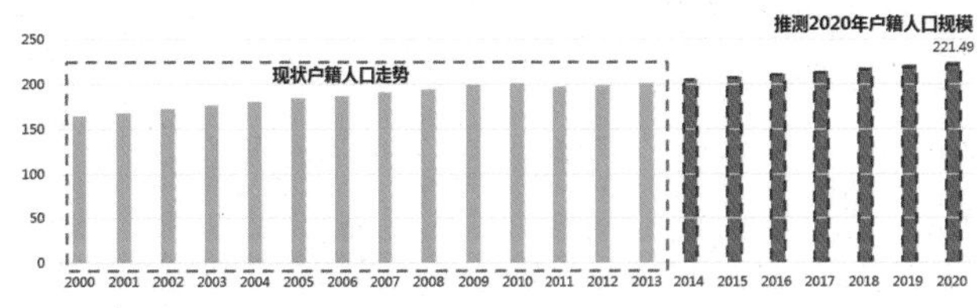

图 5　浦东新区户籍人口总数（单位：万人）

而在外来流动人口方面，由于浦东新区近 10 年来的外来流动人口增速波动巨大，缺失无法预测（图 6）。

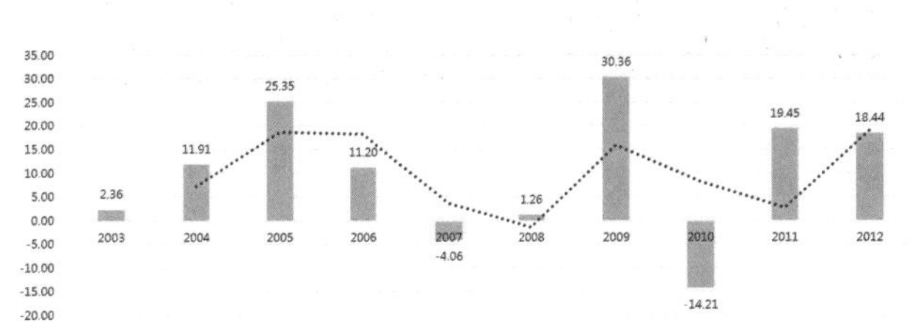

图 6　浦东新区历年外来人口增长变化（单位：万人）

空间新常态：智慧城市与城乡空间组织重构

陆　韬
上海同济城市规划设计研究院

1 选题背景

2014 年 2 月 16 日在英国的《金融时报》（*Financial Times*）上出现了一篇题为“中国出现淘宝村”（中译）的报道，“淘宝村”作为一个新名词受到全世界的关注。而在 2015 年 2 月 9 日的广州日报的头版又出现了一篇题为“淘宝村 OUT 了，广州淘宝镇最多”的报道，“淘宝镇”由此也引起了社会各界的广泛关注。这两篇报道同时指出，淘宝村和淘宝镇作为信息化背景下农村、中小城镇发展的新模式已经深刻影响了传统城乡关系。由此本文尝试探讨三个问题：其一，信息化如何改变了传统农村？其二，传统城乡关系是否发生改变？其三，城乡空间结构是否相应变化？

2 淘宝村现象

2.1 何谓“淘宝村”

“淘宝村”是出现在乡村地区的网络商业群聚现象，其认定标准主要包括三条：交易经营场所在农村地区；电子商务年交易额达到 1 000 万元以上；本村活跃网店数量达到 100 家以上，或活跃网店数量达到当地家庭户数的 10% 以上。截至 2014 年底，全国共发现 212 个淘宝村，遍布 10 个省市，直接带来就业 28 万人以上（图 1）。

图 1　淘宝村分布示意图

2.2 电子商务引领的农村经济变革

淘宝村是农村经济与电子商务紧密结合的新型生产组织模式的空间载体。以淘宝网为代表的的网络创业平台门槛低、以中小企业和个人创业者为主，而农民群体收入低、抗风险能力弱、零散时间相对宽裕，两者之间契合度高，淘宝模式是农民创业的天然优质土壤。在“淘宝村”的带动下，中国农村正在实现消费城乡一体化，产业在线化、虚拟化、市场化，就业本地化的深刻转变。

2.3 淘宝村的发展路径

“淘宝村”的发展一般来说遵循四个阶段的发展路径。①形成：最先源于农民的个人创业尝试，此后通过村民之间的效仿和学习而推广至全村；②出村：在村庄周边形成产业集中地；③入镇：3 个或 3 个以上淘宝村处于同一镇而产生“淘宝镇”，农户在家中经营网店，配套服务在乡镇完成；④进程：进驻县城，以利业务开展，村庄成为产业基地。

2.4 淘宝村的空间特征

“淘宝村”本身是集生产空间、消费空间、农业空间、仓储空间、居住空间于一体的新空间节点。从沪杭走廊上的“淘宝村”布局特点来看，它既具有典型的分散特征，包括传统城市功能空间的扩散、资源和区位模式的失效、农村节点地位由从属到控制；同时也有分散中的集聚，如大部分沿主要交通干线布局以及集群的显现。“淘宝村”改变了传统自上而下的城乡空间体系和组织结构，逐渐成为大都市区中电子商务、物流、信息的控制中心（图 2）。

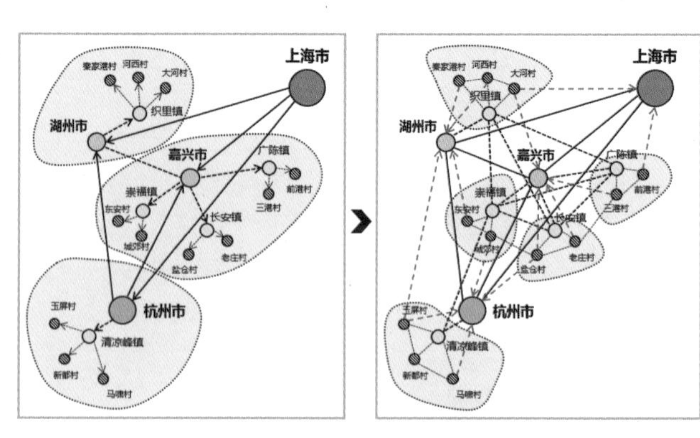

图 2　沪杭大都市区空间组织重构示意图

3 空间重构

3.1 “技术—经济—空间”模式

信息化对传统农村城市发展遵循的是“技术—经济—空

间"的作用机制模式。信息通信技术的发展使得网络愈发普及，农村居民也可以享受到互联网带来的便利。同时随着信息流、资金流在虚拟空间的顺畅流动，传统的工业化生产方式逐渐被信息化服务所取代，生产要素也开始逐渐由农村向城市流动，传统中心地体系受到挑战（图3）。

图3 "技术—经济—空间"模式

3.2 分散与集聚并存的新型城乡关系

信息通信带来信息流在虚拟空间的自由流动，使得信息数据等要素由城市向乡村汇聚，从而导致村庄空间分布趋于分散，时间经济效益成为农村经济追求的重点。而传统的基于交通运输的实体商品流则逐渐由乡村流向城市，这也导致新型农村在空间上趋于集聚，同时也依旧依赖于实体交通，空间经济效益仍然是无可回避的目标。在分散与集聚两类力量的叠加和融合下，形成了基于双向网络联系的新型城乡关系（图4）。

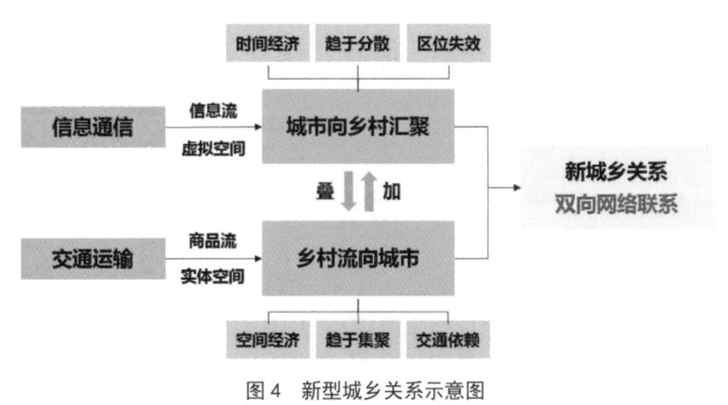

图4 新型城乡关系示意图

3.3 自下而上的城乡空间组织重构

传统意义上的城乡空间组织是建立在中心地体系基础上的等级结构，高等级的城市向低等级的城镇、农村辐射，要素由高到低逐级流动。而在信息化时代则形成了自下而上的网络结构，其主要特征包括三个方面：①要素双向流动，自下而上趋势显现；②专业化副中心的出现改变了城市功能的同质化和单一化；③农村与城市之间可跳过城镇直接联系，一定程度上削弱了等级结构（图5）。

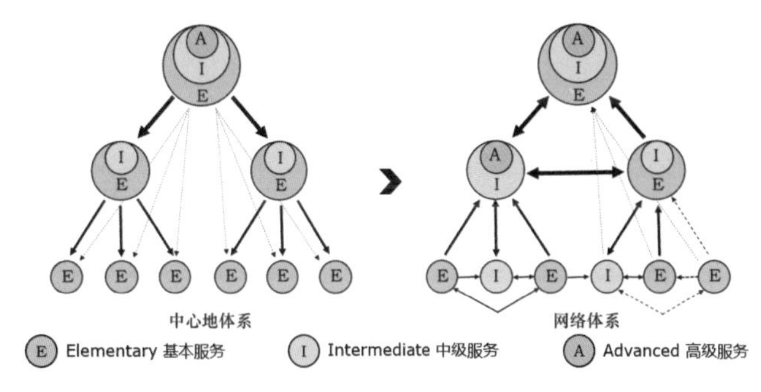

图5 城乡空间组织转变示意图

4 结论：规划相关应对的后续探讨

信息化带来的技术变革首先深刻改变了经济发展模式，进而重塑了传统的城乡空间组织结构。在分散与集聚两种空间力量的相互博弈、相互叠加之下，形成了新型的城乡关系。"淘宝村"作为新的空间节点，未来将成为自下而上重构大都市区城乡空间组织的重要支点，而城乡空间组织的重构必然引起规划的转型和变革。

城镇体系层面，自上而下式的城镇体系规划是否走向终结，如何应对自下而上的新趋势？城市层面，以物质空间为抓手的规划如何管控虚拟网络空间？乡村层面，对于以"淘宝村"为代表的乡村新节点，规划又如何加以引导？

大数据思维的乡村规划数据价值挖掘与应用研究

——以环梵净山地区乡村为例

张昕欣
上海同济城市规划设计研究院

1 大数据思维与乡村规划

1.1 大数据思维

（1）大数据的定义与特征

广义层面上，大数据可以定义为：包括因具备多样性、体量和速度特征而难以进行管理的数据，对这些数据进行存储、处理、分析的技术，以及能够通过分析这些数据获得实用意义和观点的人才和组织的综合性概念。

狭义层面上，大数据可以定义为：难以用现有的一般技术管理的大量数据的集合。

（2）大数据应用的主要技术方向

目前基于 4V 特征的大数据在应用上的发展方向主要集中于：海量异构数据的存储与处理、数据挖掘和以预测为主要目的机器学习三个方面。

（3）大数据思维的定义与特征

海量异构数据的存储与处理、数据挖掘和以预测为主要目的机器学习是大数据应用的主要技术方向，一方面体现了针对大数据特征的发展前景，是计算机科学需要解决的主要问题；另一方面也体现了针对数据的三种进阶思维方式——面对数据、分类数据与高效利用数据，这是大数据应用与运行的过程与思维方式。

1.2 乡村规划具有大数据特征

（1）乡村规划涉及的数据属性特征多样

乡村作为乡村规划对象，因其自身属性特征造成了乡村规划工作数据需求与获取的大数据特征。具体表现为：行政区划属性、自然地理属性和社会人文属性。

（2）乡村规划的工作需求复杂与村民关系密切

乡村规划与国家政策和基础设施建设紧密相关；

乡村规划涉及纵向行政层级和横向政府部门；

乡村规划涉及村民切身利益与村民的关系密切。

（3）乡村规划的数据来源多样、内容形式与获取方式各异

数据来源：各级政府部门或民间采集。

数据内容：政策文件、规范标准数据；上位规划与相关规划数据；政府部门发展思路数据与村民意见数据等。

数据形式：格式不同的电子数据；纸质的文件、地形图、现场踏勘测绘图纸和相关调查访谈问卷等。

数据搜集方式：相关部门直接提供的数据；规划人员通过座谈、发放问卷、入户访谈途径获得的数据；通过现场调研踏勘、测绘获取的数据。

2 大数据思维的乡村规划数据价值挖掘

2.1 大数据思维乡村规划的优势与重点

大数据思维的乡村规划即是利用大数据思维的目标决策、数据价值与高效利用特征，对乡村规划的海量异构数据进行分析整理，迅速挖掘具有数据价值并应用于相关规划策略。其核心与重点是：乡村规划的数据价值挖掘。

2.2 乡村规划数据价值挖掘的原则

根据乡村规划数据特点，进行乡村规划数据价值挖掘应遵循如下原则：统筹规划系统数据、强化地方特征数据、重点关注方向数据。

2.3 乡村规划数据价值挖掘的方法

利用大数据思维的特征，提出乡村规划数据价值挖掘的方法。

目标决策导向的数据定位：乡村发展主要影响因子提取。

数据价值导向的数据挖掘：主要影响因子评价条件细分。

高效利用导向的数据利用：针对评价条件的进一步数据提取采集与重复利用。

3 乡村规划数据价值挖掘应用

3.1 环梵净山地区乡村概况（图 1）

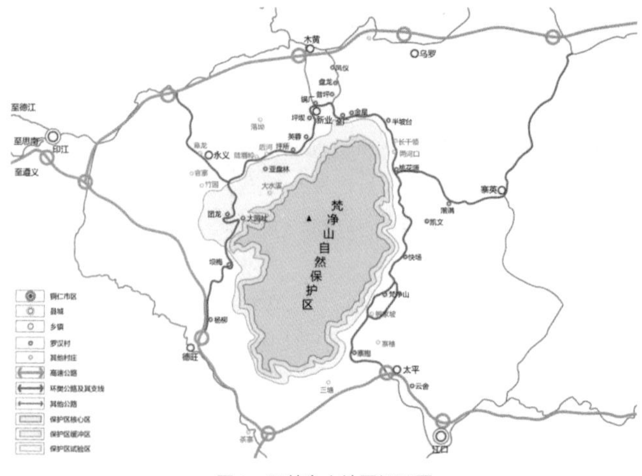

图 1　环梵净山地区概况图

梵净山，位于贵州省铜仁市中部的江口、松桃和印江三

县交界处，作为武陵山脉最高峰和弥勒菩萨道场，拥有优质的自然文化资源。同时，环梵公路的修建为沿线乡村的发展带来机遇。确定环梵公路沿线、环梵净山地区众多村庄的发展方向与定位、发展时序与旅游接待容量，是环梵净山地区乡村规划需要解决的主要问题（图1）。

3.2 环梵净山地区乡村规划数据价值挖掘

（1）基础数据搜集与整理

在规划初期的基础资料搜集过程中：

对乡村规划的各个系统性资料进行搜集与整理；

对于环梵各村的地方特征性资料进行着重挖掘；

按照数据资料来源与数据特征的不同，采用了多种形式的数据采集方式，如：针对各行政层级的规划意见征询会议；针对村民的问卷调查、入户访谈与小组方案讨论；针对自然地理信息数据和建筑风貌数据的现场踏勘测绘。

（2）价值数据定位与细分（表1）

表1 数据定位分析一览表

		交通条件					环境条件					特色条件				
乡镇	行政村	环梵公路可达程度	梵净山景区可达程度	高速公路可达程度	铜仁凤凰机场可达程度	平均	原生环境条件	水环境条件	村落风貌条件	景观风貌条件	平均	资源条件	设施条件	历史文化条件	投资条件	平均
木黄镇	凤仪村	6	4	9	8	6.8	5	8	7	3	5.8	9	7	8		8.0
	昔坪村	6	4	8	8	6.5	6	8	3	6	5.8	6	7	9		7.3
	盘龙村	6	4	8	8	6.5	7	6	7	6	6.5	6	6	7		6.3
	金厂村	9	5	7	7	7.0	6	5	7	4	5.5	6	9	7		7.3
	金星村	9	5	7	7	7.0	8	4	8	8	7.0	6	9	7		7.3
新业乡	锅厂村	9	5	8	7	7.3	3	6	6	8	5.8	8	7	6		7.0
	坪坝村	9	6	7	7	7.3	7	7	6	9	7.3	8	8	6		7.3
	芙蓉村	9	6	7	6	7.0	8	9	7	7	7.8	8	7	5		6.7
	坪锁村	9	6	6	6	6.8	6	3	7	9	6.3	8	9	6		7.7
	亚盘林村	3	4	3	4	3.5	9	6	8	6	7.3	6	5	4	1	6.0
德旺乡	杨柳村	7	6	9	5	6.8	7	6	7	6	6.5	7	6	9		7.3
	坝梅村	9	7	7	4	6.8	8	4	8	7	6.8	8	6	9		7.7
永义乡	大园址	9	9	6	3	6.8	7	8	6	9	7.5	6	8	8		7.3
	团龙村	9	8	6	3	6.5	9	8	8	8	8.3	9	8	7	1	9.0
寨英镇	寨英村	6	3	4	6	4.8	8	9	9	7	8.3	9	9	9		9.0
	落满村	6	4	4	6	5.0	7	7	7	7	7.0	9	8	8		8.3
乌罗镇	桃花源村	9	6	5	5	6.3	8	9	8	8	8.3	6	7	9		7.3
	半坡台村	3	3	4	4	3.5	9	9	9	8	8.8	6	5	8		6.3
太平乡	云舍村	6	4	8	8	6.5	8	9	7	9	8.3	9	9	8		8.7
	寨抱村	9	5	9	9	8.0	6	5	5	7	5.8	6	9	4		6.3
	梵净山村	9	9	7	8	8.3	3	6	7	6	5.5	3	9	3		5.0
	快场村	6	7	6	7	6.5	8	9	8	5	7.5	5	5	6		5.3
	凯文村	3	4	5	5	4.3	9	7	7	5	7.0	7	3	7		5.7

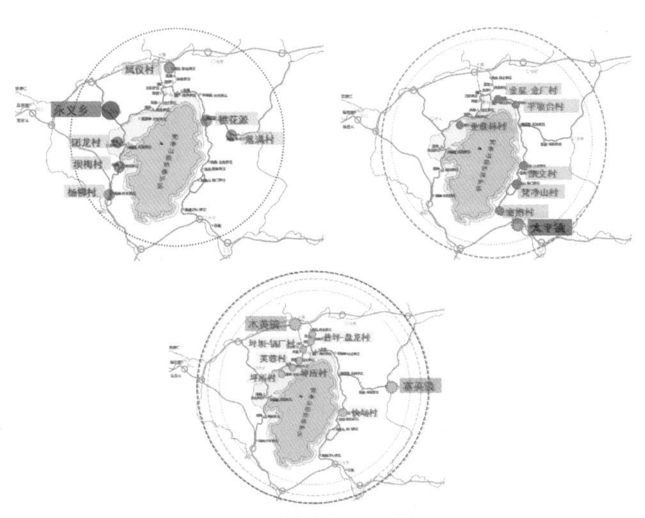

图2 村庄发展时序图

（3）基于数据的规划策略支持（图2），包括：

应用一：乡村发展优势与类型研判；

应用二：村庄发展时序选择；

应用三：村庄接待容量引导。

常态、非常态与新常态

——欠发达地区山村人居环境规划实践的思考

周政旭
清华大学建筑学院

1 背景：欠发达山区的典型代表贵州省

贵州地处云贵高原东部，是全国唯一没有平原支撑的省份，山地与丘陵面积占全省国土面积的92.5%，是典型的“山地省”。同时，它是中国贫困人口最多、贫困程度最深的省，农民人均纯收入与城镇化水平远远低于国家平均水平(图1)。

同时，贵州是一个少数民族聚居的省份，分布有诸多丰富多彩的山地聚落，它们植根当地，适应自然，巧妙地解决了人在山地严苛的生存压力之下的聚居问题，并且发育出各具特色的民族特色，具有十分重要的历史价值、文化价值(图2)。

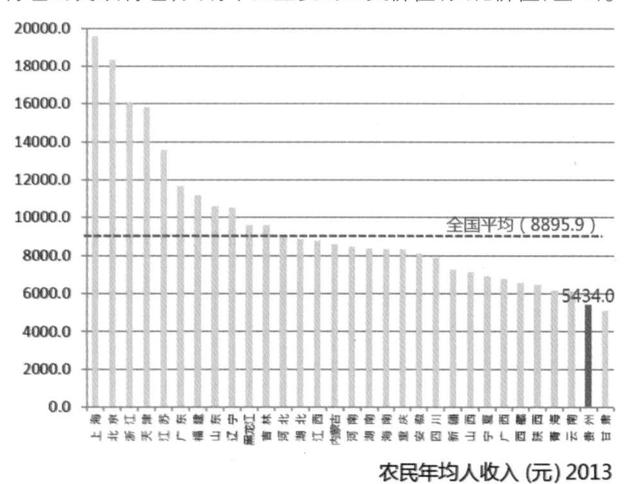

图1　全国农民年均人收入对比

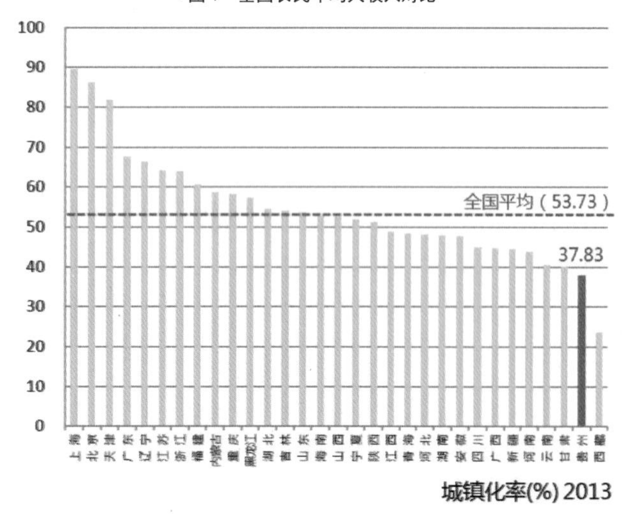

图2　全国各省市城镇化率对比

2 常态：山村传统人居格局的形成与演变

案例石头寨是一个布依族聚居的村寨，至少有600余年历史，位于贵州中部镇宁、关岭、六枝三县交界地带的扁担山地区，同时位于黄果树风景名胜区之内。整体地貌以喀斯特峰丛（峰林）谷地为主，形成长约30公里，宽约1 000米西北—东南走向的河谷平坝。山地聚落选址的核心因素是田地，选址是否合适取决于当地的“田地”是否可以支撑一个村寨人口的生存需要。因此，这一河谷地带60余大小布依族村寨均秉承“占山不占田”的原则，选址位于河谷边缘山脚（图3）。

选址之后，其营建顺序通常为①山岭与河流共同塑造整个山水基底，形成“槽状”沿河平地；②在平地中开辟田地，并从河流中引水灌溉；③山上种植树林，一方面为旱地与水田保持水土，为村寨与田地遮风寒、固山石；另一方面为村寨生产生活所利用；④村落营建位于山脚地带，确保其“占山不占田”。既有高山茂林的庇护，又能避免受到河流泛滥的影响，还能方便到田地进行耕作。

经过形成初期的探索与漫长的演变过程，形成了“山—水—田—林—村”基本空间格局，这也构成了当地民众赖以生存和繁衍的“基本的”和“常态的”空间保障，凝聚了珍贵的“生态文明”智慧（图4—图5）。

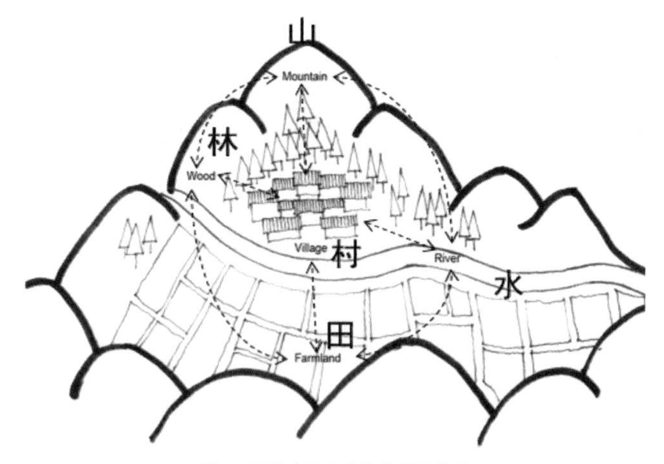

图3　石头寨基本空间格局概念图

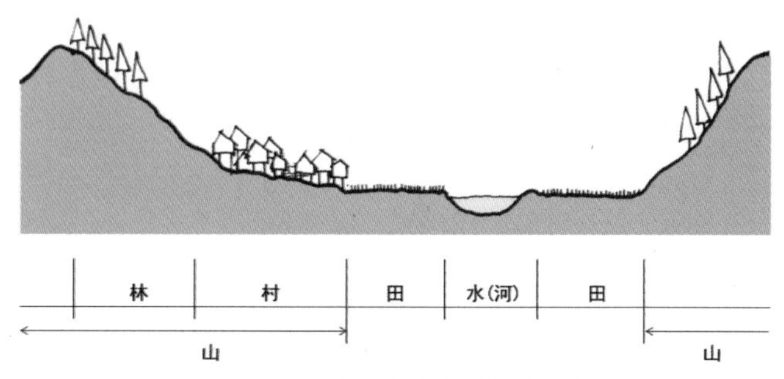

图4　石头寨基本空间格局断面示意图

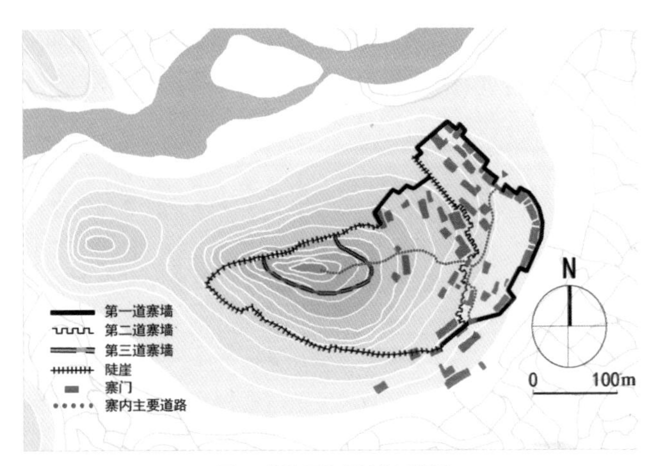

图5　传统石头寨村庄示意图

3 非常态：当前“撕裂”的山村空间及其背后的逻辑

近年来，传统“以土为生”的生计模式已经改变，农民已不再依靠田地为生。另一方面，快速城镇化过程中出现的“拆迁致富”现象在当地迅速起到示范作用，同时由于乡村违规住房建设监管的欠缺，村民纷纷在山下田地中大量地、非理性地兴建住宅，而原有传统住宅逐渐遭到废弃，形成传统“空心村”+外围扩展“新村”的空间情况。从图中可以看到尤其是近十年，这一现象愈演愈烈。

村民非理性的建设突破原有聚落空间格局，山村可持续发展的基础与核心资源受到较大影响，而聚落的人居环境水平并未得到较大提升。这并非山村发展的常态。

4 新常态：回归生态理性与内涵发展

我们已经处于经济社会发展的“新常态”。新常态同样对乡村的发展提出了新的要求。首先，山村发展需重回生态、理性、内涵发展等基本原则，这对于山村规划提出了尊重传统空间格局、保护土地水系山林 、精明收缩有机更新、完善设施提升人居等要求。同时，出于欠发达地区民众实现小康的现实要求，规划还需充分梳理山村优势空间资源加以利用，通过带动旅游服务、农产业的发展提高当地收入，消减贫困。

其次，随着土地改革、农产业以及旅游观光业的发展，乡村建设已涉及愈来愈多的利益主体，规划建设实施中需充分考虑各方利益主体的平衡问题，通过多方参与协商等方式，得出山村空间规划共识，这也成为当前山村规划建设的基本出发点。

5 应对：基于整体人居格局的石头寨规划设计实践探索

在对石头寨进行人居环境规划设计的过程中，结合以上对山村“常态”、“非常态”、“新常态”的思考，我们建立旧村复兴、改善民生、提升人居的目标，从山地聚落整体“山—水—林—田—村”空间格局出发，采取“控制、改善、整治、活化”等手段，希望构建山村人居空间发展的新常态。

同时，规划设计的有效实施需要我们与诸多利益相关方密切、全程地沟通，并注重协调各方利益平衡；同时，人居整体营建还具有规划、建筑、景观等多学科融汇的特点；这对从事村庄营建工作的人提出了新的要求（图6）。

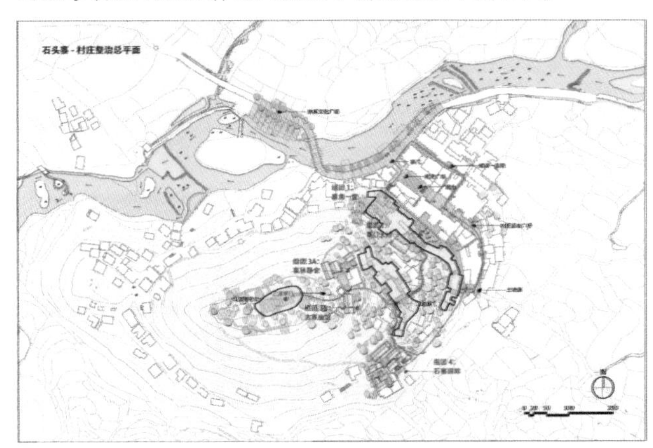

图6　石头寨村庄整治总平面图

建设国家中心城市目标下武汉经济技术开发区的产城一体化

黄　玮　张　静
武汉市规划编制研究和展示中心、武汉市城市规划设计研究院

1 武汉建设国家中心的战略目标

武汉明确提出武汉市发展的战略目标是建设国家中心城市，复兴大武汉。为此，武汉市提出构建“1+6”城市发展新格局，实施“工业倍增”计划，建设四大板块（图 1）。依托东湖高新技术开发区建设“大光谷”；依托武汉经济技术开发区建设“大车都”；依托吴家山经济技术开发区、天河国际机场建设“大临空”；依托武汉新港、武汉化工城建设“大临港”；强化国家中心城市的产业支撑。

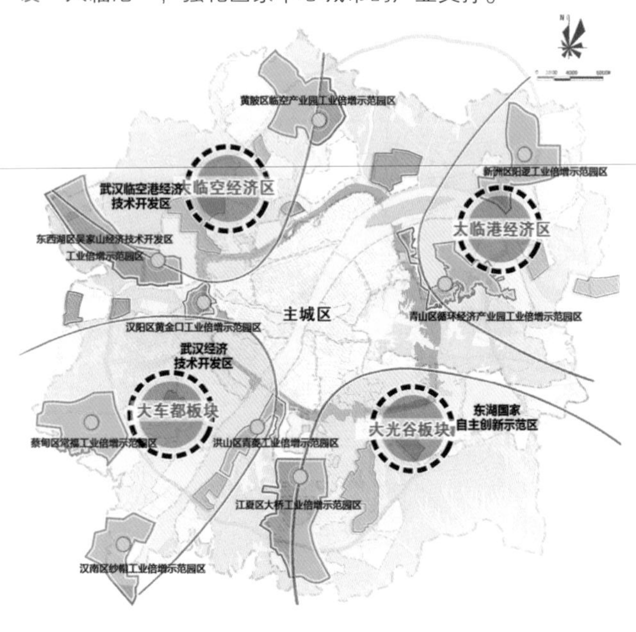

图 1　武汉产业发展“四大板块”结构图

武汉要承担创新中心、先进制造业中心、商贸物流中心这三大国家中心城市的功能，三大国家级开发区相比较，东湖国家自主创新示范区更倾向于承担创新中心的功能，临空港有利于承接物流中心的功能，武汉经开区由于其良好的制造业基础，是无可替代的先进制造业中心的和新支点。同时，三大开发区都在大幅拓展面积，扩区成为发展重点。

2 武汉经济技术开发区的发展历程和现状

2.1 总体概况

武汉经开区于 1991 年 5 月动工兴建，1993 年 4 月经国务院批准为国家级经济技术开发区，综合经济实力跃居中西部 22 个国家级开发区首位，目标是建设“中国车都 • 智慧生态城”，全国重要的先进制造业基地，国家“两型、四化”融合发展的先行区，武汉建设国家中心城市的战略重点和兴业宜居的现代化综合新城。

2.2 发展历程

二十年来，武汉经济技术开发区经历了三个大的发展阶段。

创建与探索阶段（1991—2000 年）：这一阶段开发区的战略定位是成为一个现代化的汽车城，基本形成了以汽车工业为龙头，多种产业同步推进的发展格局。

发展阶段（2001—2005 年）：东风总部正式迁入开发区的战略定位是以汽车为主体的现代制造业基地。

快速发展期（2006—2014 年）：这一阶段的战略定位是成为一个多功能综合性产业区，建成以先进制造业为主多功能新区、改革开放的先导区和自主创新的示范区，基本奠定“中国车都”的地位。

2.3 空间拓展过程

经济开发区从 1991 年 10 平方公里建设区起步，与周边的蔡甸区、汉阳区采取托管、共建等形式经过四次扩区，开发区管辖面积扩大为 202.7 平方公里。为了打造“大车都”，2014 年 1 月起汉南区整体移交武汉经济技术开发区托管实行一体化发展，开发区整体面积增至 489.7 平方公里。

2.4 经济发展现状

开发区聚集了包括 43 家世界 500 强企业在内的 15 000 家中外企业，2014 年，实现工业总产值 5 060 亿元，在全国 482 个国家级开发区中跻身八强；完成规模以上工业总产值 2650 亿元，约占武汉规模以上工业总产值的四分之一，总量全市排名第一。

2.5 产业布局现状

开发区现状工业用地 32.5 平方公里，经开区与汉南区地均规模以上工业产值分别为 96.4 亿元 / 平方公里和 24.6 亿元 / 平方公里，已形成汽车及汽车零部件、电子电器等产业为主导的发展格局。

2.6 现状用地情况

现在城镇建设用地约 79.5 平方公里，以工业、居住及交通设施用地为主，占总建设用地的 76.8%。

2.7 现状面临的问题

区域统筹发展不足，功能相对零散割裂、空间互动性较差；对外联系通道缺乏，公共交通体系比较薄弱；产业功能相对单一、整车产能相对偏小；新城处于培育阶段，商业金融、商贸物流等生产服务功能配套不够完善。

2.8 面临的挑战

转型升级与多业并举的挑战；战略地位与多元竞争的压力；用地空间与经济目标的矛盾；发展责任与现有能力的失衡。

3 武汉经济技术开发区产城一体化发展策略

3.1 国家级开发区发展的经验总结

在城市定位上，逐步“建区”向“造城”发展；在区域功能上，从单一功能到综合功能转变；在产业结构上，从传统制造到高新技术转变；在发展空间上，从独立发展到区域协同转变。

3.2 武汉经济技术开发区转型发展思路

武汉经开区正处于园区建设的成熟期和区域转型升级的关键时期。开发区面临优化产业结构、促进产业升级、构建产业链群、提升产业质量、强化品牌地位、完善城市功能等多维度发展任务。

3.3 发展目标

功能目标：国家重要的汽车生产基地；中部地区汽车物流商贸中心、汽车研发中心和总部基地；武汉西南增长极，以“大规模、全链条”汽车产业为核心驱动，以“繁荣活力”现代新城为发展引领的“产城一体”现代化新城区。

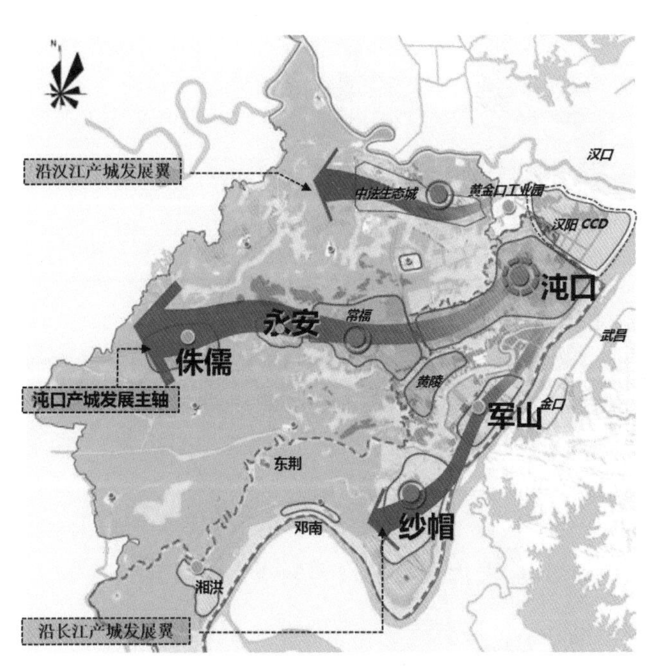

图2　大车都板块空间结构图

大车都板块空间结构：一主两翼，三片多组团（图2）。

3.4 总体发展框架

按照“轴向拓展、组团布局，沌常一体、军纱同城”的发展思路，总体形成“一心四片、两轴多廊”的空间结构（图3）。

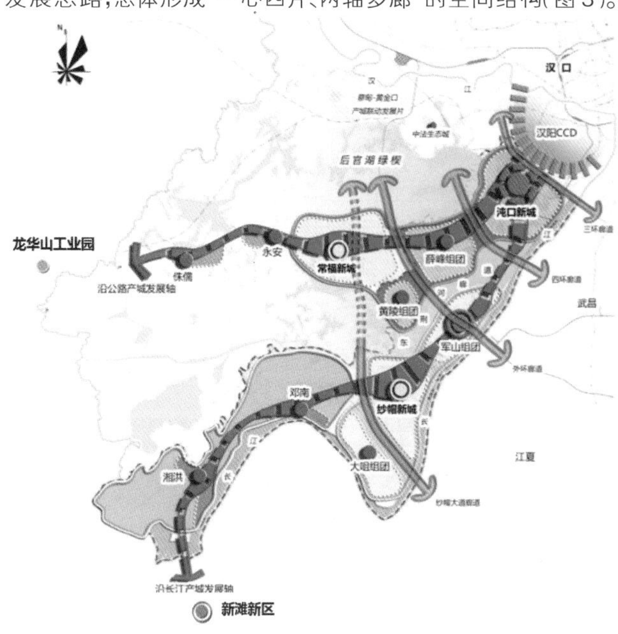

图3　武汉经济技术开发区总体发展框架

3.5 用地布局优化

经济开发区：存量优化。通过盘活城市存量土地，优化城市空间布局，提升城市结构功能，促进产业转型升级，提高城市土地效益。

汉南区：增量补充。结合土规调整论证、城乡增减挂钩工作，释放建设用地空间，为武汉开发区的发展提供空间保障。

3.6 一体化发展策略

产业发展一体化：优化产业结构，延伸完善上下游产业链，形成多元复合产业格局。

区域交通一体化：倡导公交优先，多式联运，顺畅内外通道，构建现代综合交通体系。

公共服务一体化：加快新城中心建设，完善城市配套功能，提高综合服务水平。

生态保护一体化：严控生态底线，彰显山水文化特色，建设“两型”绿色宜居新城。

城乡建设一体化：探索新型城镇化发展路径，促进四化同步协调发展。

基础设施一体化：高起点规划建设，区域管网一体化，实现重大市政基础设施共建共享。

浅谈农村基础设施建设困境及其融资的新常态

王 涛
昆明市规划设计研究院

1 选题缘起

1.1 为什么关注农村基础设施建设

2015年2月，中央一号文件再次聚焦新常态下的“三农”问题，在“围绕城乡发展一体化，深入推进新农村建设”层面，提出要“加大农村基础设施建设力度、提升农村公共服务水平、全面推进农村人居环境整治、引导和鼓励社会资本投向农村建设”等四个方面的课题。

农村基础设施是指为发展农村生产和保证农民生活而提供的公共服务设施的总称，包括但不限于交通邮电、农田水利、供水供电、商业服务、绿化、教育、文化、卫生等生产及生活服务设施。农村基础设施的建设很大程度关系着农村人们幸福感的获得，而这种“获得感”的提升是新常态下国家社会经济发展的指向。

1.2 为什么关注农村基建的融资问题

观察近十年来新农村规划建设的现状不难发现，当前建设成就巨大但也存在着某些不足。倘若深究造成这种不足的原因，可以发现从组织体制到具体执行等诸多层面的问题，但缺乏有力的资金支撑是其中很重要的一个原因。说白了就是没那么多钱干那么多事，只有关注融资问题才能有效地完成农村规划中的基建建设。

2 认识“新常态”

“新常态”的本质是提质增效。“新常态”下中国经济社会发展更加理性，要求调动所有可以调动的资源，挖掘新思路，优化升级经济结构，以创新驱动代替要素驱动、投资驱动。其指向国民生活质量的提高，即老百姓的“获得感”提升，就业稳、价格稳，使民生保障更完善。

毋庸置疑，农村将同城市一样进入经济与社会发展新常态，面临调整自身深层次结构的紧迫任务。新形势下的农村必须加快转变发展方式、调整产业结构，努力与社会发展方向相适应、与人口现实以及环境承载能力相协调。

3 一个国内案例的启示

2015年1月，会泽县待补镇被遴选为云南省首批开展建制镇示范试点的候选镇。通过对当前待补镇编制的一套建设方案中的重点建设项目进行投资估算，我们发现即使是像待补镇这样已有规模化的产业，且全镇基建建设水平已经较高的村镇，其未来三年要完成建制镇示范试点的建设，预计总投资也要24 939.89万元人民币（其中，中央财政扶持6 000万元、市县配套资金868万元、整合资金18 071.89万元，政府财政所占比例约为27.5%）。

据2006年统计，当前我国共有乡镇级建制行政单元41040个（详见表1）。倘若不论现状范围大小与建设水平，全国建制镇都以待补镇为模板进行粗略估算，共需要资金102600亿元。而这其中尚未包含一些非重要的基建项目，例如某些不重要的乡村交通公路等。

表1 我国乡镇级建制行政单元统计

名 称	数 量
区公所	10
镇	19369
乡	14119
苏木	98
民族乡	1088
民族苏木	1
街道	6355
合计	41040

数据资料来源：www.xzgh.org/old/yange/2006.htm

建设完善农村基础设施的是政府部门的义不容辞职责，但是由于制度体制与税收财政的局限，政府陷入了心有余而力不足的困局中。分析当下农村基础设施建设的财务困局的特点，可以找到陷入这种困局的四个方面的原因：①管理部门可供投入的财政总额与能力不足；②商业市场上信贷部门的资金投入意愿不高，而私人的投入能力有限；③投资结构不合理；④资金管理紊乱、使用效率低下。

4 国外村镇基础设施建设经验

概括来说，国外村镇的城镇化历程有六个方面的经验启示：①政府牵头；②重视基建；③政策扶持；④财政投入；⑤调动社会资源；⑥鼓励民间资本参与。

新常态下，创新驱动的要求给政府与市场做了一定程度的松绑，通过对国外农村建设的学习，新的模式正不断出现并渐渐发展成型。这其中就包括BT、BOT以及PPP等新模式。

5 农村基础设施建设总体融资对策

面对如此巨量的农村基建资金需求，未来我国显然已经不可能再单一地依靠财政资金的投入。就目前的市场环境而言，PPP 模式将是未来农村基础设施建设的融资新常态。

为了做好新农村建设工作，当前政府部门需要转变心态，增强信心，积极面对新常态，进行融资模式的创新意图：①建立起多元化的投资体系和模式，不再依靠财政支撑；②改革农村基础设施建设的供给决策制度，从政府主导转向市场选择；③强化政府对农村基础设施建设的项目监督与资金管理。

通过政府的主动作为，打造良好的投融资平台和市场环境，盘活社会存量资金，投入到新农村的基础设施建设中去，缩小城乡差别，真正地使人民受益，维持社会稳定。

6 农村基础设施建设的融资新常态

6.1 PPP 模式简介

PPP 模式即“Public—Private—Partnership“的字母缩写，指政府与市场为了合作建设基础设施项目或提供某种公共物品和服务，以特许权协议为基础，形成一种伙伴式合作关系，通过签署合同来明确双方的权利和义务以确保合作的顺利完成，最终使合作方达到比预期单独行动更有利的结果，使政府与社会主体建立起“利益共享、风险共担、全程合作”的共同体关系。

当前，社会上被采用 PPP 模式有六种典型形式在运作：①政府注资 + 特许经营形式；②政府授权 + 特许经营形式；③政府购买服务形式；④政府注资 + 股权回购形式；⑤政府做资源补偿 + 项目收益分成形式；⑥政府授权 + 永久经营形式。

6.2 未来农村基建 PPP 模式的新常态

PPP 模式给农村基建建设带来多元化的参与主体，因而要运作好这一模式，其核心挑战在于建构复杂多元化主体的股权比例构成体系以及应对不同股东对于各自核心利益的追求（图 1）。

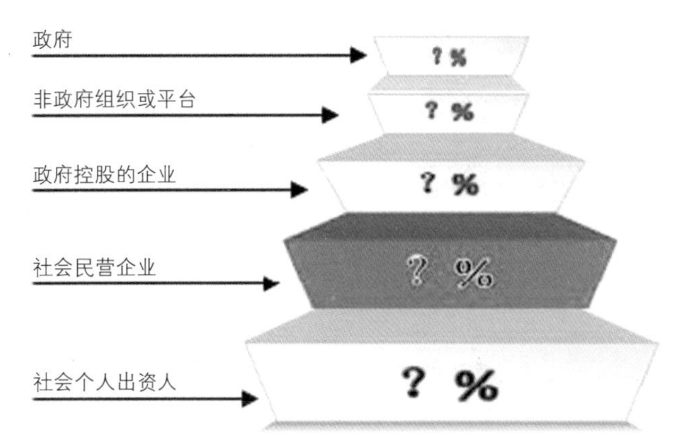

图 1　核心问题乃是股权比例的架构
图片来源：笔者自绘

为应对这一挑战，政府应采取“目标导向”的应对思路：政府吸引社会资本的目的是缓解公共基础设施建设的资金缺口；而社会资本参与的目的是想从基础设施建设中获得利润。在双方的合作中应该充分发挥各自的优势，利益共享，风险共担，既要避免政府过多地介入，又要防止因社会资本一方独大，获得超额收益背离了“公共”的原则。

监管体制应在项目实施的全过程（即项目识别 -> 准备 -> 采购 -> 执行）阶段应该充分做好相关工作，使政府与社会资本在职责权利和项目收益方面达到均衡：

（1）政府主导布局，统筹规划建设。要在不太长的时间内较快达到基建目标，应当调动多方面资金，运用多渠道资金支持形式，包括政府预算内外财力、上级财政补助资金、开发性金融机构资金、土地抵押贷款、居民个人集资、企业资助、腾空土地转让收入和其他社会资金，形成资金运用和资源配置的合力。

（2）拓展融资渠道，增容资金总量。要在不太长的时间内较快达到基建目标，应当调动多方面资金，运用多渠道资金支持形式，包括政府预算内外财力、上级财政补助资金、开发性金融机构资金、土地抵押贷款、居民个人集资、企业资助、腾空土地转让收入和其他社会资金，形成资金运用和资源配置的合力。

（3）就地解决劳力。农村基础设施项目多，工程琐碎且繁杂，需要大量的劳动力成本。建设农村基建可以通过当地村民以劳动力入股的方式作为融资的补充性渠道，缓解农村基建的融资压力。同时，这一方式还能就地解决农村剩余劳动力的富余问题。村民的积极参与还能增强其自身的归属感，增强其自我维护的主人意识，有利于后期管理成本的降低。

区域一体化进程中“转型城市”的转型困境

——以唐山为例

陈宏胜　王兴平　陈　浩
东南大学建筑学院，南京大学建筑与城市规划学院

1 研究背景

“京津冀”都市圈为我国三大都市圈之一，与长三角、珠三角相比，“京津冀”一体化进程中所遇矛盾较为突出，如区域增长极的带动作用弱、城市间发展水平差距大、行政分割、环境污染严重等。近年来，“京津冀一体化”已上升为国家层面的战略举措（图1）。

然而，在目前这种“整体主义”或“核心城市导向”的区域一体化进程中，我们对区域一体化的“配角城市”的关注却是不足的。区域一体化是否加速了它们自身的转型发展？区域一体化是“延缓”还是“激化”“配角城市”的转型矛盾？……基于此，本文以唐山为例，试图从“配角”城市的角度对以上问题进行探究。

2 京津冀一体化与唐山

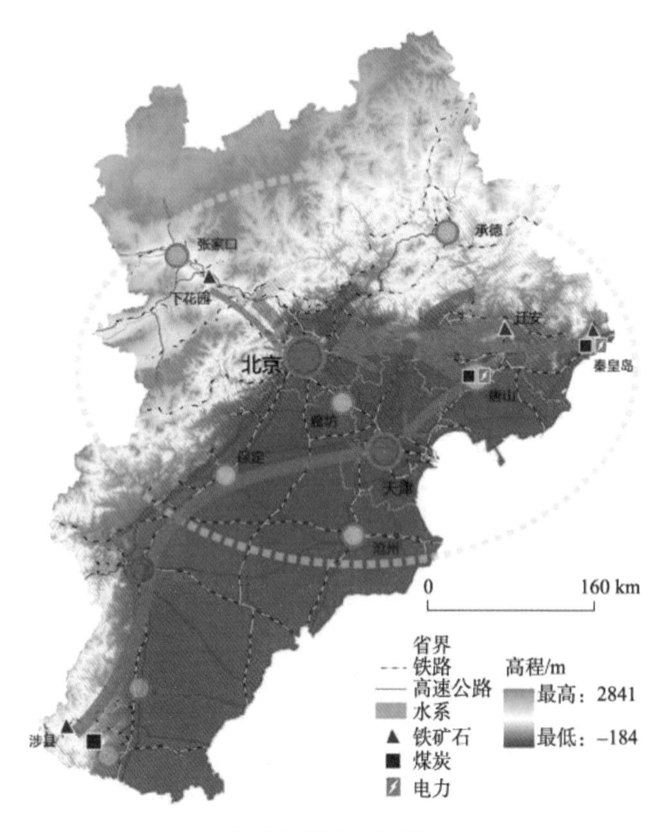

图1　河北省向京津两市供应资源示意图

图片来源：陆大道，京津冀城市群功能定位及协同发展，地理科学进展，2015年34卷第3期。

区域一体化进程中，必然涉及的内容是区域内城市等级体系的重构。当前京津冀城市群可分为四级，一级城市为北京，二级城市为天津，三级城市为石家庄和唐山，四级为其他城市。但北京的产业疏散与国家的政策导向将对既有城市体系产生深刻影响，如廊坊、保定两城市将可能因与北京的地缘优势实现地位提升，而唐山则可能因经济结构转型的问题而重要性下降（图2）。

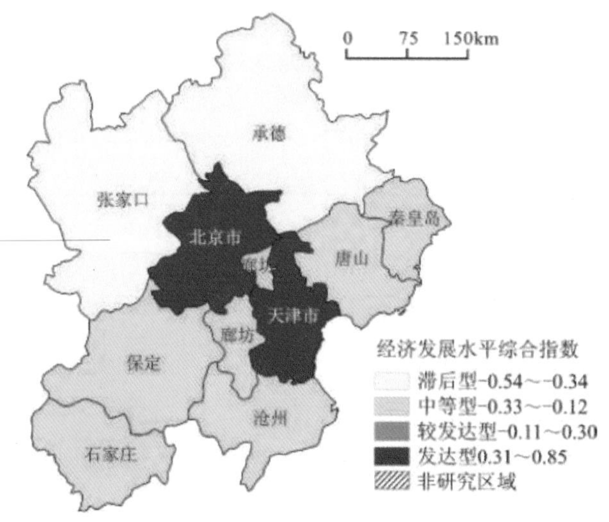

图2　京津冀核心城市发展水平差异示意图

图片来源：孙东琪等，基于产业空间联系的“大都市阴影区”形成机制解析，地理科学，2013年第33卷第9期。

3 京津冀一体化下唐山的转型困境

在区域层面，唐山面临的主要问题可概括为“竞争”与“行政配合”。在“竞争”上，主要体现为“区域单核心问题”和“经济发展基础同质化问题”。在“行政配合”上，对唐山的主要影响为：①城市投资吸引力下降；②地方企业关停剧增，地方经济损失严重（图3）。

在市域层面，唐山产业结构与就业结构变化较小，过度依赖钢铁、煤炭、石油的产业体系与当前“减钢、减煤”的政策背景不相符。同样，既有的产业体系使唐山在新常态阶段经济增速放缓。

在县域层面，“巨型企业”对县域经济影响大，不少区县对“巨型企业”存在高度依赖，这些企业多为传统钢企。此外，唐山开发区空间利用率低与同质化竞争普遍，不少区县的既有产业结构在京津冀产业转移中“被强化”。

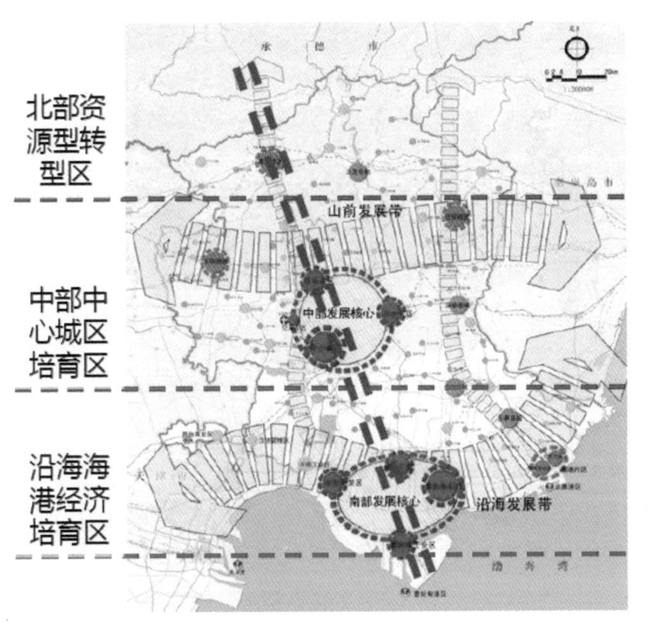

图 3　唐山市域城镇空间结构规划（2010—2020 年）

4 总结与讨论

4.1 关于区域一体化

区域一体化增加“转型城市”的“转型压力”。京津冀一体化进程中，唐山在产业接收上可选的余地小、话语权小，但引进北京转出产业在经济和政治方面意义重大，这种现象将强化既有产业结构，影响产业结构调整的可能性。

区域产业转移影响园区产业转型。通过提升园区在京津冀一体化进程中的产业接收作用，园区（县）将拥有更大的权力，使其更易于获得城市资源，发展路径转变更为困难。

区域产业转移对园区（县）具有巨大吸引力。地方既有招商引资的经济激励机制还未改变，加之园区普遍存在过度扩张问题，通过产业引进将提高园区空间利用率，缓解地方财政危机。接受京津冀产业转移亦将提高园区（县）的区域地位，更易于获得其他制度资源。

4.2 关于规划模式反思

“规划”从“空间生产”转向“空间消费”。以往基于经济增长的规划模式发生改变，且过去规划出大量的“生产性空间”将被荒废，如何利用、提升空间吸引力成为重要规划任务。

规划“物质空间利用”转向“危机应对”。规划所处的发展环境已发生深刻变化，传统“规划－基础设施建设－企业入驻－经济增长”的模式不可持续，规划面对的问题复杂化。面向增长的规划将转变为面向危机的规划。

规划的“区域观”提升。以《唐山市产业园统筹发展规划》为例，该项目为京津冀一体化提出后唐山市与课题组共同编制的规划，考虑的是“企业—园区—片区—城市—区域”的完整过程，区域一体化的要求须直接在园区层面进行实现，这是以往规划所不常见的。

4.3 关于京津冀一体化实践

“区域一体化”是一把“双刃剑”，有利于解决区域核心城市面临的城市问题，但也在一定程度上加重“区域非核心城市”的负担。“京津冀一体化”应是建立在一体化基础上的“区域转型”，而不是“问题和矛盾的转移”，否则问题仍将“跨界影响”。

进入“新常态”发展阶段，唐山转型压力增加，亟需“向轻、向高”转型，以实现产业多元化和就业结构多元化。但近 5 年来，唐山多元化进程缓慢。在此背景下，京津冀一体化在“强力推进”后，北京将传统“重、低产业”向外转，在区域竞争和政策压力下，唐山大规模地承接部分“重、低”类产业，使其“内生转型”战略延缓，未来转型之路更为曲折。

京津冀一体化实践不能仅仅考虑转移与空间重组的问题，更要切实推动产业结构与技术构成的全面转变。北京经济、人才、技术实力强，应在区域重工业的“净化、高端化”等产业升级方面发挥主要作用，承担区域责任（产业转移后的“跨界责任”）。

新常态城镇化中的传统聚落边界应对

唐　密
四川省城乡规划设计研究院

2014 年习近平总书记立足于国民经济、社会等的发展提出了“新常态”这一概念，具体到城乡规划的编制与管理行业，我们必须清醒地认识到，在新的经济周期，新的增长模式下如何适应新常态？

1 城镇化过程中暴露的问题

（1）机械化、规模化、标准化的规划与建设（方格网铺开）；

（2）按照路网边界切割征用土地、地毯式拆迁；

（3）大量的强制公寓化移民，城镇化安置，就业、管理断片、无序；

（4）地缘、血缘、宗法关系没有得到应有的尊重。

2 传统聚落的意义与走向

人走出家庭后，最基本的是基层社会生产生活组织单元（图 1）。

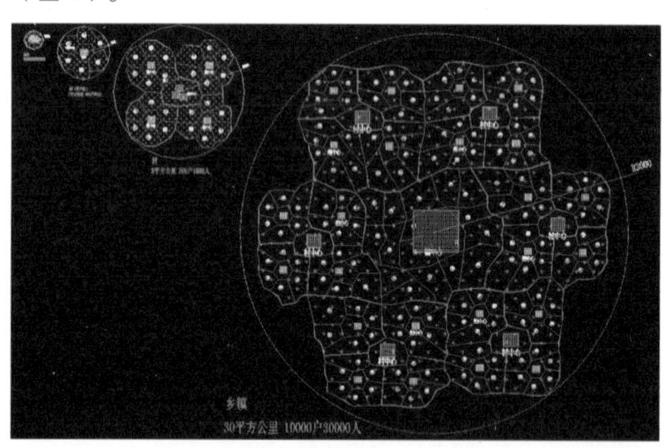

图 1　传统聚落空间组织示意图

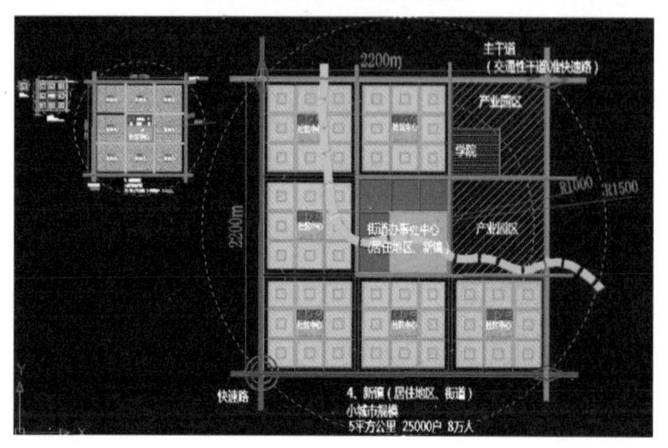

图 2　城镇化空间聚落组织示意图

人—家庭—聚落（生活区）—聚落环境（生产区）

3 传统聚落尺度在城镇化中的延续

聚落空间组织与城镇化空间组织的对比（图 2）。

4 新常态城镇化应对主线——以聚源为例

这是我们在都江堰聚源片区控制性详细规划，也是我们在结合土地征收现实与城市建设时序所作的规划探索。

4.1 聚源情况介绍

（1）区位

盆地西、古城南；大山下、都市上（图 3）。

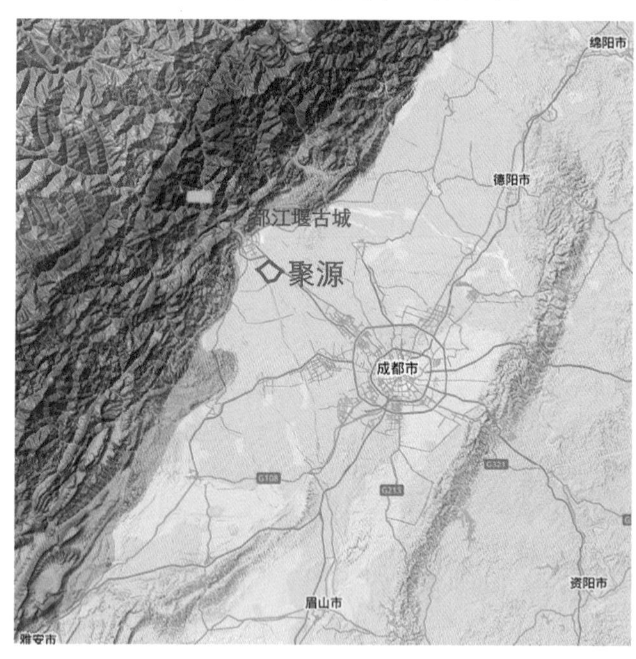

图 3　聚源区位图

（2）总体定位

随着时间的推移，各规划对聚源的定位略有变化，从单纯的城市服务、居住功能向产、研、居复合型功能转化。这也与新常态下城市结构趋于合理这一趋势相吻合。

（3）基础条件

唐宋治所——人文优势：导江遗址、迎祥寺、贵妃池等；

重生重地：“5.12”，聚源最先被全球关注；重建，聚源学校最先建成使用；成灌高铁最先到达聚源；发展，聚源最先被市场看中。

4.2 发展策略

（1）保护性利用现状水系林盘乡道；

（2）保障土地的人性化征用；

（3）按生产组（队）为单位划出永久农田；

（4）确定合理的组团规模和开发强度，兼顾土地产出与空间景观品质。

4.3 现状概况

水系、村组界线、现状用地、道路（图4）。

4.4 规划方案

（1）最大特点：按村组界线划定城市建设用地；而非传统的先铺路网后连片铺开；

（2）具体操作：按村组界线划定建设用地，将城市建设用地集中布局与某些特定的村组，对这些村组进行“全覆盖”形式建设用地“岛”或“斑块”；

（3）完整保留相应的村组，作为生态走廊（非建设用地）；

（4）在前述基础上选取相应的路网结构，使新增道路既能保证各建设用地“斑块”的相对独立完整，又能够有足够的通达性；

（5）合理确定建设用地规模并布局相应的公共服务设施（图5）。

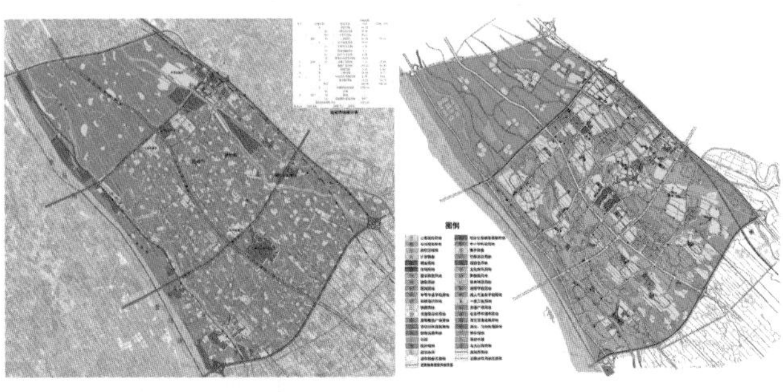

图4　现状用地图　　图5　土地使用规划图

4.5 新常态下的有益探索与应对

（1）传统聚落的延续与发展——对川西林盘这一传统空间形态研究

成都平原千百年来最大特色的空间形态就是林盘，而本次规划整村、整组布局建设用地则可看作是整并小林盘而集成“大林盘”的一种空间组织形式。

本规划在保留的农林用地里也选择性地保留了部分“林盘”作为乡村度假目的地（民宿）、画家工作室、研究所等。为该片区提供多样化的业态。

（2）多规合一，与国土规划充分衔接——一张蓝图干到底

原有土地利用规划（国土部门的）是将建设用地集中布局于聚青线以北地段，而本次规划在保证国土指标总量一致的前提下，将建设用地按照岛式布局，分布于整个聚源片区内。这样既保证了建设用地规模不扩大，又为实现前述目标，寻找到了相应的方法。

（3）有利于土地管理和生态保护

整村、整组征地同时也意味着整村、整组的保留农林用地。在选址布置建设用地的村组时，本规划有意识地作了取舍，将保留的农林用地能够贯通为多条走廊，并组合成网状，且与周边广袤的成都平原融为一体。同时保持原有水系在“西北——东南”走向上的原生性，以利下游城镇用水与农田灌溉。

（4）人性化征收土地，为合理确定城市建设时序打下基础

由于按照村组界线整村、整组的划定建设用地，该规划为未来土地征收提供了新的思路：整村或整组征收。这种做法有两种好处：一是有利于发挥村民自主意识，避免出现征一半留一半而导致不和谐事件；二是有利于城市建设的有序推进，既可以先行征收易于征收的村组进行建设，不易征收的村组可留作后续。

（5）为应对老龄化“尽绵薄之力”——长有所为

我国的老龄化有其自身的特点：就是目前达到60岁退休年龄的人大部分经历过农村生活，有一定的农业知识和农业技能。在食品安全问题突出的今天，我们是否可以设想：有这么一部分有劳动能力的长者可以在聚源“大林盘”斑块走边的农林用地里发展“自给自足”的生态农业？毕竟我们岛式布局的“大林盘”在耕作半径上与大城市近郊的“开心农场”有很大的优势。

5 应用前景与局限

本规划在都江堰市聚源片区所做的探索，是否可以推而广之呢？从我们国家的地理特点和各级行政区划的界线划定特色来看，在平原地区，这种延续传统聚落特色的布局模式有一定的应用前景。

新常态下的上海“三线”划示思路

殷　玮
上海市城市规划设计研究院

1 背景

2014 年 12 月的中央经济工作会议明确指出“认识新常态、适应新常态、引领新常态，是当前和今后一个时期我国经济发展的大逻辑”。上海作为中国经济建设的最前沿，深切感受到新常态对城市运行的影响，在整体经济下滑的情况下，2015 年上海主动提出取消经济增长目标，集中力量“深化改革，创新转型”。在城市债务总量受限、环境资源条件受限、建设规模受限、外来人口和低端就业负效应增大的背景下，城市只有通过改革和转型，才能在经济减速增长的同时保证高质增长，以寻求城市平衡、可持续发展。对于城乡规划来说，新常态意味着不会再有高投资和政府主导的扩张建设，规划面对的是一个存量时代的来临，存量调整将成为主旋律。按照国土部、住建部、环保部、农业部的要求，上海近期启动了“三线”划示的工作，“三线”包含永久基本农田控制线、生态红线和城市开发边界。“三线”的划示恰逢上海的规划转型，如何通过“三线”更好的体现存量规划特点，如何应对调整期“保护资源、保障发展、引领布局”的需求，以下是上海“三线”划示的一些初步思考（图 1）。

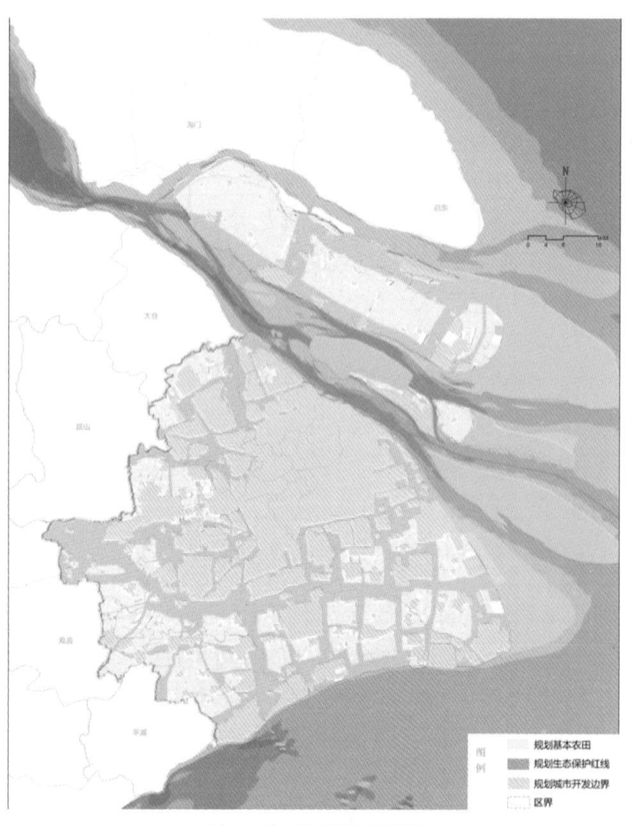

图 1　“三线“划示示意图

2 城市开发边界

上海经历 30 年高速发展，城市建设突飞猛进，自 1996 年至 2012 年城市建设用地扩张了 1 300 平方公里，相当于前 50 年的增长总量。由于城市经济对投资的过度依赖，城市急速的扩张，不仅消耗了大量的土地资源也产生了土地使用绩效低下的问题，同时还带来了严重的环境问题。这些问题其实上海在 2008 年时便已意识到，但由于当时外部经济环境疲软，城市需要投资拉动才能保证经济高速增长，所以无法严控规模，只能划定了集中建设区，以引导城市集中布局。如今面临新常态，如果各地方政府还能低成本的使用土地资源，则无法促进产业提升，就不能解决上海当前的结构性问题。因此，上海在本轮城市总体规划的编制中提出了“总量锁定”的目标，明确了上海 3 200 平方公里的终极规模，并通过三线中的“城市开发边界”进行划示落地。“3 200”对于上海的意义在于几乎无新增用地（2014 年现状建设用地为 3 073 平方公里），也就是说未来所有需要的建设必须通过存量的调整来实现，未来的城市开发将是高成本的，这也是倒逼土地使用效率提高的办法。当然，要限制城市的规模，必须和促进城市更新相结合，积极的更新政策是加速城市品质提升和产业升级改造的制度基础，因此，城市开发边界划示后，还将进一步划示更新单元，细化更新政策（图 2）。

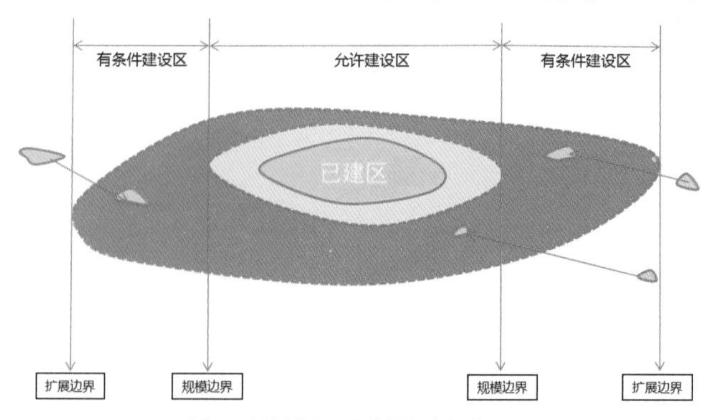

图 2　上海城市开发边界划定概念图示

3 生态红线与永久基本农田

上海之前在扩张时遗留下的环境问题，在新常态下也到了必须解决历史欠账的时候。上海自 2008 年编制发展战略时便已提出市域生态空间的理念，2010 年的《上海市基本生态网络规划》（2012 年 5 月市政府批复）里上海的生态空间达到 3 500 平方公里，确定了“双环九廊十区”的规划结构。然而多年过去，生态建设实施乏力，除了建成个别公园外，大量的生态空间被蚕食，目前生态廊道中现状建设用地达到479平方公里。这并非规划缺陷，而是与当时的经济环境有关，在城市经济高速发展状态下，尤其上海郊区仍以投资拉动的方式发展，很难通过一条线来控制城市扩张，在GDP和绿地这两个选项中，谁都会要GDP而不是只有投入没有产出的绿地。进入新常态，经济发展降速了，生态环境问题突出了，生态空间才有实施的可能。

上海的“永久基本农田”和“生态红线”基本延续了《上海市基本生态网络规划》的结构，更关注的是线内线外的实施政策，实施是主要导向，这也是基于存量调整的需求。目前有大量的存量用地位于城市开发边界外（城市开发边界外即为生态红线和永久基本农田内，无缝衔接），主要是一些低效使用的产业用地（198工业用地），如果要在城市开发边界内将一块农用地转为建设用地，就必须在城市开发边界外拆除复垦一块存量建设用地，类似存量布局调整。复垦这些存量用地的成本会比在中心城新城收购存量用地的成本小的多，因此各地方都有实施的积极性，而拆除后的存量用地该种田的种田，该造林的造林，生态空间的实施也就有了可能。因此，“永久基本农田”和“生态红线”必须与“城市开发边界“联动起来，才能有效的实施和管理。当然，整个过程还需要制定一系列的引逼机制、奖惩机制和多部门联动机制等予以保障（图3）。

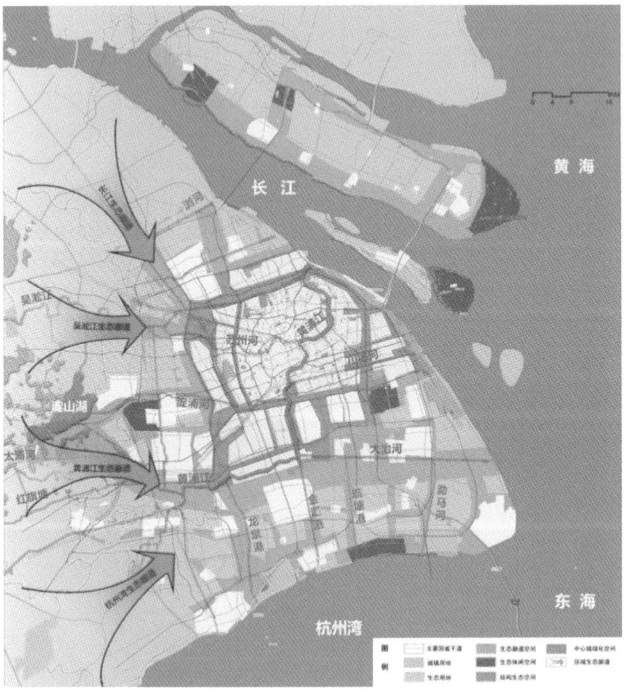

图3　上海市域基本生态网络结构图

上海的三线划示是在顺应新常态的背景下进行的，体现了规划由增量时代向存量时代转型的思路。在上海产业结构调整、城市品质提升的需求下，三线是否能发挥作用，还需要更多的机制创新和体制保障，这也有待决策者给予更大的决心和坚持。

新常态下东部大型产业平台的发展困境、转型思考与规划应对

——基于新一轮战略规划的探索

赵佩佩
浙江省城乡规划设计研究院

1 新常态下东部大型产业平台的发展困境

2008 年世界金融危机以来，浙江传统出口加工型经济遭遇严重瓶颈。在此背景下，浙江省设立了 14 个产业大平台（产业集聚区），作为浙江省产业升级、转型发展，增强区域竞争力的重要举措，成为前一阶段浙江省产业发展的主要空间载体。据统计，截至 2013 年浙江省 14 个产业集聚区的规划控制区总面积已达到 4 440 平方公里，其中重点区实际开发面积 363.5 平方公里，实现工业总产值 4 713 亿元，占全省 10% 左右（图 1）。

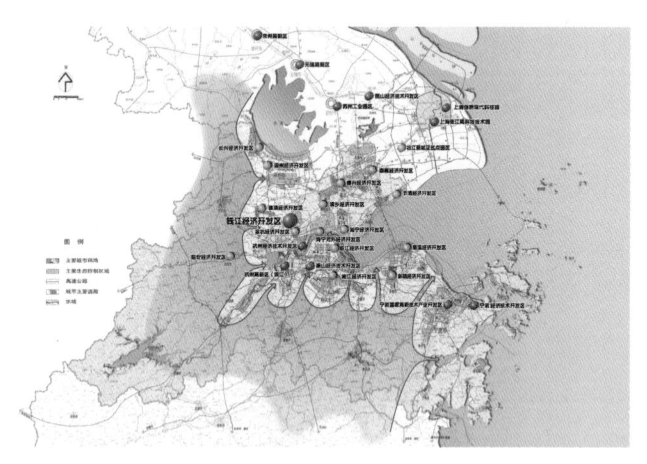

图 1　杭州湾沿线各级开发区分布图

经过 7~8 年发展，上述产业大平台取得了一定增长上的成就，但也面临突出问题：

（1）过于依赖工业主导，有区无城；

（2）超大规模、超远距离，产城分离，有区无人；

（3）多主体主导建设，分散同构；

（4）简单招商引资主导，内生不足、后续乏力；

（5）用地结构意义上的产城融合并未带来真实的人口导入。

而在当前中国经济整体进入新常态的背景下，上述产业平台面临更深层次的风险和困境：

（1）地方债务风险；

（2）人口红利消失的挑战；

（3）出口不振的外向型经济困境；

（4）土地要素极限约束下的资源环境危机。

2 新常态下的转型思考和规划应对

2.1 背景变化

新型城镇化、新常态的提出——大型产业平台不能重复过去简单规模扩张的道路

（1）国家新常态：调结构、重转型

在经济进入"新常态"背景下，消费需求、投资需求、生产要素、生产能力和产业组织方式均在发生改变，整体经济正在向形态更高级、分工更复杂、结构更合理的阶段演化，经济发展方式向质量效率型集约增长转变。

（2）新型城镇化道路提出：生态文明、以人为本

新型城镇化战略，生态文明，五位一体等理念的提出，要求发展方式、思路重大转变，把生态文明理念和原则全面融入城镇化全过程，走集约、绿色、以人为本的新型城镇化道路。

（3）浙江省经济转型升级：创新驱动民营经济转型

2014 年国务院总理李克强到浙江考察时强调以大众创业培育经济新动力，用万众创新撑起发展新未来，为浙江省经济转型发展指明了方向。创新成为带动民营经济转型的关键所在。

2.2 转型思考

（1）随着浙江等东部地区发展"新常态"化（人口红利逐步消失、经济增长逐步放缓），浙江原有简单规模扩张、低成本复制、产业链低端锁定的发展模式难以为继，未来需转向依赖技术进步和人力资本提升，质量型、差异化的发展路径。

（2）随着国家"一路一带"战略、自贸区建设的进一步推进，杭州湾沿线的产——城空间格局正发生着快速而深刻的变化，一方面原有产业集群转型发展是大势所趋；另一方面区域协同，融入长三角世界级城镇群的整体发展是赢得未来区域竞争的关键。

（3）产业发展离不开城市功能的依托，绕不开对城乡发展的尊重，产城融合是当前新区建设需要关注的重要问题。

（4）由于东部地区的环境承载力已接近上限，必须推动形成集约、绿色、低碳的发展新路。

并且在新常态下，东部大型产业平台需重点关注以下问题：

定位问题；规模问题；生态问题；产城融合问题。

2.3 规划应对

以杭州大江东产业集聚区新一轮战略规划为例，提出未来应聚焦以下几个方面的应对（图 1—图 5）：

（1）审慎规模、减量规划

一方面，与土地利用总体规划、生态环境保护规划等相关规划进行多规衔接，按照永久基本农田、生态红线的保护要求，运用“底线思维”，划定非建设用地的刚性界限。另一方面，按照“用好增量、盘活存量”的思路，设定并提升地均土地产出效益的下限目标。

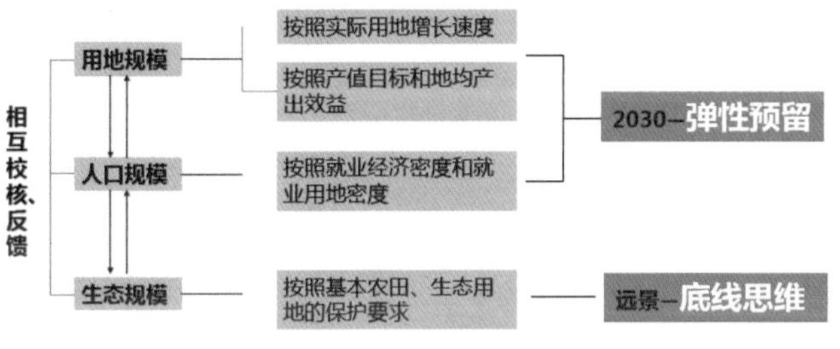

图 2　规模预测概念框图

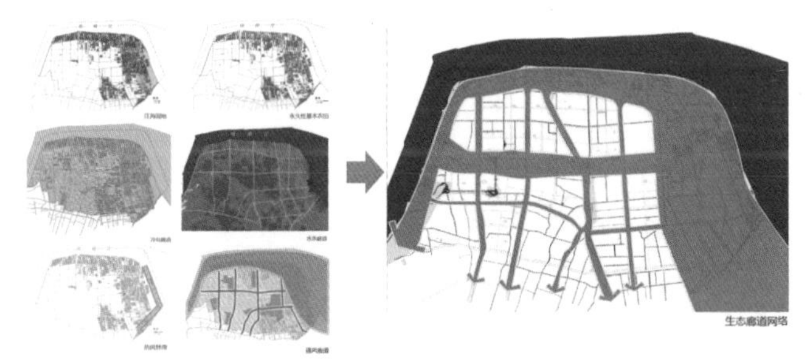

图 3　大江东产业区生态空间划定示意图

（2）多规衔接、底线控制、有限增长

规划必须在与土地利用总体规划、生态环境保护规划、环境功能区划衔接的基础上划定生态用地的刚性界线，依托现状基础及优势区位集约发展，有限增长。

（3）创新驱动、智谷引领，注重与区域转型发展相适应的产业创新体系构建

东部大型产业平台的发展需从“追求增长”转向“有效运用增长”，注重与区域转型发展相适应的产业创新体系构建。

（4）聚力发展、产城融合

注重内生功能培育和优势要素集聚发展，注重小而精的精品化打造、特色化打造。依托现有基础较好的城镇和资源优势区位进行重点发展，注重产业发展和城镇功能培育的同步提升。

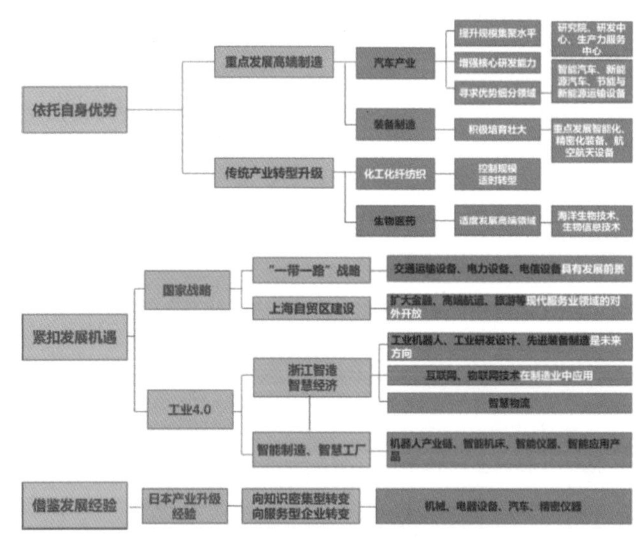

图 4　基于区域创新体系构建的产业选择策略

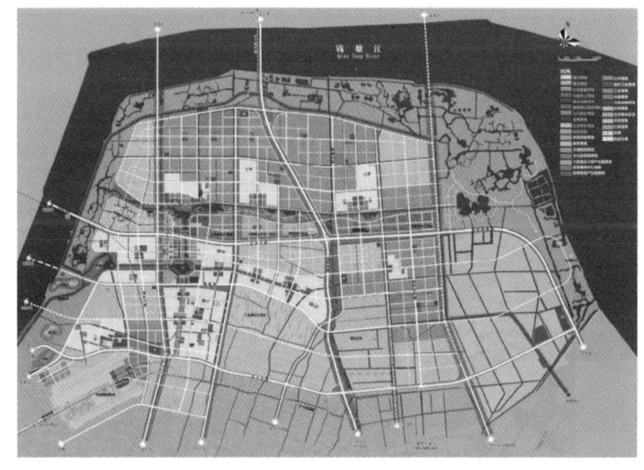

图 5　大江东产业区用地规划图（2030）

3 结语

笔者结合近期杭州大江东产业集聚区新一轮战略规划的实践，对新常态下东部地区大型产业平台面临的突出问题和发展困境进行了深入思考，并从创新驱动下的发展定位转型、多规衔接下的底线思维控制、要素集聚下的内生功能培育、依托现有城镇的产城融合发展四个方面提出规划应对策略，希望对新常态下上述产业平台的发展与规划具有一定启示意义。

新常态下开发区由“增量”向“存量”型规划的转型探索

——以苏州工业园区实践为例

黄　伟
江苏省城市规划设计研究院

在中国经济“新常态”与转型发展的背景下，城市以往规模扩张式的发展已难以为继，城市发展从“增量扩张”向“存量优化”转型。开发区是过去30年来我国城市土地增长的重要区域，也即将或已面临转型要求，因此其规划方法也应逐步从增量型向存量型规划转变，在规划编制思路及技术方法上寻求创新与突破。

1 增量向存量转型的背景与动因

1.1 发展背景的变化

全球网络的积极融入，功能扁平化和服务外包；全球经济放缓的应对，实体经济回流和投资减缓；低碳生态理念的贯彻，传统生产生活方式的转型。

中国人口红利减弱，制造业转移；经济“新常态”与经济转型发展；新型城镇化发展路径；开发区土地价值的重新认识和发掘。

1.2 自身问题的凸显

（1）资源环境约束，制约持续发展。大批开发区的土地使用低效、粗放，同时开发区土地资源日益稀缺。

（2）产出效益高增长难以为继，倒逼转型发展。随着中国“入世”红利和人口红利的逐渐减弱，开发区发展遭遇瓶颈，经济发展方式转型的要求日益迫切。

（3）区域能级与土地价值提升，推动功能完善。多数开发区已面临从单纯工业区向综合性新城区的转型，但开发区在设施水平、功能种类等方面发展相对滞后。

2 存量型规划思路

开发区规划从“增量”向“存量”型规划转型，主要实现五个方面的转变（图1）。

2.1 从“外延扩张”到“存量挖潜”

定量与定性相结合，对已建设用地尤其是工业用地进行评价，充分挖掘存量空间，并对现状建设情况进行评估，发现现状问题，以此为基础，制定规划方案。

2.2 从“粗放增长”到“效益提升”

开发区发展应从依靠量的增长转向质的提升，通过发展现代服务业、低效向高效产业置换、提高土地集约性等方式，提升存量空间效益。

2.3 从“生产主导”到“产城融合”

通过存量空间调整，构建产居平衡的开发区总体格局，完善公共设施用地和开放空间，提升吸引力，促进转型发展。

2.4 从“终极蓝图”到“过程引导”

近远结合、分步实施，将开发区规划分解为若干阶段，强化各阶段实施引导，有序推进规划实施。

2.5 从“一般控制”到“精细管控”

规划对象由增量转为存量后，最大难点是利益的再分配，依靠单纯的空间规划方法难以解决实际问题，应加强经济测算，实施制度设定和配套政策研究。

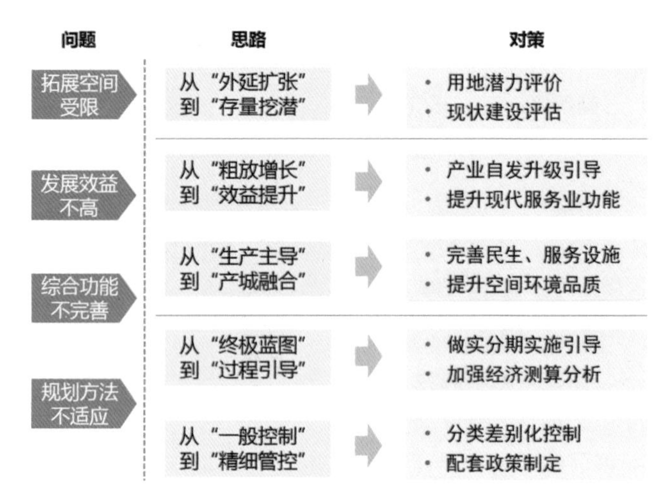

图1　存量型规划思路框图

3 规划实践

以苏州工业园区CBD南北两侧的工业区更新为例，探索转型时期存量型规划的理念与实施路径（图2）。

3.1 基于综合评价挖掘存量空间

以土地投入产出、环境影响、土地利用集约性、企业发展趋势、土地价值评估等方面对工业用地综合效益进行评价，全面评估工业用地发展现状，并将每个工业地块的相关信息、评价结果整合形成工业用地评价图则，为后续规划和决策提供更完善的依据。

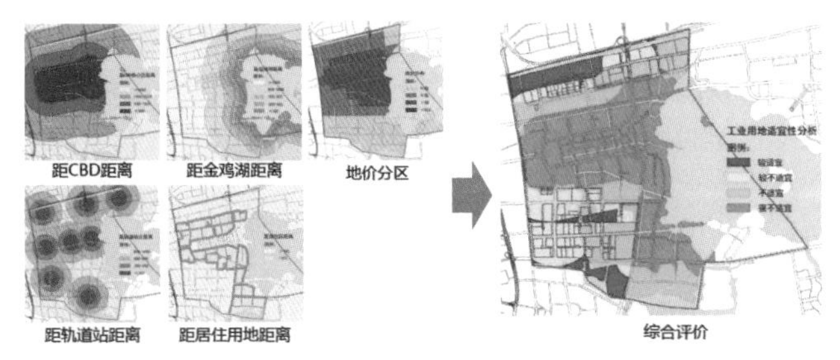

图2　工业用地分布适宜性评价图

3.2 基于现状评估找寻核心问题

对现状各类设施、绿地、道路交通等总量、分布、使用情况等进行分析评估，找到主要存在问题，并从解决现状问题，完善城市功能，提高空间资源利用效率的角度，引导存量地区的更新。

3.3 产业发展引导促进效益提升

坚持政策引导、企业意愿、市场选择，逐步引导园区的转型发展，近期由产业区向产研混合区逐步转型，中期向工贸研混合区逐步转型，远期向城市公共功能逐步转型，并制定各阶段发展目标与主要对策。

3.4 空间重构促进产城融合

规划采用小范围内产居平衡的模式，减少对交通的影响，并结合轨道站点周边布局人流大量聚集的各级中心、就业空间和高密度居住区，实现公交与用地发展一体化，促进集约发展，优化整体空间结构（图3）。

3.5 分期实施引导促进有序更新

基于工业用地评价、重大基础设施建设周期和设施建设需求缓急，确定更新时序，对近、中、远不同时间段所处状态进行引导，逐步完善服务设施及公共绿地，优化道路交通体系。制定工业地块详细图则，对每个工业用地提出分期引导措施。

3.6 差别化更新模式推动规划实施

有效协调政府、产权人、开发商各个利益主体之间关系，合理选择政府主导、市场主导、自主更新和合作开发等更新模式，并充分考虑更新地块周边相关利害关系人的意见。

3.7 制度前置设计保障规划实施

制定面向实施的城市规划技术和制度体系，建立可度量的政策法规、管理机制、操作指引与技术标准体系，坚持政府主导下的市场化运作，由市场和政府共同推动更新。

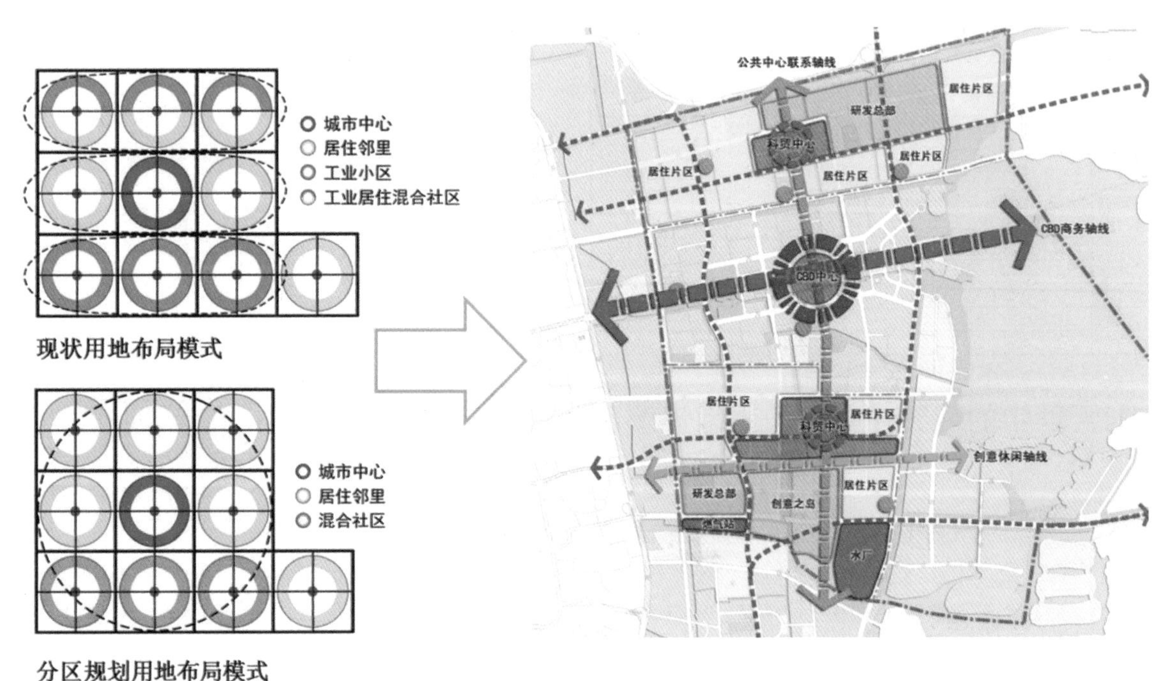

图3　空间结构图

新常态形势下空间协调规划的实践与思考

——以沈阳市于洪区“三规合一”工作为例

盛晓雪
沈阳市规划设计研究院

1 背景

“三规合一”内涵是空间协调，表层上是解决规划在空间上打架，规划落实不下去的尴尬状况。实则本质是解决空间上权利冲突，利益分配的深层次问题（表 1）。

要从根本上解决空间协调背后的利益矛盾问题，是一个长期的、艰难的工作，所以目前三规合一工作，从各省市的实践来看，主要分三个层面的具体操作。第一层面是简单的概念衔接，借助某个空间规划编制的契机，融合其他空间规划的空间要求，以实现操作层面不冲突的问题。第二层面是系统的技术融合，在梳理各个规划的体系和技术内容基础上、明确各类规划管控的基础，制定一个共同准则。如广州市。第三层面是体制协调与创新，通过对管理方式和组织架构的转变和调整，变更规划的实施主体，进而形成体制融合的工作方式。例如广东云浮。

于洪区本次“三规合一”工作的内容是三个层面都有渗透，并结合自身的需求和实际情况，组织此项规划编制工作。工作之初，明确面向实施，成果可直接运用，因此，具有很强的操作性，对于实践工作有很强的指导意义。

表 1 三规主要差异对比

类别		国民经济与社会发展规划	城市总体规划	土地利用规划
管理	主管部门	发展与改革部门	城乡规划部门	国土资源部门
	规划类别	经济综合规划	空间综合规划	空间专项规划
	规划特性	综合性	综合性	专项性
编制	编制依据	——	国民经济和社会发展规划	上层次土地利用规划
	主要内容	发展目标 项目规模	项目空间布局 建设时序安排	耕地保护范围、用地总量及年度指标
	编制方式	独立	独立	自上而下、统一
审批	审批机关	本级人大	上级政府	国务院、上级政府
	审查重点	发展速度 指标体系	人口与用地规模	耕地平衡 用地指标
	法律地位	——	《城乡规划法》	《土地管理法》
实施	实施力度	指导性	约束性	强制性
	实施计划	年度政府工作报告	近期建设规划	年度用地指标
	规划年限	5 年	一般 20 年	10-15 年
监督	监督机构	本级人大	上级政府、本级人大	国务院、上级政府
	实施评估	年度政府工作报告	规划修编	执法监察
	检测手段	统计数据	报告、检查	卫星、遥感

2 规划管理中的现实冲突——土地浪费、效率低下

沈阳市于洪区在规划管理实践中，面临着诸多的规划不协调问题，主要有以下几个方面：

（1）“三规”存在差异，导致土地浪费。于洪区由于土规和城规造成了 37 平方公里差异用地，因只符合一种规划而不能直接使用。

（2）审批流程复杂，项目落地困难。项目落地涉及发改委、规划局、国土局等十几个部门，一个项目从立项到竣工验收至少要经历 2~3 年时间。

（3）信息共享不足，降低行政效率。投资建设信息不透明，分别涉及发改、国土、建设、市政等二十多个部门分头管理，彼此之间不对话，行政效率低。

（4）生态缺乏统筹，保护问题突出。两规在生态用地控制上，范围与界线不相符。另外，发改建设项目选址时，建设项目触及生态用地的现象时有发生。

3 三规合一框架下的规划探索——务实协调、面向实施

3.1 工作内容

（1）“一张图”。操作中，“一张图”在项目招商时可用作规划参考，最大限度地避免后期因规划冲突造成的工作反复（图 1）。

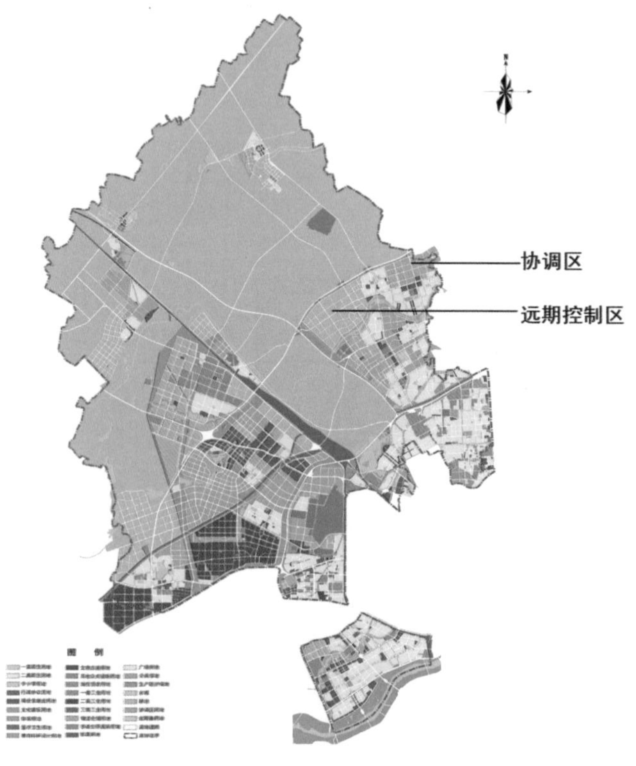

图 1 于洪区“三规合一”用地规划图

（2）一个信息平台。建设实现国土、发改、规划三部门间信息共享和审批信息实时联动的信息管理平台，为政府

决策提供依据和落实政府决策。

（3）一个实施保障机制。构建由区委书记牵头、多部门参与的协调咨询的工作机制，制定一套部门间协作的管理流程，保障“三规合一”进入政府部门常态化管理，保障规划实施。

3.2 协调思路

协调工作按照近期、中期、远期三个阶段执行，每个不同阶段有相应的工作策略及工作成果，保证了当前工作的顺利进行，也为持续发展和进行，提供了工作思路及路径。

（1）近期：2013—2015 年

制订工作方案，建立三规合一协调工作的体系和思路框架。

保证一张图工作的顺利完成，指导近期招商工作和项目落地。

整理数据信息，梳理规划体系，为数据库和平台建设做好初期工作。

（2）中期：2015—2020 年

构建信息平台，实现政府人员（其他部门）、操作人员和业务人员（规划局、规划院）全面使用的信息共享平台。

结合规划修编契机，推进规划成果统一控制内容。

建立长期实施机制，保证规划实施运行。

（3）近期：2020—2030 年

体制创新改革。建立新的规划体制机制，将主要的空间规划工作部门整合，保证规划实施工作的口径统一。

3.3 工作成效

“三规合一”工作从 2012 年开始起步工作方案，到 2013 年底编制完成，主要构建了未来“三规合一”协调工作的发展思路。就近期取得的实效而言，主要有以下几个方面：

（1）协调了实际矛盾，提高规划管控能力；

（2）集约节约，盘活存量土地资源；

（3）生态优先，明确生态用地界线；

（4）提升效率，减少招商反复。

4 “三规合一”工作的困惑与思考——法律缺失、体制难改

目前，于洪区的“三规合一”建立在区委书记带头、各部门协调的临时机制上，这种机制有很大的不确定性，而且技术协调完成后，在政府部门日常的行政审批工作中，也将面临法律缺失和既有法律障碍的问题。在技术层面，未来各部门应在统一协调的综合发展框架之下进行细化和深入，是在现有体制下的协调发展思路（图 2）。

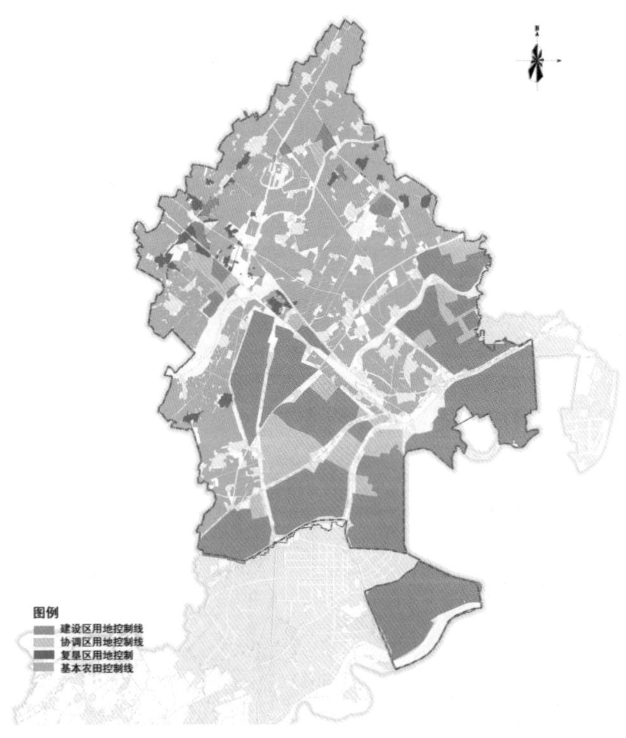

图 2　于洪区“三规合一”控制线示意图

新时期的广州城市空间发展战略思考

刘　程
广州市城市规划勘测设计研究院

1 广州历次战略规划回顾

（1）2000年：广州城市建设总体战略概念规划。

开国内大城市之先河，多元复杂的编制背景。

形成著名的“八字方针”：南拓、北优、东进、西联。

（2）2007年：广州2020城市总体发展战略规划。

“八字方针”加入“中调”，演变为“十字方针”（图1）。

明确提出广州作为国家中心城市的城市定位。

继续推进“南拓、北优、东进、西联”战略，同步实施“中调”。

（3）2012年：广州城市总体发展战略规划。

对“十字方针”的空间组织策略的进一步优化与提升。

“一个都会区、两个新城区、三个副中心”的主体功能区布局（图2）。

（4）总结：三次战略规划的编制与内涵的调整，都与当时的形势与政策紧密相关。

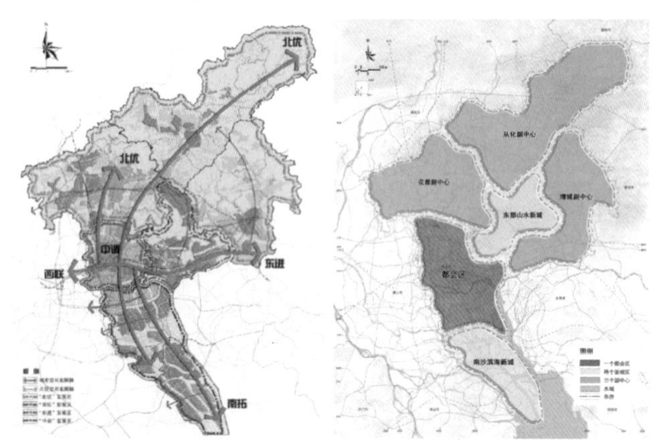

图1　广州2020城市总体发展战略规划　图2　广州城市总体发展战略规划

2 广州当前的空间发展格局及规划实施效果

（1）“十字方针”基本引领了城市空间发展；

（2）花都、从化、增城三大城市副中心未能真正形成；

（3）“南拓”效果并未得到足够体现。南沙新区缺乏强有力投资拉动，始终未能形成足够规模的城市新区。

3 新时期广州空间战略面临的形势与机遇

（1）国家层面新战略与新规划：“一带一路”、自贸区。

“一带一路”愿景与行动给予广州重大政策利好。

南沙自贸区的批复为南沙注入强劲的增长动力。

（2）经济发展全面步入新常态，产业结构转型升级空间大。

首先，GDP增速显著放缓；其次，外贸水平持续下降；再次，制造业增长速度大幅下降；最后，第三产业内部结构偏于落后。

（3）区域协同发展为广州市推进区域一体化、拓展战略腹地提供有利条件。

国家层面，“珠江—西江经济带”上升为国家战略。

区域层面，高铁布局的完善将极大提升广州的区域经济辐射力。

广东省层面，大力实施粤东西北振兴发展战略。

珠三角层面，全力打造珠三角全域规划。

（4）广州行政区划调整，从化增城撤市并区，扩大了广州的城市发展空间格局。

（5）总结：新时期的广州面临着前所未有的新形势与新机遇。既有国家层面“一带一路”顶层设计与南沙自贸区获得批复的政策利好，也有多重区域层面协同发展的主观要求，同时也面临经济社会发展全面步入“新常态”的客观挑战。

4 广州城市发展面临的问题与挑战

（1）城市地位面临严峻挑战；

（2）单位面积建设用地产出的低效率；

（3）单中心的城市结构依然明显；

（4）城市外围地区发展缓慢；

（5）公用设施仍不完善，公共交通发展仍有很大潜力；

（6）三旧改造并不彻底，城乡二元矛盾突出。

5 新时期广州空间发展战略的初步构想

（1）站在全球与地区层面思考广州的战略地位与城市区位

全球层面，广州地处环太平洋、环南海、环印度洋三大经济圈的交界点，是重要的经济战略支点与区域经济中心城市（图3）。

地区层面，广州往南可辐射整个东南亚，往北可辐射整个中国内陆地区，是亚太地区重要的战略支点，对于粤港澳全面合作以及中国与东盟国家的战略合作具有重要意义。

（2）新时期的城市定位：国际航运中心与国际商贸之都

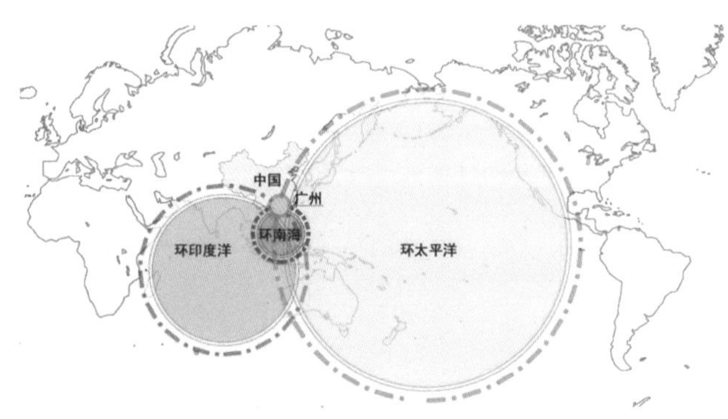

图3　三大经济圈示意图

国际航运中心

“一带一路”顶层设计明确指出广州应强化国际枢纽机场功能，应加快国际航空枢纽港建设，申报国家航空经济示范区，规划建设广州空港产业园，加快发展现代航运服务业。

港口方面，加强广州港建设，使其成为广州主动对接“一带一路”特别是21世纪海上丝绸之路建设的战略支撑（图4）。

国际商贸之都

广州是古代海上丝绸之路发祥地和改革开放前沿地，有悠久的对外贸易历史和深厚的对外文化交流底蕴。在此次“一带一路”国家战略指引下，大力提高对外经济贸易交流水平，再现“千年商都”辉煌。

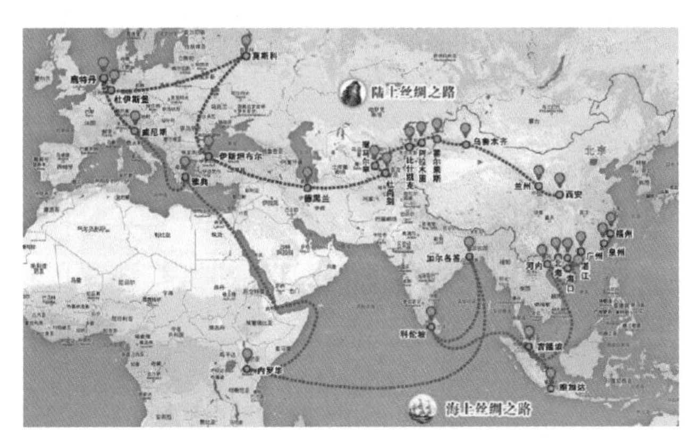

图4　“一带一路”规划示意图

（3）基于原“十字方针”，探寻新时期广州城市空间拓展新引擎

南拓新引擎——南沙自贸区、广州港、南站商务区；

北优新引擎——大田铁路集装箱中心站、广州空港经济区；

东进新引擎——黄埔、萝岗两区合并；黄埔临港商务区；

西联新引擎——珠江西江经济带；

中调新引擎——创建珠江经济带景观带创新带。

（4）新时期广州城市空间结构框架构想

一个全球职能战略支点：中心城区。

两大国际级职能战略节点：空港经济区；南沙新区。

两大区域级职能战略节点：中新（广州）知识城；广州南站商务区。

两条城市战略廊道：

“花都—中心城区—南沙”发展带：城市空间扩展廊道；

沿珠江经济带创新带景观带：全球城市景观廊道（图5）。

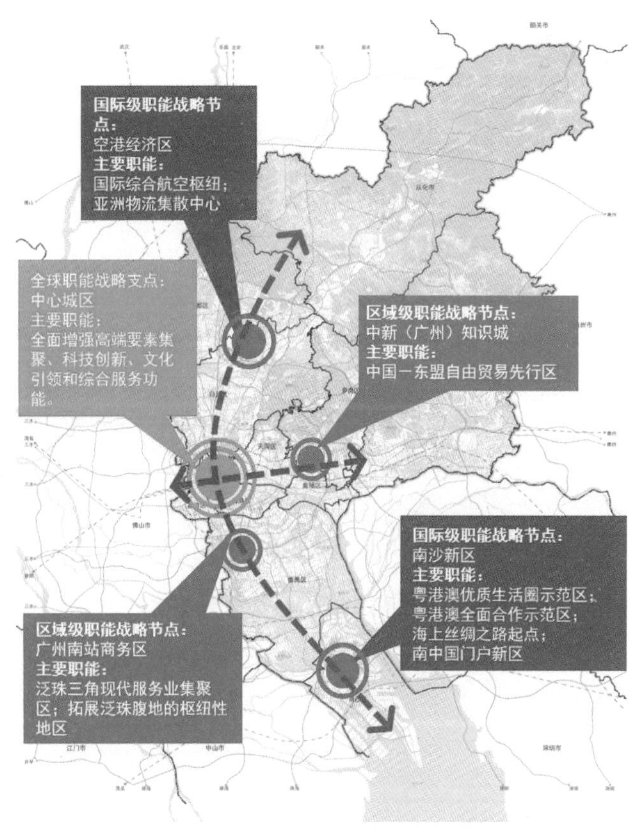

图5　新时期广州城市空间拓展结构框架图

6 关于城市空间战略规划的几点反思

（1）区域中心城市的空间战略拓展，能否跳出行政边界的束缚？

（2）重表象、轻内涵的城市空间战略规划是否应更关注实际问题？

（3）自上而下、受上层政策影响的城市战略规划是否可持续？

“新常态”下国际化产业园区的规划探索

——中德沈阳高端装备制造产业园总体规划实践思考

李晓宇　高鹤鹏　盛晓雪　林秀明　刘福星
沈阳市规划设计研究院

1 “新常态”下的规划视野

1.1 工业 4.0 发展脉络

近年来，全球制造业回流效应明显增强：美国实施“再工业化战略”、德国提出“工业 4.0 战略”、日韩新也陆续提出“新兴工业化”举措，全球制造业领域正在经历新一轮的“大国崛起”，我国的新兴工业化战略也正是在这一背景下开展。

1.2 发展历程产业园区发展脉络

在经历了“以劳动力换资本”第一次创业，“以市场换技术”的第二次创业之后，既有的发展模式已经不符合当前发展的需要，“土地资源、生态环境、人力资源、体制机制”难以为继，生态园、科学园、金属园等多种类型也开始出现，创新驱动的产业园区正在探索中前行。

1.3 小结：国际化产业园区的发展趋势

国际化产业园区是代表国家利益在本土参与全球制造业分工与合作的核心载体，是决定我国制造业发展方向、能级层次、竞争水平的主要力量，其发展趋势表现出国际化、智能化、低碳化、服务化、平台化的显著特征。

2 “新常态”下的规划分析

2.1 振兴历程

东北振兴十年来，铁西区以政策创新为核心，以土地级差地租为杠杆、以资本投资为重要手段、以劳动力优势为依托、以技术升级为前进方向，成功走过了企业“东搬西建”、初步建成装备制造业聚集区的第一步和实施企业战略重组、优化产业结构的第二步。

2.2 转型需求

在国家新型工业化大格局下，沈阳正在加快转型升级的步伐，铁西区也正面临着地均产值不高、创新动力不足、服务配套滞后、生态环境恶化的现实困境，铁西区如何发展成为沈阳乃至东北振兴新十年的重要历史命题。

2.3 历史契机：中德沈阳高端装备制造产业园区

2014 年 8 月，国务院出台《关于近期支持东北振兴若干重大政策举措的意见》，其中第 27 条明确提出：“扩大面向发达国家的合作，建立中德两国政府间老工业基地振兴交流机制，推动中德两国在沈阳共建高端装备制造业园区。”同月，中德园于沈阳铁西新区挂牌成立，总面积约 48 平方公里（图 1—图 2）。

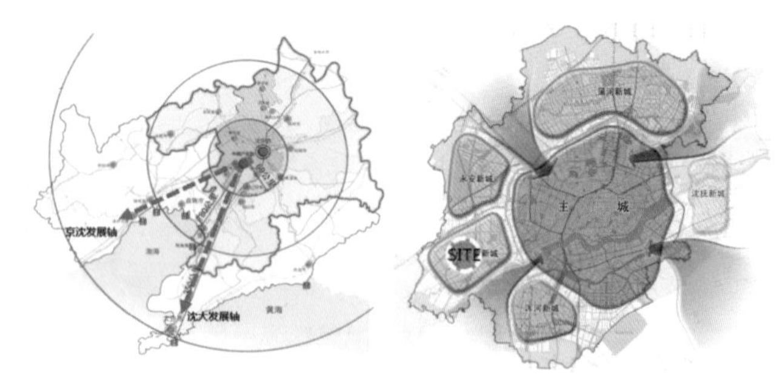

图 1　中德产业园空间区位

图 2　中德产业园内的宝马工厂代表工业 4.0 的发展方向

3 中德沈阳高端装备制造产业园规划实践探索

3.1 定位：从城市战略到国家战略

规划定位为产城融合、创新驱动、生态宜居的国际化新城区，中国新型工业化对接工业 4.0 的先锋引领区（图 3）。

图 3　中德产业园规划理念落实面临困境

3.2 动力：从资本驱动到创新驱动

借鉴了国际化合作园区发展趋势和对接工业 4.0 的要求，提出了“簇群城市、产城融合、智慧城市、生态城市”的规划理念，工业用地比例控制在 30%，引入教育研发、生产性服务功能。

3.3 逻辑：从侧重结果到侧重过程

（1）过程之一：联席会议。先后召开院内项目联席会议 18 次；召开区级联席会议 10 次；召开国际研讨会 3 次；承办中德城镇化研讨论坛 1 次；赴德国参展推介 3 次。

（2）过程之二：微信平台。充分利用微信群和微信公号平台构建了一个紧密联系的“工作网与信息网”。

（3）过程之三：基础研究。进行了“中德制造业比较与产业遴选研究”、“国际合作教育体制研究”、“汽车城案例比较研究”、“三规合一规划比较研究”等 8 项专题。

3.4 规划：从多规并行到多规合一

规划整合了发改委、招商局、规划和国土资源局、对外经贸局等部门的意见和建议，控制增量、挖掘存量，面向实施，对接招商，实现了不同部门的信息共享与空间平台，有效指导了规划与招商工作的开展，探索从多规并行到多规合一。

3.5 方法：从基本原理到数据分析

项目组分析了 10 个典型案例、查阅了 20 余本相关专著、梳理了 50 多项专业数据，在完善的分析之后，合理地提出了“中德智谷，世界铁西”、“中德 Ci3D，共赢新标杆”等战略定位（图 4）。

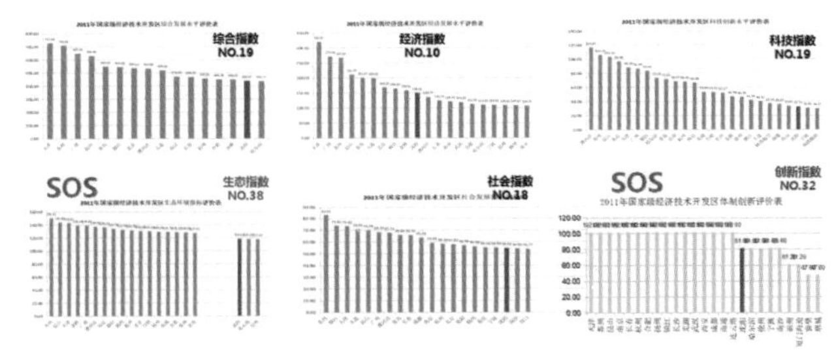

图 4　沈阳（张士）经济技术开发区发展指数横向比较

3.6 指标：从注重效率与到注重效益

参考苏州新加坡工业园区、青岛中德生态园等园区指标体系，构建生产高效、生态健康、生活和谐三大类六中类 27 项指标的可持续发展指标体系（图 5）。

生产指标

中类	分指标	建议标准值
经济产出指标	地均GDP	≥40亿元/km²
	现代服务业比重	≥40%
	工业增加值占GDP比重	≤55%
	固定资产投资率	40%
创新发展指标	高新技术产业产值占规模以上工业总产值比重	≥50%
	大专以上学历就业人口占就业总人口比重	≥40%
	R&D经费支出占GDP比重	≥5%
	生产性服务业占GDP比重	≥18%
	万人发明专利拥有量	≥12件

生态指标

中类	分指标	建议标准值
自然环境指标	区内空气质量	好于等于二级标准的天数≥330天/年，其中SO2和NO2好于等于一级标准天数≥155天/年
	区内水体质量	100%达到《地表水环境质量标准》（GB3838）类别标准IV类水体水质以上要求
	人均公共绿地面积	≥15m²/人
	建成区绿化覆盖率	40%
人工系统指标	环保投资支出占GDP比重	≥1.5%
	单位GDP碳排放强度	<180吨-C/百万美元
	被动式、智能化建筑比例	≥20%
	可再生能源利用率	≥15%
	单位GDP能耗	<1.25万元/t（标煤）

生活指标

中类	分指标	建议标准值
生活能耗指标	日人均生活水耗	<120升/人·日
	日人均垃圾产生量	<0.8千克/人·日
	绿色出行所占比例	>70%
	垃圾回收利用率	≥60%
生活舒适指标	文化、体育等公共等服务设施500米半径覆盖率	100%覆盖居住区
	中小学服务半径覆盖率	100%覆盖居住区
	公共交通500米半径覆盖率	100%覆盖
	市政管网普及率	100%
	政策性住房占本区住宅总量的比例	≥20%

图 5　中德产业园规划设计的指标体系

3.7 抓手：从注重规模与到注重操作

建立“公园绿地、综合交通、市政设施、服务配套”四大工程项目库，以成立运营公司为载体搭建 PPP 模式，已有华润、华夏幸福基业等企事业单位在能源、基础设施、标准化厂房等方面有合作意向。

4 规划反思

4.1 “招商噱头”与“励精图治”

“国际合作”在短期利益的趋势下往往成为招商的噱头与工具，生态城市、智慧城市在实施操作过程中则容易“变形”、“瘦身”甚至“可有可无”。

4.2 “政府组织”与“规划失语”

规划咨询顾问专家组筹备滞后，“以人为本”、“为人服务”考虑的还不够，规划的“工具落实”属性更为明显，而“协同参与”的作用相对较弱。尽管定位为国际化园区，但是公众参与的程度远远不够，市场的力量没有充分调动起来。

4.3 “狭义规划”与“广义规划”

新常态下的城市规划工作基本职能仍然是“空间布局”，但已经不仅仅是物质空间部署和建设安排，物质空间规划已经开始向综合发展规划演进，规划的“基本职能”和“衍生职能”需要平衡对待。

4.4 “事件触媒”与“持续发展”

国际产业园区的发展对于一个城市而言是典型的“大事件驱动”，不可避免都有其影响的衰退期，国际产业园区不可避免地要融入城市发展的全局当中，如何将这一事件触媒转化为城市持续发展的动力是规划应当着重考虑的。

新型城镇化背景下的城乡统筹规划的实践与对策研究

——以无锡市为例

王　波
无锡市城市规划编研中心

1 研究背景

当前，我国的社会经济发展已经出现了“新常态”——经济增长转向中高速、经济结构不断优化升级、创新成为驱动发展的最大动力。在此背景下，随着国家以人为本的新型城镇化目标的确立，城乡规划再次转型也成为必然之势。本文对在新型城镇化时期，城市发展应当通过城市间的区域统筹、市域内的城乡统筹、以及空间规划资源的整合以促进新型城镇化健康发展。基于此，提出社会经济转型期面向空间矛盾的区域空间规划途径的转变，并以无锡市城乡规划与发展为例（图 1）。

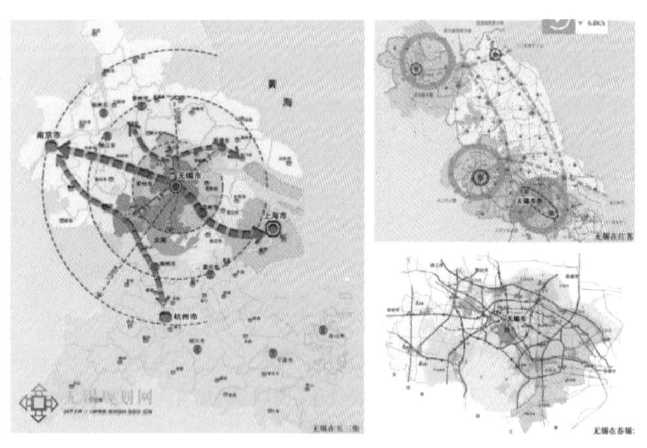

图 1　无锡区位图

2 无锡城乡统筹实践

近年来，无锡市委、市政府坚持科学发展观，创造性地实施城乡一体化统筹发展战略，全面实施城乡统筹发展的实践与探索以来，着力构建城乡一体空间布局、产业发展、基础设施、公共服务、社会保障、生态环境、组织保障等七大推进体系，以推进土地使用制度改革为核心，重点实施“十大改革”，成效显著，初步形成了具有无锡特色的城乡统筹发展的道路，对长三角及周边城市产生积极辐射作用。

在基于区域发展目标的提升核心竞争力方面：从江苏省城镇体系发展规划来看，无锡在“三圈五轴”的总体格局中具有十分明显的区位优势。在基于综合统筹的城市功能布局利用的新模式方面：无锡大力推进城乡功能性载体建设规划，优化城市功能布局结构，无锡围绕建设“五大中心”、打造“五大名城”的发展目标，整合各类空间资源，规划大力推进了“五城”、“五园”、“五区”、“五街”等一批具有相当水平的功能性载体建设规划的编制。在基于区域协作的基础设施规划建设方面：坚持以人为本，加快公共服务延伸，全面推进公共服务的均等化，围绕推进城乡基础设施一体化，大力推进功能性基础设施专项建设规划的编制。在基于区域生态安全的无锡市生态安全格局方面：以《生态红线区域界定规划》、《绿线规划》、《绿地系统规划》、《无锡市太湖一级保护区保护建设规划》等为指导，积极推进了城区生态环境的综合改善，加强了“绿色无锡”建设（图 2）。

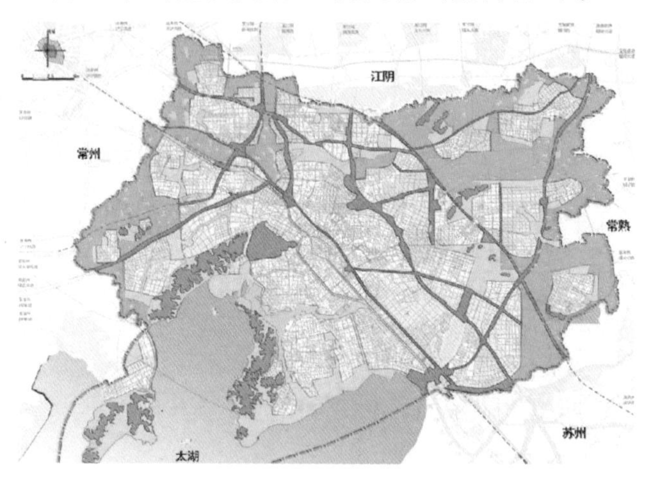

图 2　市域生态安全格局图

3 推进无锡新型城镇化进程的规划措施

“十三五”期间，是国家推进新型城镇化的起步期，也是城乡规划全面贯彻以人为本要求，积极回应社会发展需求、由面向经济发展城乡规划转向面向社会发展的城乡规划的战略转折期。因此，无锡未来的发展必须完成从功能城市向生态宜居城市、从高端制造城市向综合创新城市、从城乡二元型城市向城郊一体城市的历史转型，唯有完成这样的历史转型，无锡建设“生态宜居的创新型环湖都市”的美好蓝图才能从理想走进现实。

首先，主动适应区域一体化态势，走新型城镇化发展的新征程。区域市场一体化、产业一体化、交通一体化、信息一体化、制度一体化、生态环境一体化等多重效应将对无锡发展产生重大而深远的影响。无锡必须瞄准建设全球网络节点城市的战略目标，对原有的发展目标、发展路径作出全新的审视；必须对原有的城市发展战略进行更高层次的建构，构筑以服务经济为主导的产业基础，构建趋向开放、多层次和高效的功能网络体系；必须摆脱单核心的拓展模式，建立多核心网络化的城市空间结构。适时开展新城建设，建立“功能完善、特色鲜明、产业前瞻”的“边缘新城”。

其次，积极整合市域环湖和沿江资源，构建“一体两翼、双轴双带”新格局。为更好地适应新型城镇化、区域一体化的态势，发挥市域范围城镇优势资源优势，促进区域创新发展，市域范围内形成“一体两翼、双轴双带”的空间新格局，通过轴带整合，统筹考虑锡澄宜三地发展，更好地应对区域一体化发展的不确定性（图 3）。

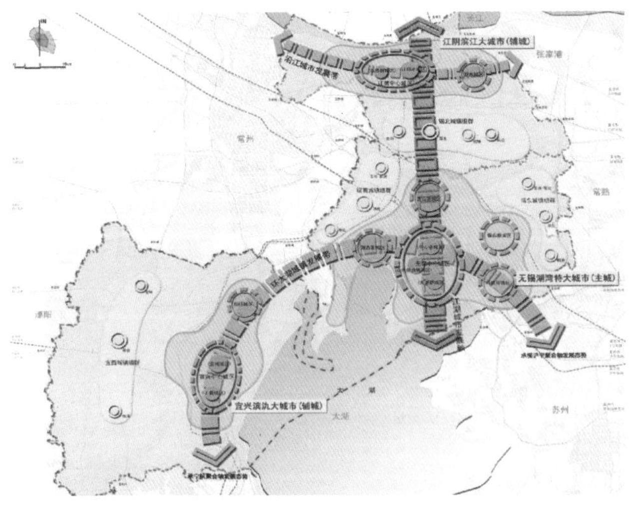

图 3　市域“一体两翼、双轴双带”结构图

再次，全面响应“四城”城市发展新定位，建设世界现代生态宜居的创新型环湖都市。秉承创新型城镇化发展的新思路，以建设“生态城、旅游和现代服务城、高科技产业城和宜居城”为目标，市区范围内形成“双核四城、特色五镇”、“双轴双圈、两湖四契”的城镇空间新格局。推进单核城市向中心老城 CBD 和太湖新城 CBD 双核联动转变，并协调优化锡东新城、山水新城、科技新城和惠山新城等四个新城区的功能和空间布局（图 4）。

最后，贯彻落实“四个全面”战略布局，加快建设经济强、百姓富、环境美、社会文明程度高的新无锡。无锡城市规划近期建设的重点锁定为“一城一带一岛”，暨太湖新城、古运河风光带、马山国际旅游度假岛，都是无锡最具特色、最具发展潜力的地区。城市规划最终目的是希望实现城市的整体创新与多元包容，建设一座有活力、有品位的现代化滨水花园城市（图 5）。

图 4　古运河风光带鸟瞰图

图 5　马山国际旅游度假岛鸟瞰图

基于土地集约利用的空间发展规划

郑　金
武汉市土地利用和城市空间规划研究中心

1 前言

在经济发展新常态下，以空间增量为主导的规划模式和实践难以应对新的发展要求。以紧凑、集约为特征的存量规划是塑造可持续发展城市的一种有效模式，是为解决城市问题和制定管理政策的基础。本文重点探讨以存量挖潜为主导的空间规划，是如何合理确定城市规模与容量、如何优化和调整城市土地和空间资源的分配、如何平衡城市发展中的利益主体及如何指引规划落实等复杂问题，研究将“规土融合”理念从宏观上的两规衔接拓展到实施层面的融合，借助土地集约利用评价手段，积极探讨尝试评价与规划一体化编制模式，以真正希望实现城市土地集约、空间高效、社会和谐的发展目标。

2 规划内涵

国家新型城镇化规划中提出“多规合一”，是对规划程序的完善和革新。基于集约利用的空间发展规划是探索实现“多规合一”、“规土融合”的编制内容和方法的创新。它是为了满足城市可持续发展需要，基于土地集约利用理念，结合土地集约利用评价方法，借助空间与数据分析，通过对特定时点下的城市土地和空间中存在的问题进行定量化评价比较，有针对性、有计划性地优化空间资源、安排城市重大建设项目、提升城市功能和土地价值，最终实现土地集约高效利用和空间理性增长的重要手段（图 1）。

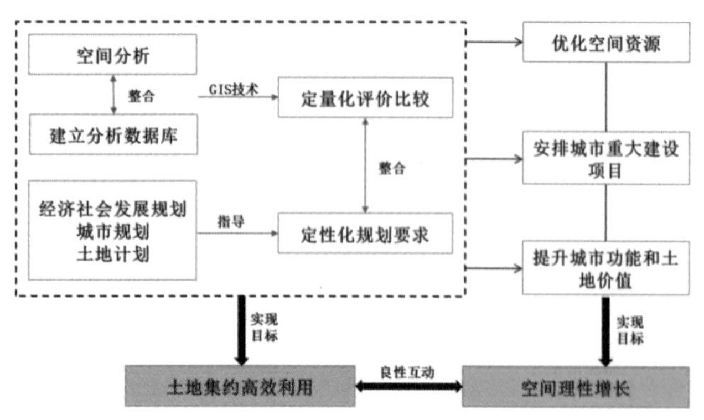

图 1　基于土地集约利用的空间发展规划主要内容

3 规划模式

单从规划编制框架来看，从现状调研、目标设立、规划策略到改造实施这种传统的规划编制框架，如果没有数据分析作为手段，没有土地规模和经济效益分析作为基础，规划编制更多的体现在描绘愿景而缺乏说服力，更无法引导利益相关者的共同参与。土地集约利用评价所建立的总体评价—功能区评价—宗地评价的评价体系，从宏观、中观和微观层面对土地经济潜力和经济效益进行了分析，可以弥补传统规划编制中缺失的经济分析。因此，以土地评价为基础的实施型规划通过“规土融合”的理念和手段，将能够定性与定量反映土地利用效率和利用潜力的土地集约利用评价与发展规划结合，建立评价与规划的衔接模式，实现在编制体系中以评价促规划、评价与规划结合。总体评价与规划目标对接，功能区评价与规划策略对接，宗地评价与地块改造的对接，通过规划、土地在宏观、中观、微观层面的充分融合，使得规划编制成果更加科学合理、具有可操作性（图 2）。

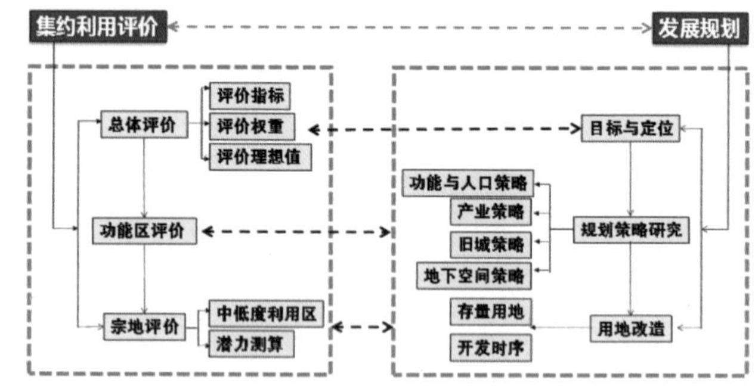

图 2　评价与规划衔接模式示意

4 基于土地集约利用的空间发展规划在规划体系中的作用

国土空间规划作为顶层设计，宏观上指导法定规划编制，法定规划体系作为导控型规划是由总体规划—分区规划—控制性详细规划构成，实现对城市各类公共、公用资源用地和设施的有效控制。实施型规划是法定规划体系的有效补充，衔接了政府的公共导控目的与市场的开发意愿，促成城市各类项目的实施。

基于土地集约利用的空间发展规划属于实施型规划的重要环节，通过区域性的土地集约利用评价，整合近期建设规划与产业、交通、用地等专项规划要求，提出宏观层面规划战略。结合功能区的土地集约利用评价，整合土地经济分析与空间分析，对既有法定规划梳理审视后进行优化与完善，指导各功能区实施性规划编制，并有助于制订年度实施计划和土地资产经营规划。为了促成具体项目的最终实施，结合宗地层面的集约利用评价，对宗地地块的开发方式、投资效率等进行规划分析。因此，基于土地集约利用的空间发展规划作为贯穿于实施型规划体系的始终，指导专项规划的编制又自成体系，具有战略性和实施性的双重属性，其相比较于法定规划而言，系统性与可操作性更强，能与法定规划之间形成良好的反馈（图3）。

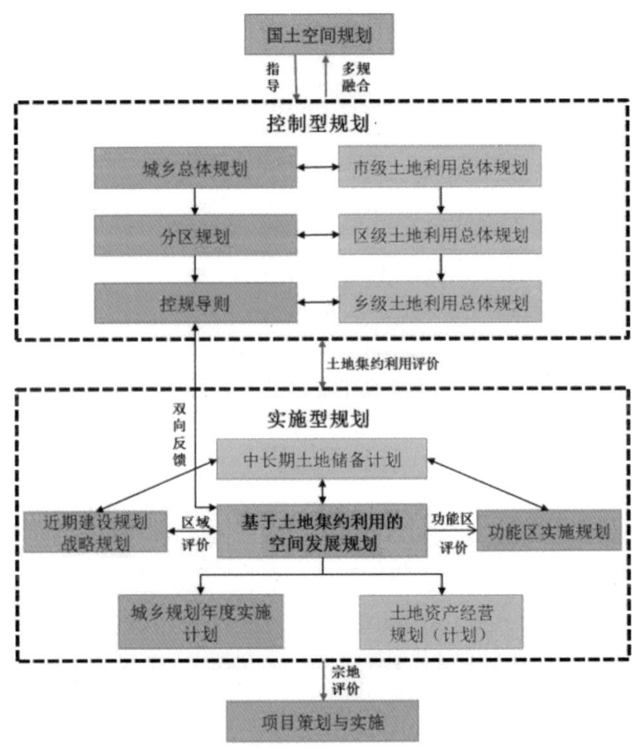

图3　基于土地集约利用的空间发展规划在规划体系中的作用

5 结论

基于土地集约利用的空间发展规划是促进规划实施的有效手段，它同时也是武汉市在“规土融合”方面做的一个尝试，打破了传统就规划论规划、就土地论土地的局限，将规划实施和土地研究两个领域有效结合作为一个整体进行综合发展规划，对新时期发展需求下的规划体系的完善起到了一定的带动作用，并且为存量规划的编制提供了一种新的思路和路径。然而，从GIS应用、大数据分析、集约利用评价等技术手段和分析方法的完善来促进“规土融合”并且应用到存量规划只是一个方面；而且单从土地集约和规划空间发展来分析城市问题也有其局限性。从这些角度来讲，从“规土融合”到“多规融合”，从“增量规划”到“存量规划”，给了一个发展目标的同时也为人们提供了一个更大的研究空间：比如如何由单纯的工程设计融入更多的制度设计，以更好地应对转型与变革；如何结合区域性特征，与相关部门共同制定相应的发展政策，以作为实施动力的机制和保障；如何在评价中，融入更多的社会学分析因子研究，更加强化社会公平，使得规划分析更加全面，达到可持续发展的目的等。

创新论坛

城市设计与文化传承

观点聚焦

1. 关于城市设计方法

（1）同济大学建筑与城市规划学院匡晓明认为，生态城市设计是以生态文明思想为内核，以城市生态学为基础，以城镇空间环境设计为手段，最终实现人、城市与自然和谐发展的城市规划设计方法。在城市生态学理论、可持续发展理论和社会有机体理论的基础上，创新性地提出了生态城市设计的“有机聚合”思想，即城市生产、生态与生活的有机集聚与融合的理念与方法。

北京大学城市与区域规划系系主任吕斌教授指出，“有机聚合”的设计理念和技术体系较为成熟，将生态和微循环的生态体系融入图则，可操作性强。同时还要关注存量城市设计的生态解决方案。

同济大学建筑与城市规划学院田宝江副教授提出，人和环境共同构成了生态，但是在城市设计中，往往过多地考虑水、绿、风等环境要素，却没有考虑人的活动。因此，将人这一要素加进来，生态城市设计可能就会更全面。

深圳市蕾奥城市规划设计咨询有限公司王歆指出，由于传统城市设计体系与方法难以应对更新规划的形势需要，从而引发了城市功能、空间形象与公共空间等一系列问题，通过建立广义城市设计编制体系的规划思路，针对性地提出了一系列城市设计编制体系地优化策略。

（2）同济大学建筑与城市规划学院奚慧提出，公共管理视角为城市设计过程的认识所提供的并不仅仅停留在管理技术或管理制度的引入，更重要的是它能帮助我们对城市设计管理过程进行价值和工具一体化的观察。城市设计管理过程的管理语境、价值取向和管理方式之间具有关联性。城市设计的管制型和沟通型的管理方式所具有的管理职能体现了不同的价值取向。两者各有所长，如何运用则取决于具体的城市设计过程中特定的市场语境、社会语境和政策语境对价值取向的择取。“价值 – 工具”一体化的过程理解不仅有助于深入解读城市设计过程，同时也为设计或选择合适的管理工具提供了方法论指导，为城市设计管理技术和管理制度的创新打开了更广泛的视野。

厦门市城市规划委员会秘书长马武定教授认为，城市设计应具有两种性质，一种是空间生产，即如何构造空间；另一种是技术手段，即政府对空间生产干预管理的法律手段。

东南大学建筑学院副院长段进教授提出，将城市设计加入到法定规划中进行管制需要控制一个最低标准，但是，这个最低标准应该如何形成需要进一步研究。

同济大学建筑与城市规划学院戴慎志教授认为，城市设计方法要将控制性和引导性相结合。城市设计中的最低要求即控制性，而沟通性是引导性和指导性，是高标准。

同济大学建筑与城市规划学院邵甬教授指出，在城市设计管理过程中，规划的法定性和灵活性之间的关系是非常难以把握的，应进一步加强研究。

2. 关于城市设计的实施

（1）同济大学建筑与城市规划学院匡晓明将生态城市设计分为三个层次：宏观尺度——总体层面生态城市设计，主要包括生态压力分析、生态边界划定、生态目标确立等内容，重点关注城市空间结构、土地利用模式、生态绿色空间、交通出行模式等方面；中观尺度——片区层面生态城市设计，主要包括生态空间管制、生态指标分解、生态图则控制等内容，重点关注功能布局、规模尺度、生态空间管制、生态指标分解、生态图则控制等方面；微观尺度——街区层面生态城市设计，主要包括生态指标落实、生态技术应用、生态效益评估等内容，重点关注建筑形态组合、绿色建筑设计、微气候环境、资源使用方式等方面。通过三个层面的不同侧重和技术方法来增加生态城市设计的的实施性。

段进教授提出，由于不同区域所处的发展阶段和发展水平不同，城市设计的好坏不能仅以城市设计水平的高低进行评价。在城市发展中，有技术决策、经济决策、政治决策，而规划行业仅仅是提供了技术支撑。

戴慎志教授认为，在规划设计过程中，最关键的是考虑最终能否实施建设和方便管理，即城市设计如何落实下去、如何与规划结合。

（2）深圳市规划国土发展研究中心毛玮丰通过《趣城“深圳美丽都市计划 2013—2014 年实施方案——趣城”盐田》项目，

以城市公共空间为突破口，针对盐田区单调乏味、细节不够、无法驻足的问题，遵循人性化、安全、经济、可实施的原则，同时考虑城市发展所处的阶段、市民需求、深圳特有的天气环境，以及后期维护等，提出了针灸式城市设计的创意设想，形成了艺术装置、小品构筑、景观场所三大类计划，包括碧桐道登山口的“反向涂鸦”、海滨栈道沙头角段的“风生水起”、海景路的创意集装箱等 50 个小项目，营造了一系列有活力、有趣味的城市独特地点，通过“点”的力量，将盐田区打造成为更加宜居宜业的城区。

马武定教授认为，美丽城市最根本的就是让生活充满美，让生活更有意义，让生活更有趣味。城市设计不仅可以从宏观角度对美丽城市进行空间的构造和构思，也可以从微观的角度着手。

（3）深圳市蕾奥城市规划设计咨询有限公司王歆以笋岗—清水河城市更新项目为例，针对市场主体过强、侵损公共利益的问题，建议构建政府、社区和市场主体共同参与、兼顾各方利益、上下互动的多元化更新模式；针对设计体系破碎、影响整体效应的问题，建议构建从发展战略及实施策略、发展单元大纲、整体城市导则、子单元规划到更新单元规划的层次化规划体系；针对多重因素干扰、空间规划失效的问题，建议构建城市更新设计平台机制和城市更新改造保障机制等复合化研究内容。

吕斌教授指出，存量城市设计需要更新的区域不仅是工业遗产、低密度商业区，还会有市民等多元主体，因此，存量规划过程中最大的挑战是协调多元主体。

邵甬教授指出，城市设计的公众参与不能停留在发微信或在公众媒体上征集想法，还要与使用者进行沟通。在整个城市更新中，开发商是很大的参与主体，其主导的开发模式不一定会影响到公众利益，或者说它影响到公众利益是因为法律制度不健全。

田宝江副教授提出，在城市设计中应免过度设计而忽略了本身的传统和特色。存量城市设计的核心问题，是解决产权的问题。

3. 关于城市文化的传承

（1）天津市城市规划设计研究院于红针对当前天津工业遗产管理中存在的主体管理部门匮乏、现有界定不适用、规划编制管理欠缺协同性、规划审批中缺少具有针对工业遗产管理的相关规定等主要问题，提出天津工业遗产的规划管理需要紧密围绕“由谁管、管什么、怎么管”等三个核心命题进行展开。首先，由规划部门作为工业遗产主要管理责任部门，文物局、国房局、国资委作为认定管理的协作部门，成立工业遗产专家咨询委员会协助评估咨询工作，解决 “由谁管”的问题。其次，明确天津工业遗产的定义及历史、科学、建筑等六个方面的价值内涵，提出天津进行工业遗产认定的评估标准体系和程序，解决“管什么”的问题。最后，建立保护与利用相协调的分层次编制管理思路，制定设计方案审查和建设审批过程中的具体要求，解决“怎么管”的问题。

戴慎志教授指出，在工业遗产保护中，是留壳挖空保留外在，还是把工业精神和文化遗产留在里面？这是各种遗产保护最大的困惑和亟待解决的问题。

吕斌教授也提出，工业遗产的保护，不应仅仅停留在建筑本身，而应包括它在近现代历史上对工艺本身的贡献，即工业价值本身也需要保护。

上海同济城市规划设计研究院张恺所长指出，工业遗产属于什么等级、价值体现在什么层面，受主观因素的限制较大，往往难以评判。希望在这方面通过天津的案例有好的经验分享。

（2）上海同济城市规划设计研究院吴怨提出，集体记忆即一个具有自己特定文化内聚性和同一性的群体对自己过去的记忆，这种群体可以是某个民族、某种宗教、某个城市的居民、甚至是国家的国民。而城市，就是这种“社会建构”过程的场所和结果。城市中不同群体的集体记忆在城市空间中发生、受城市空间的影响；同时，集体记忆的需求影响城市空间的建设与更新。城市设计的过程，即是研究特定城市集体记忆的影响因素，并根据集体记忆形成和延续的特性，将这些因素进行突出和强化，延续和塑造集体记忆的过程。

段进教授关于城市集体记忆提出两个问题进行探讨。首先，如何判断集体记忆，通过什么方式寻找集体记忆；其次，是否所有的集体记忆都是好的。

邵甬教授认为，城市集体记忆涉及社会学，需要通过一些特殊的方法收集很多的信息，归纳确切的集体记忆，然后再进行细化分析。如果没有这些方法，很有可能就变成规划师抽象、梳理出来的一些城市特点，而非真正的集体记忆。

田宝江副教授提出，集体记忆不是被规划师塑造的，而是一个自然积累的沉淀过程。因此，随着时间的推移，集体记忆需要增加新的时代色彩。同时，还可以将人这一要素加入到集体记忆中。

马武定教授认为，城市集体记忆是一个长期的积累，关键在于场所性和场所精神，之所以出现奇奇怪怪的建筑，是因为空间和时间压缩，导致了记忆断裂。

趣城·深圳美丽都市计划2013—2014年实施方案

——趣城·盐田

毛玮丰
深圳市规划国土发展研究中心

1 项目概况

未来城市与城市的竞争，将因生活环境品质而见高下。从深圳速度走向深圳质量，意味着深圳正在重新思考自身的城市定位，即从工业化注重生产的城市向人性化注重生活的城市转变。《趣城·深圳美丽都市计划》目的是以城市公共空间为突破口，采用针灸式疗法，营造一个个有意思、有生命的城市独特地点，形成人性化、生态化、特色化的公共空间环境，通过“点”的力量，创造有活力有趣味的深圳。《趣城·深圳美丽都市计划》获得了2013年度全国优秀城乡规划设计一等奖。

2 实施计划

《趣城·深圳美丽都市计划2013—2014年实施方案——趣城·盐田》是《趣城·深圳美丽都市计划》的实施计划。项目聘请国内知名专家作为“趣城深圳”盐田篇项目总设计师。通过深入调研，三次工作坊、若干次交流会等，充分发掘盐田区优势和特点，系统性地提出契合盐田区实际的可实施性项目，力争将盐田区打造成为更加宜居宜业的城区。形成了艺术装置、小品构筑、景观场所三大类计划，共50个小项目（图1）。

艺术装置类如碧桐道登山口的“反向涂鸦”。利用高压水枪冲刷墙壁，冲洗干净的位置反而形成了图案，美丽又环保。或与艺术家合作，在盐田各个适合这种创作的墙壁上“画”出各种美妙的图画，给盐田增添更多趣味与艺术气息。还可以用二三杯苔藓、两杯水或者啤酒，加上半勺糖，放在一起搅拌，便制成培养液。涂在墙上喷点水，不久就长出绿色的“涂鸦”（图2）。

小品构筑类如海滨栈道沙头角段的“风生水起”。针对现有的海滨活动区域存在活动单调、缺乏交流机会、缺乏吸引人停留的兴趣点等问题，以海滨栈道沙头角段为试点，在栈道上安装机械传动装置。人可以通过踩踏脚踏车使动能传递到风车、转伞或喷泉上，或者使动能转化为热能和光能，使栈道路灯发亮。这个设计充满了参与感，又

图2 艺术装置类：反向涂鸦

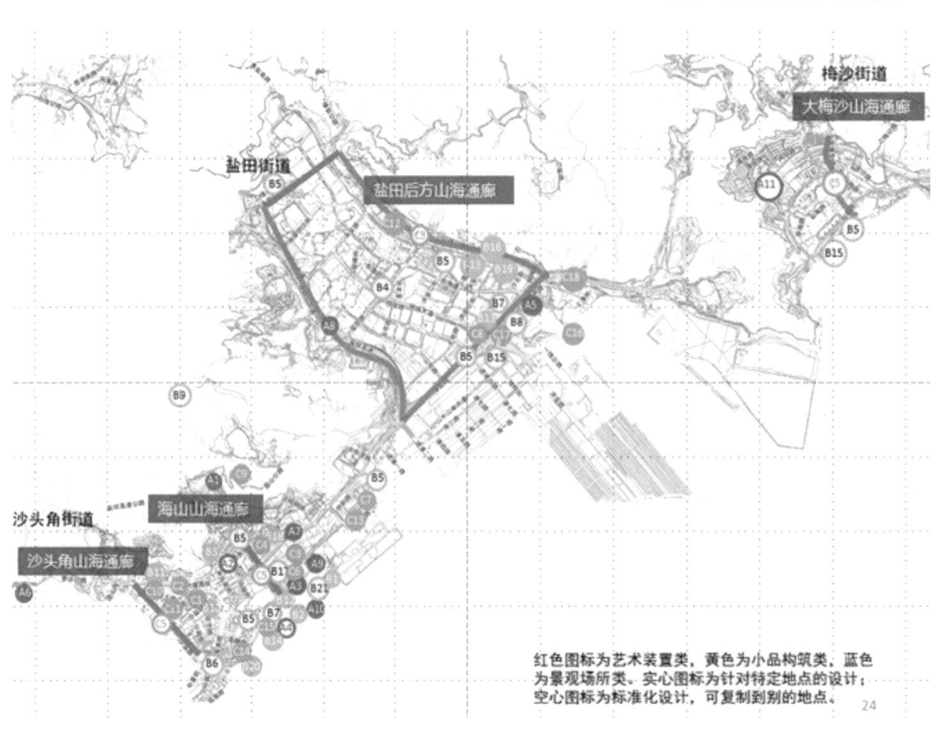

图1 盐田艺术装置、小品构筑、景观场所总分布图

节省能源，而且白天夜晚会收到不同的效果，充满趣味性。此外，还能作为滨海自行车比赛的标志物，成为海滨栈道的一张名片（图3）。

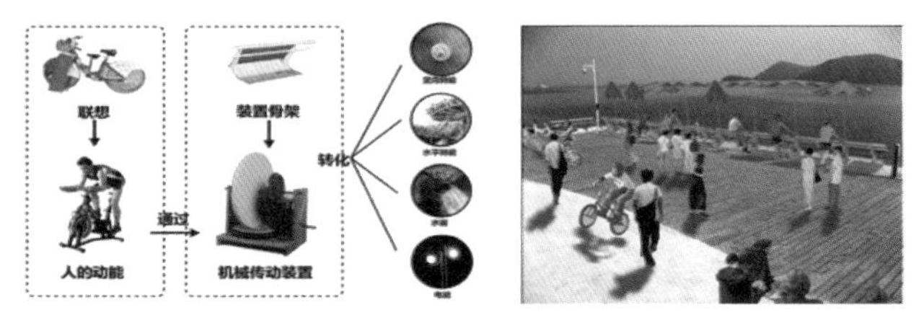

图3　小品构筑类：风生水起

景观场所类如海景路的创意集装箱。滨海的骑行步道尺度过宽，使用人数少，缺乏合理利用，道路冗长，容纳的行为也比较单一，适合增加景观节点。选择6.1m*2.4m标准尺寸集装箱置于海景路一侧以保留大于6m的人行通过空间，使用不同的组合方式形成一个富于变化的线性游历空间，在这些空间当中可以容纳各种休闲娱乐活动，结合周边的业态，以丰富海景路沿岸片区的市民活动。为使乏味的活动区域焕发吸引力，可以通过植入趣味装置、增强活动区域的辨识度、与游人互动等方式进行改善（图4）。

图4　景观场所类：创意集装箱

3 结语

该项目是城市设计实施的一次全新探索，是公共空间实施的有力抓手。通过系列的宣传、策划、组织工作，搭建了一个平台，将规划设计主管部门、区政府、设计师的力量团结起来，针对盐田的特征，提出了系列针灸式城市设计的具体地点及创意设想。这些设计方案都遵循人性化、安全、经济、可实施的原则，内容新颖、贴近生活，通过小的投入，可以获得空间品质的大提升。该项目可操作性强，获得了盐田区政府的高度认可，通过多次交流沟通，部分项目纳入了盐田区政府投资计划，有望在近期实施。

存量规划中的城市设计编制体系探索

——以笋岗—清水河城市更新项目为例

王　歆
深圳市蕾奥城市规划设计咨询有限公司

1 研究背景与目的

随着当前国家对三大城市群地区“盘活存量、严控增量”发展思路的确立，存量土地再开发将不可避免地成为沿海地区大中城市城镇化建设的重要形式。深圳市作为存量土地开发的先行者，开展了大量的城市更新实践。但由于传统城市设计体系与方法难以应对更新规划的形势需要，从而引发了城市功能、空间形象与公共空间等一系列问题。

本研究以笋岗—清水河城市更新项目为例，通过探寻城市设计在城市更新规划中“无效化”的原因，提出针对性的城市设计编制体系优化策略，以求为深圳乃至国内其他城市的存量规划编制提供有益参考。

存量规划中的城市设计无效化是传统城市设计主要的问题，具体表现为：

（1）市场主体过强，侵损公共利益；

（2）设计体系破碎，影响整体效益；

（3）多重因素干扰，空间规划失效。

2 研究内容：笋岗—清水河城市更新项目探索

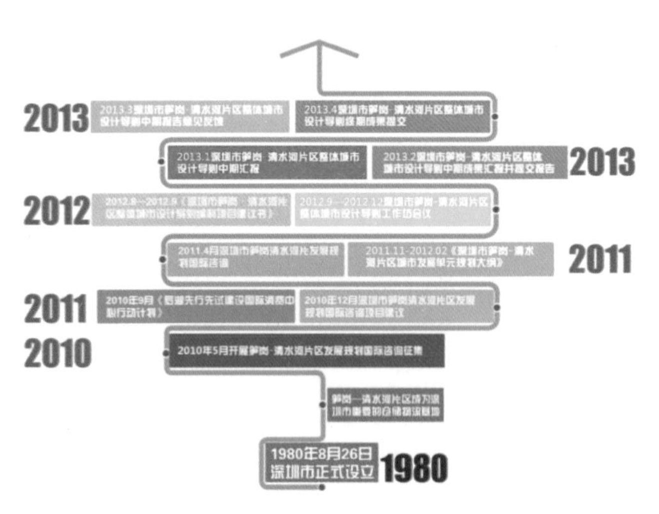

图 1　兴旺社区区位图

2.1 研究区概况

笋岗—清水河片区地处深圳市罗湖区西北部，毗邻深圳市火车站，是福田—罗湖中心区的核心组成部分。总用地面积为5.42平方公里，现状功能以专业市场、仓储、物流为主，存量再开发区特征明显。随着深圳城市快速发展，笋岗—清水河片区已经由城市发展初期的“边缘地区”，跃变为城市核心区域。

2011年初，市委市政府将“笋岗－清水河国际消费中心”列为全市五个重点推进的“城市发展单元”之一。在此背景下，深圳市规土委与罗湖区政府于2011年5月联合开展了《笋岗－清水河片区发展规划国际咨询》，拉开了片区一系列更新改造规划编制的序幕（图1）。

2.2 规划思路：广义城市设计编制体系的构建

本项目以《整体城市设计导则》为核心，旨在构建从宏观层面到微观层面，从开发模式设计、规划体系设计与多重规划整合三方面构建能够提升土地价值、体现整体空间与风貌特色、保留时代记忆与历史风貌、提升活力、增强公共空间品质、完善片区基础设施的广义的城市设计规划体系，从而实现从“城市设计”到“设计城市”的提升。

2.3 规划策略

（1）更新模式多元化

改变以“市场”为主导的单一的城市更新模式，构建政府、社区和市场主体共同参与、兼顾各方利益、上下互动的协商式更新模式。首先规划通过综合考虑组织方式、政府角色、业主意愿与公众利益四方面条件，提出相应的开发模式。其次结合更新单元的规模、原业主的数量和开发实力、更新项目的市场可实现性及项目的盈利和非盈利性质等因素，明确各个开发单元的开发价值与社会贡献属性，并与之匹配相对应的最佳开发模式，从而实现公共利益与市场利益的协调（图2）。

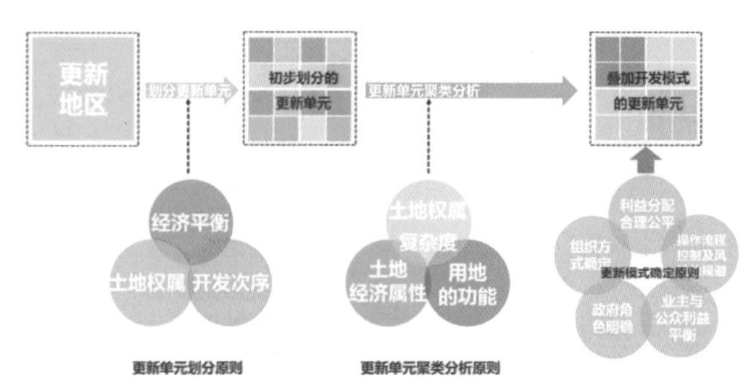

图 2　更新模式多元

（2）规划体系层次化

改变深圳市传统法定图则—更新单元规划的二元更新规划体系，构建从发展战略及实施策略（笋岗—清水河片区发展规划国际咨询项目建议书）、发展单元大纲、整体城市导则、子单元规划到更新单元规划构成的多层次、自上而下的城市规划设计体系，各个层面规划之间相互衔接、相互协调（图3）。

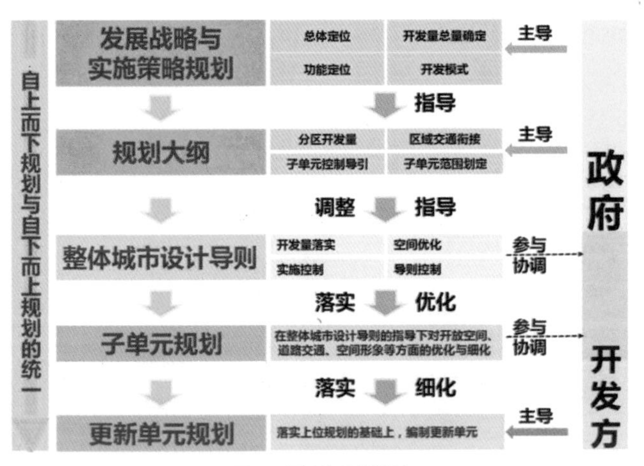

图3　规划体系结构图

（3）研究内容复合化

为保障空间设计的可实施性，还需要从制度、政策、经济等方面进行研究、提出相应的制度设计与经济实施方案设计。

首先，在制度设计方面，构建城市更新设计的平台机制，在规划实践中尝试构建多方协调博弈的机制平台。其次，在更新保障机制方面，城市更新的改造涉及复杂的利益主体和多种开发模式且开发的周期长，如果没有适当的保障机制，很难确保改造能按既定的方向顺利进行。为此，构建更新改造的保障机制，以确保更新规划的顺利落地和实施；最后，通过经济平衡设计在保证更新实施的基础上最大程度的保障公共利益（图4）。

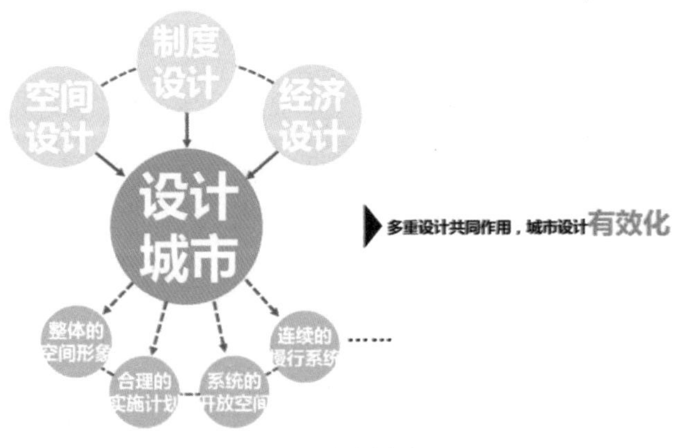

图4　研究内容复合

3 结语

在“增量转存量”的新常态下，深圳城市更新的经验与教训在全国意义上都显得尤为重要。本文以笋岗—清水河项目为例，对存量规划下的城市设计编制体系进行了一定的探索与研究，提出一些不成熟的看法，只求抛砖引玉，希望能够引起学界对存量规划中的城市设计相关研究的重视。

天津工业遗产管理思路与策略研究

于 红 沈 锐 陈 畅 谢 沁
天津市城市规划设计研究院

1 工业遗产管理中的主要问题

1.1 缺少主体管理部门

工业遗产的保护与利用涉及到用地性质的变更、国有资产的清算、生态环境的修复等诸多方面，涉及发改委、规划、国土、建设等众多管理部门的职责管理，管理上的条块分割加上缺乏牵头部门，增加了部门间协调的难度。而且，由于工作的综合性、复杂性，单纯依靠某个管理部门很难独自完成。

1.2 工业遗产的现有界定的不适用性明显

国际公认的工业遗产保护宪章——《下塔吉尔宪章》，按照西方工业化的历史发展特点来界定工业遗产，而我国与西方工业化的过程又不尽相同，完全沿用并不适用于天津的实际情况。此外，第三次文物普查中关于工业遗产的调查，遵循了文物普查的传统思路，难以系统深入的从工业形式、年代情况、意义大小、保留情况、社会影响方面作出科学的分类，对于筛选出工业遗产具有一定的争议性。

1.3 规划编制的管理欠缺协同性

结合目前规划实践，工业遗产从保护到再利用，缺乏系统性的规划管理思维，保护规划与后续的建设开发规划相互脱节，缺少协同性，导致很多需要保护的遗产建筑、元素在后续的建设开发中“被迫消失”。

1.4 规划审批中缺少具有针对工业遗产管理的相关规定

工业遗产规划的审批包括两类，一类是保护性规划，属于城市专业规划，按照专业规划审批程序即可；另一类是与城市建设开发密切结合的详细规划与规划策划，该类规划不同于常规的同类规划，完全按照现有审批程序，容易使得工业遗产在市场经济利益推动下造成流失。此外，已经编制完成的保护规划成果如何与下一层次规划进行有效衔接，也同样缺少相应的管理程序做保障。

2 工业遗产管理思路研究

结合管理问题分析，笔者认为工业遗产的规划管理需要紧密围绕“由谁管、管什么、怎么管”等三个核心命题进行展开，结合城市管理实际，突出可操作性和时效性，解决管理中的实际问题。通过明确责任主体、管理权限，解决“由谁管”的问题；通过明确保护规划、开发策划中的管理重点，解决“管什么”的问题；通过细化管理审批环节，解决“怎么管”的问题（图 1）。

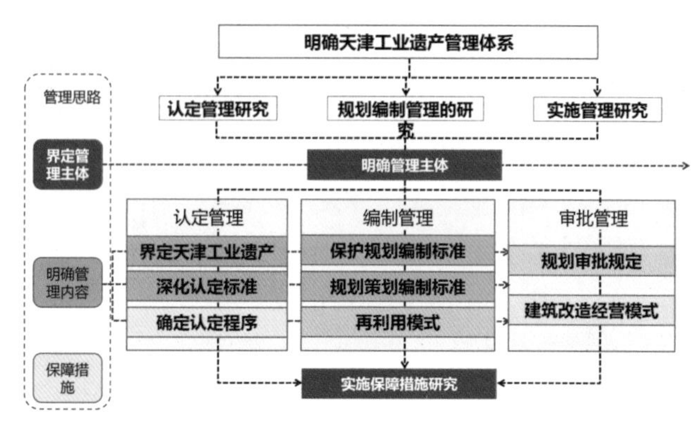

图 1 规划管理体系设计

3 天津工业遗产的管理策略

3.1 建立协作式管理框架

通过对比研究北京、武汉、洛阳、上海等国内城市关于工业遗产管理的组织架构，充分考虑天津工业遗产与城市更新的密切关系，以及天津规划实施性强的管理特色，提出由规划部门作为工业遗产主要管理责任部门的重要性；同时，借鉴欧美国家遗产建筑管理体系，以及天津历史风貌建筑专家委员会的成功经验，建议文物局、国房局、国资委作为认定管理的协作部门、同时成立工业遗产专家咨询委员会协助评估咨询工作。有效解决了天津工业遗产“由谁管”的核心命题。

3.2 认定标准突出天津工业文脉特点

针对我国尚无统一的认定标准，天津没有工业遗产的认定程序的问题，本研究在总结大量国内外的理论和实践经验的基础上，按照“沿线索遗”的方法梳理了工业遗产发展的空间脉络，明确了天津工业遗产的定义，和历史、科学、建筑等六个方面的价值内涵，创新性提出了天津进行工业遗产认定的评估标准体系。在此基础上，提出了天津工业遗产的认定程序（图 2）。

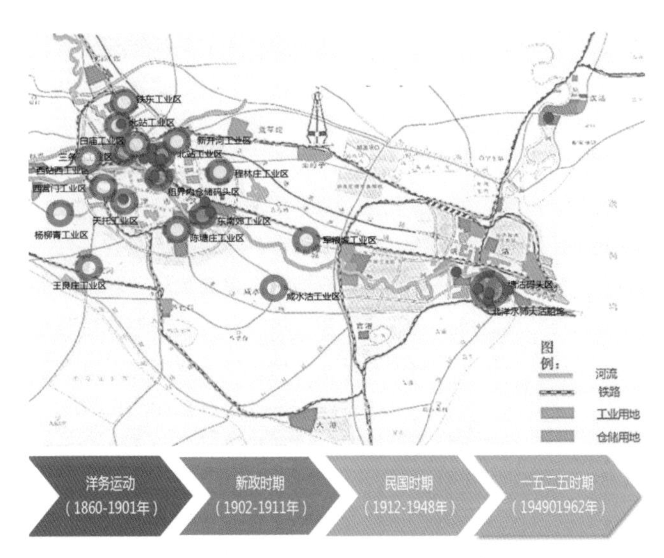

图 2　天津工业遗产发展的时空脉络示意图

3.3 建立分层次编制管理思路，突出协同性管理特色

注重“保”与“用”有机结合，与城市更新相结合，提出“保”与“用”相协调的规划管理层次，明确工业遗产在保护和利用两个阶段的管理重点。

突出工业遗产保护与文物保护的不同之处，创新性提出了以工业技术为主线划分保护对象的思路，制订了由核心保护区、重点保护建筑、特色保护建筑构成的三层次保护体系。

在规划策划中，借鉴国内规划实践，增强对建筑风格、体量、高度、开敞空间等要素控制，从用地性质、容积率、路网规划、景观设计、建筑控制等方面制定管理要求，并提出将这些内容融入控制性详细规划的具体指标的管理方式。

3.4 增加针对性管理审批环节，突出可操作性

针对工业遗产项目在规划审查和审批管理过程中没有法定依据的现实困境，抓住设计方案审查和建设审批过程中的关键技术环节，制定具体管理审批要求。结合天津工业遗产现状特征，建立分级保护制度（图3）。

图 3　天津实践：《天津市新港船厂保护利用规划》

公共管理视角下的城市设计过程

奚 慧
同济大学建筑与城市规划学院

1 寻找问题

当代城市设计在城市空间公共领域形塑过程的管理实践发挥着重要的作用，然而实践的复杂性又使其内在机制往往难以把握。由于城市设计管理实践与其结果直接相关联，因而它往往被寄予厚望尽可能解决各类空间问题，但在实际的操作过程中却阻力重重。我们在管理技术上希望通过不断扩展管理对象来解决问题，然而很多要素无法得到管控，随之而来是期望通过不断加强管制力度来执行，但强制性管制需符合行政规范要求，因而展开的讨论转向更上层的管理制度建立，实质目的是期望使强制行为合法化。所有的讨论都集中在“怎么做”的问题上，然而我们并未对复杂的过程厘清行动的思路。

城市设计已有的研究重结果轻过程、重设计轻管理、重工具轻价值。然而，无论是管理技术还是管理制度的探讨首要须回答一个根本性问题——“为什么”，我们应该回归本原，探讨城市设计过程的价值与工具之间的关联性（图1）。

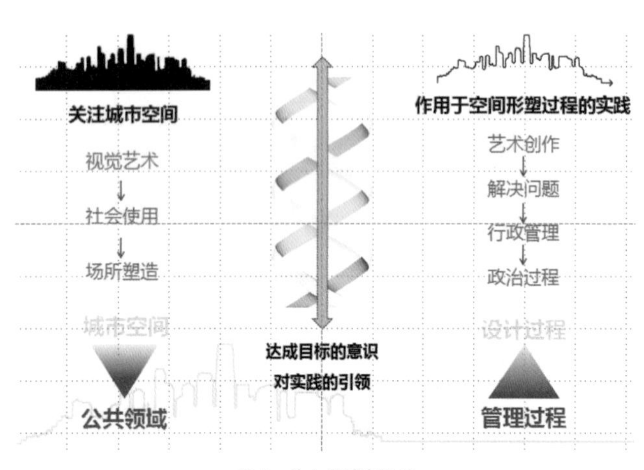

图1 什么是城市设计

2 整体认识

公共管理视角为城市设计过程的认识所提供的并不仅仅停留在管理技术或管理制度的引入，更重要的是它能帮助我们对城市设计管理过程进行价值和工具一体化的观察：城市设计过程具有价值取向；不同的价值取向会择取不同的管理方式；价值取向何为则受到特定过程的管理语境所产生的影响。

作为公共管理过程，城市设计具有“公共”和“管理”双重价值特征。公共性是城市设计过程的价值基础。城市空间公共领域所具有的公共价值使得聚焦于此的城市设计管理可为，并使其管理主体具有公共角色、管理过程具有公共规范。由此，城市设计的管理对象和要素须要在公共性上得到充分讨论，由此才能使城市设计成为真正的公共需要。

对于过程而言，公共性是其所须具备的价值规范。公共管理具有管制和服务两大职能，前者的价值核心是合法性，通过“程序正当”获得管制的权威性；后者的价值核心是共识性，通过对话协商协调价值观。城市设计的管制职能基于对公共领域品质的社会需要，公共部门依法对城市开发进行限制性或引导性管制，发挥相应的专业价值。相应的管制型管理方式，也被称为设计控制，依托相关行政程序的合法性来获得对城市开发进行物质空间管制的权威性，由此组织管理具有行政层级性特征，程序管理上具有许可管理特征。城市设计所提供的服务是促进城市空间公共领域的品质提升。然而专业领域的创造性在价值认同上会产生众多分歧，公共部门将通过促进参与协商，形成设计共识，满足社会需要。相应的沟通型管理方式强调提供广泛的参与平台进行组织管理，使各类相关群体能够有效便利地表达意愿，在程序上通过沟通协商来解决冲突，共同塑造良好的城市空间形态。

来自“管理”的价值特征不仅仅是体现专业价值的效果诉求，还有具备效率的要求。在城市空间使用的综合绩效中，城市设计作为一个专业领域所解决的问题仍然应该聚焦于场所塑造的效果。同时，每个特定城市设计过程所须解决的问题各不相同，因而设计目标也并非是面面俱到的。管理目标的设定对于管理手段的制定以及管理效果的评价具有标杆意义。强调发挥城市设计专业价值的管制型管理一方面通过限制性管制保障城市空间的底线效果，另一方面则希望通过促进性管制塑造理想的空间品质，具体的操作方式则在符合行政程序规范的基础上受到管理效率的影响。沟通型管理则强调在满足管理效率要求的基础上尽可能促进形成对城市空间的设计共识，达到令人满意的效果（图2）。

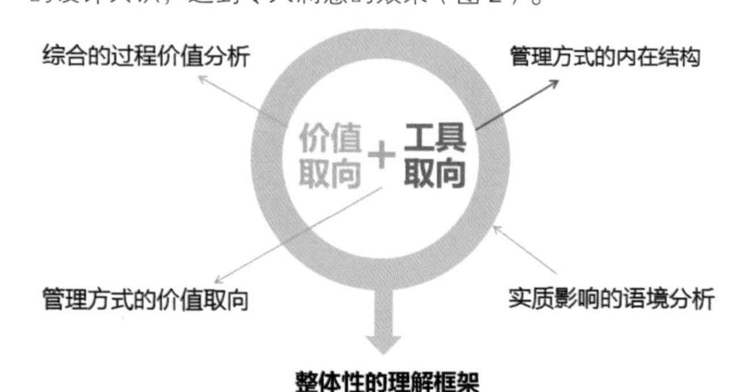

图2 公共管理视角城市设计的整体性认识

3 实践探知

通过相关实践案例的实证分析和比较，城市设计管理过程的管理方式、价值取向和管理语境之间具有关联性。城市设计的管制型和沟通型管理方式所具有的管理职能体现了不同的价值取向。两者各有所长，如何运用则取决于具体的城市设计过程中特定的市场语境、社会语境和政策语境对价值取向的择取。“价值—工具”一体化的过程理解不仅有助于深入解读城市设计过程，同时也为设计或选择合适的管理工具提供了方法论指导，为城市设计管理技术和管理制度的创新打开了更广泛的视野（图 3—图 5）。

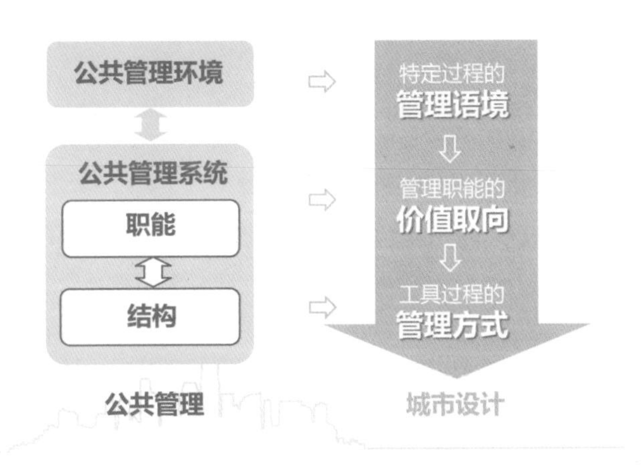

图 3　公共管理视角下的城市设计过程理解框架

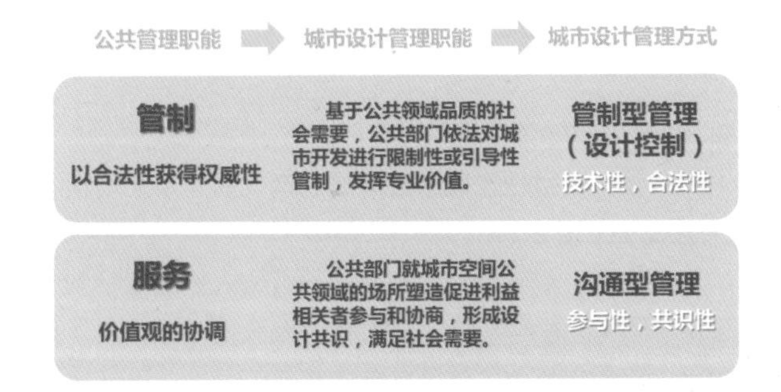

图 4　公共管理职能导向下的城市设计管理方式

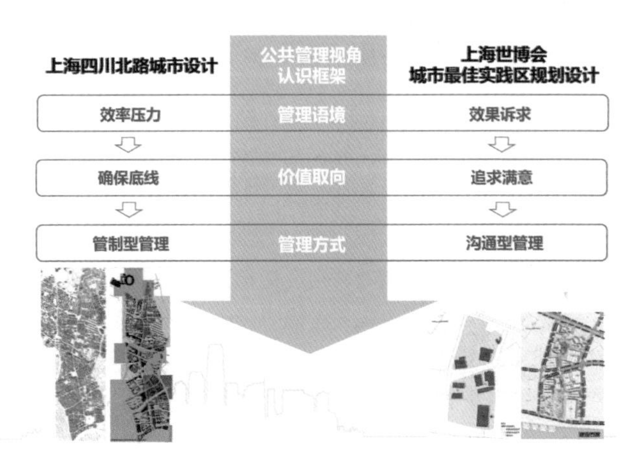

图 5　城市设计两种管理方式的实证比较

城市设计中集体记忆的延续与塑造

吴　怨
上海同济城市规划设计研究院

1 集体记忆与城市空间

集体记忆是社会心理学的一个研究对象，是一个具有自己特定文化内聚性和同一性的群体对自己过去的记忆，这种群体可以是某个民族、某种宗教，也可以是城市的居民。

“集体记忆”不是一个既定的概念，而是一个社会建构的过程，而城市，就是“社会建构”过程的场所和结果。不同群体的集体记忆在城市空间中发生，受城市空间的影响;同时，居民对集体记忆的需求也影响城市空间的建设与更新。

2 集体记忆形成的时间因素

在城市建设过程中，时间起到了非常重要的核心作用。有历史的城市，不管城市的建设如何漫不经心，都可以激发起人们的记忆，而快速新建的新城，无论如何努力，都无法达到老城区的影响力，这已经不是一个美学的问题。究其原因，通过城市经济性和功能性的标准快速建造出来的城市，与城市原本漫长、缓慢的建设过程给人们的集体记忆发生了脱节。过快的建设速度忽略了时间对于一个城市发展的影响，是“千城一面”问题形成的重要原因。

3 集体记忆的影响因子

每个城市给城市居民的集体记忆都会不同，归纳起来可以分为物质性和非物质性两种影响因子。物质性因子以城市自然环境、建成环境等为主体，非物质性因子以历史文化、经济发展等为主体。

城市设计的过程，是研究特定城市集体记忆的影响因子，并根据集体记忆形成和延续的特性，将这些因子进行突出和强化，延续和塑造集体记忆的过程。

4 集体记忆的特性及其在城市设计中的应用—《石河子天山路以南区域控规及城市设计》

4.1 规划背景

1950 年，中国人民解放军第 22 兵团（后改为新疆生产建设兵团）26 师（后改为农八师）及 25 师（后改为农七师）一部，到石河子开荒生产，以军队高效的执行力和吃苦耐劳的奉献精神为保证在沙漠中平地建起了一座城市。

1950 年 11 月，第 22 兵团司令员陶峙岳邀请上海建筑师、工程师联合顾问事务所的建筑师赵深先生做了石河子第一版总体规划——《新疆省石河子新城计划，1951》，将石河子作为 22 兵团指挥机关的驻地和兵团发展基地，在石河子地方建立一座一万多人的农业城市。方案采用了方格路网和放射性道路相结合的结构，轴线和广场占据了主要的空间位置。后来新城规划渐渐满足不了城市建设的需求，虽然经过几次修编，但是石河子的城市空间却留下了贯穿城市六十多年建设过程的军垦精神——严谨、高效、开拓、执行、奉献（图 1）。

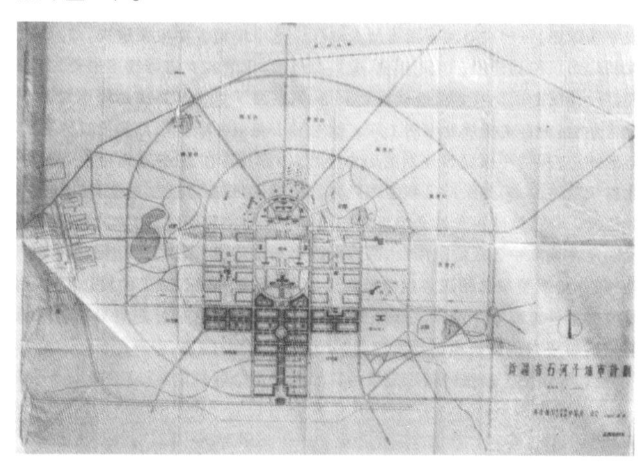

图 1　新疆省石河子新城计划，1951

由于当时城市规划建设的理念先进，绿化先行，现在石河子的城市绿化特色突出，城市时常“见绿不见城”，因此石河子也获得了“戈壁明珠”的美誉。

4.2 集体记忆的探寻

城市设计的地块在既有建成区以南，铁路以北，面积约 12 平方公里（图 2）。

设计之初，规划就对石河子为什么给人以如此特别的印象展开了讨论。总结下来，城市格局大气、秩序井然、尺度丰富、空间大开大合，采用棋盘式路网，中轴突出，以大尺度的街道和高密度的绿化为特色。城市建设大气、注重文脉的延续、在城市空间中体现人文关怀（图 3）。

4.3 集体记忆的延续与塑造

（1）继承棋盘式路网、延续绿化轴线

在设计范围内，方案首先延续了棋盘式的路网格局，对于既有城市功能轴线和绿化景观轴线进行了延伸（图 4）。

（2）继承高度特征、规避临街高层

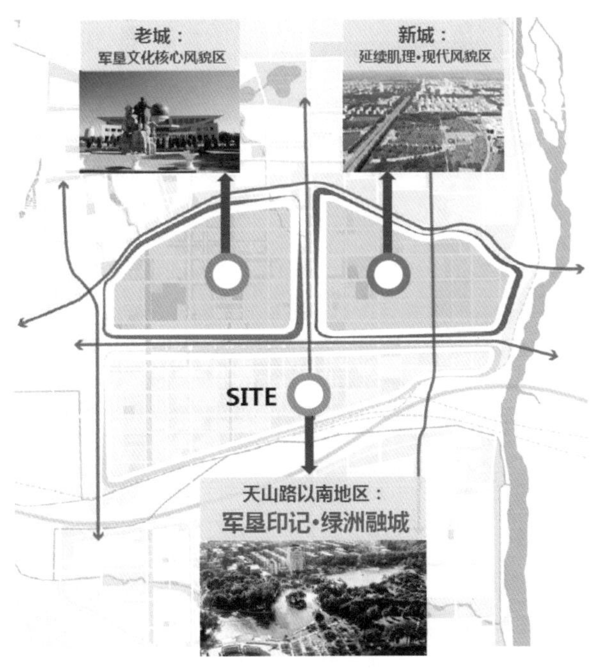

图2 区域地块计划

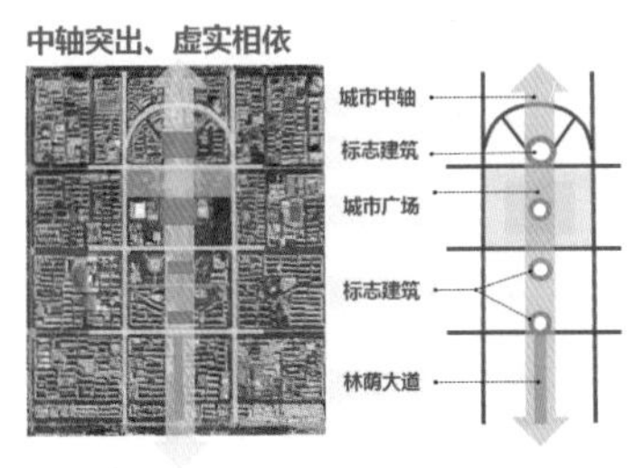

图3 棋盘式路网

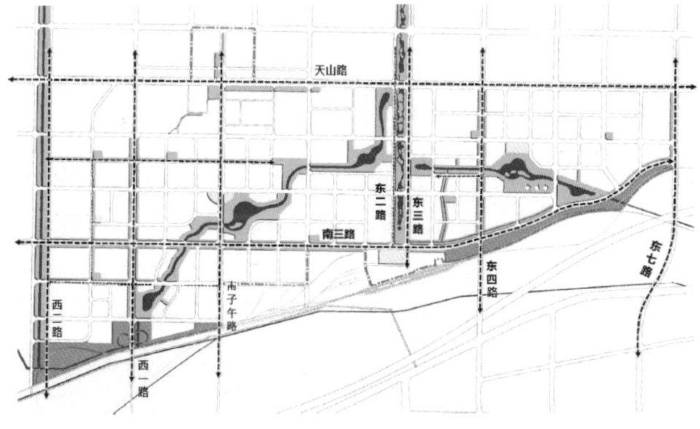

图4 城市轴线的延伸

延续了原有轴线的高度特征，尽量不将高层建筑临街布局，延续城市街道“见绿不见城”的视觉特色（图5）。

（3）提高绿化比例、延续“戈壁明珠”

整合设计范围内的绿化空间，使得绿化覆盖率达到48%，以延续“戈壁明珠”的城市特色（图6）。

图5 城市高度特征的延续

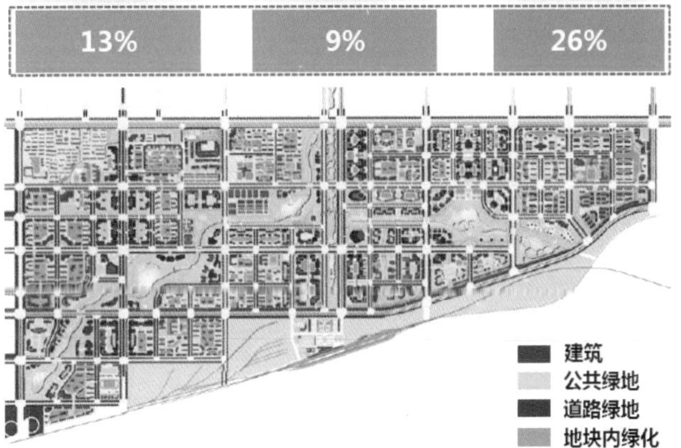

图6 戈壁明珠的延续

（4）多样水系利用、塑造水景空间

针对石河子城市居民对于水的尤其渴望，利用基地内的一条水渠建设了东西向的开放空间轴线，与既有空间轴线相交的地方布局了水景节点，沿水系布局了多样化的功能和水景景观，以满足城市居民对于水系利用多样化的需求（图7）。

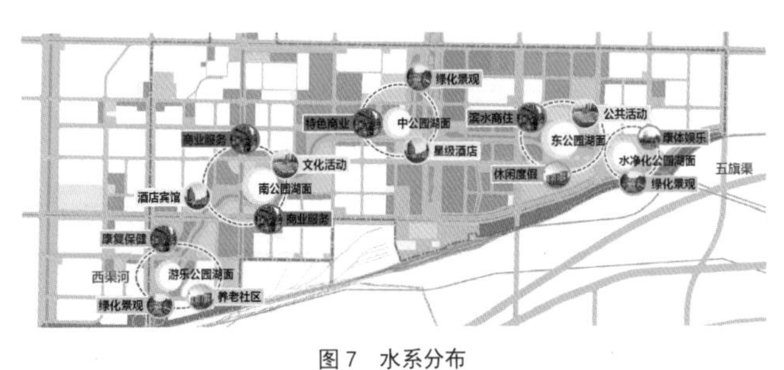

图7 水系分布

5 结语

城市设计不同于注重控制的法定规划，更侧重突出城市的个性特征。在城市设计过程中，更多地探寻城市对于居民集体记忆的影响，唤起对过去的集体记忆，激发对未来的新的集体记忆。加入时间因素的影响，延续和塑造出城市的特色。

借鉴欧洲小镇内涵，探究风情小镇舟山发展模式

洪　斌　傅小娇
舟山市城市规划设计研究院

1 引子

为给舟山特色风情小镇的发展模式提供可借鉴蓝本，舟山市城市规划设计研究院对欧洲 7 个久负盛名、各具特色的风情小镇进行了较为深入的考察研究，试图通过对欧洲风情小镇真正内涵（而非外在表现形式）的借鉴（借），提出打造舟山风情小镇的规划目标（愿）及在目标指导下形成的规划路线（术），并以嵊泗“离岛微城慢生活”为案例（例）来具体阐述在实践中如何应用。

2 借

从希腊爱琴海的圣托里尼到舟山群岛的秀山“爱琴海度假区”，从奥地利的哈尔斯塔特到广东惠州的哈尔斯塔特以及上海“一城九镇”的异域风情都说明我国对欧洲小镇的模仿之风正盛行（图 1）。

一切学习都从模仿开始。欧洲小镇之风的大行其道既是对我们本土文化的“不自信”，也是人们对“远方的风景”、“生活在别处”渴望的体现。在中国城市建设飞速发展而价值观又相对混乱的时期，适当地借鉴国外较为成熟的实践经验，是城市规划设计技术快速成长的一种方式，也部分避免了城市化快速推进过程中“千城一面”的出现。但时至今日，如果仍是这种缺乏创意和文化内涵的“山寨”、“抄袭”，未免过于“简单粗暴”，已经是一种“落伍的时髦”。对于如何借鉴欧洲小镇的真正内涵，笔者总结为：

（1）借鉴欧洲小镇尊重历史的精神理念；

（2）借鉴欧洲小镇崇尚自然的态度意识；

（3）借鉴欧洲小镇自我约束的共识肌理；

（4）借鉴欧洲小镇由内而外的表现形式。

图 1　欧洲小镇特征归纳

3 愿

在借鉴的基础上，对舟山风情小镇提出了五点规划目标（图 2）：

（1）营造具有独特个性特点的风情小镇；

（2）营造传统与创新相结合的魅力小镇；

（3）营造自我实现、持续发展的健康小镇；

（4）营造人居与环境相协调的自然小镇；

（5）营造有共同价值理念的优雅小镇。

图 2　舟山风情小镇愿景

4 例

嵊泗县又称嵊泗列岛，位于杭州湾以东、长江口东南，是浙江省最东部、舟山群岛最北部的一个海岛县，全县有大小岛屿 347 个。陆域面积 86 平方公里，海域面积 8 738 平方公里，是一个典型的海洋大县，陆域小县（图 3）。

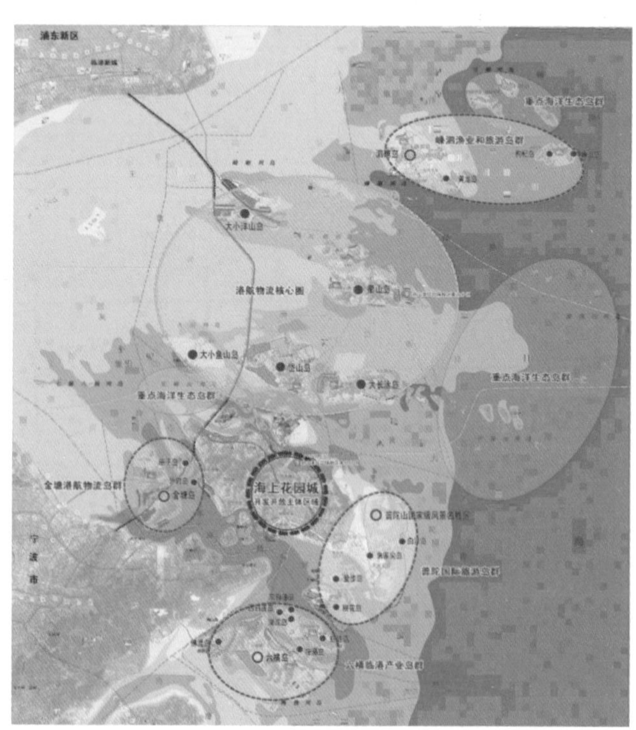

图 3　嵊泗县分区规划图

4.1 深层挖掘嵊泗特性，营造其独有风情

嵊泗县区位优势得天独厚，港口资源得港独优，渔业资

源得渔独丰，旅游资源更是得景独秀。身为全国唯一的国家级列岛风景名胜区，素有“海上仙山”的美誉，被称为“东海鱼仓”和“海上牧场”。“菜园犹如明珠、各小岛犹如碎钻”般散落在东海海面上的独特群岛地理特征是打造嵊泗的独有风情的关键。

4.2 与时俱进地利用现状资源，适时创新，营造嵊泗综合魅力

充分利用“一带一路”国家战略、舟山群岛新区成立的时机，发挥嵊泗悠久的历史资源、独居特色的海岛景观和海洋风光资源优势，将嵊泗打造为东海上最亮的明珠以及中国第一岛城。

4.3 确定精准的功能定位，保证其持续、健康地发展

作为毗邻上海的国家级旅游列岛风景区，嵊泗已提出建设美丽海岛的设想，“离岛，微城，慢生活”，是嵊泗本着“错位发展，发挥自身特色优势”所提炼出来的理想生活状态，也是“美丽海岛”建设的核心价值与核心理念体现。美丽海岛建设坚持因地制宜、逐岛推进、各具特色的原则，将菜园镇打造为具有综合服务中心的离岛心城，其他六小岛打造为各具风情的岛屿小镇（图4）。

4.4 基于功能定位下的空间梳理，保证与自然的和谐发展

基于综合、整体的功能定位，通过骨架构建、机理优化，风貌选择、意向塑造等，重新梳理整体空间架构，同时管控小镇边界，维护边界的景观和生态功能，营造人居与环境相协调的自然小镇。

4.5 传播共同价值理念，营造全民建设氛围

共同的价值取向和价值理念，是风情小镇可持续发展的内在动力和持久生命力所在。美是魅力小镇的生命力，小镇的建设者和守护者必须形成对美的统一共识；自我约束、荣辱与共的邻里关系是和谐小镇的生命力，必须形成对邻里关系的共识；自我完善的文化素养、优雅自信的生活方式是风情小镇的生命力，必须形成对文化素养的共识；共同营建、共同维护、共同受益、实现自我管理的运营体系，是健康小镇的生命力，必须形成对自我管理的共识。

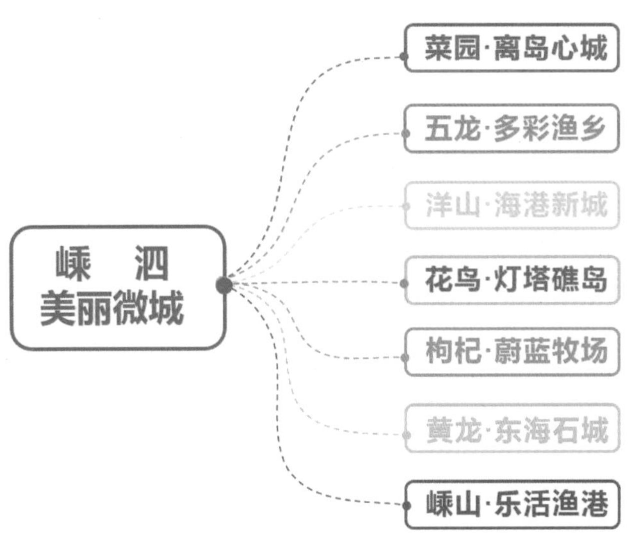

图4　嵊泗各镇功能定位图

5 结语

当前，全球化市场经济的扩张、文化发展的交融使得我国规划师前所未有地参与到国际规划行业的交流和竞争中，规划不可能再是那张“图上画画、墙上挂挂”的图纸，更多的是多方博弈、利益错综复杂的协调平台。这个时代或者说公众对规划师抱着越来越多的期望，也同时提出了越来越苛刻的要求，在这个新常态下，规划从业者决不能按部就班，“拿来主义”，必须深入地学习、积极地思考，在多元价值观中保持清醒的认识，以新应对（而非新应付）每一天出现的新挑战。

城市历史景观方法在安徽宣城历史城区发展中的应用探索

卞晶喆　王　溪　叶建伟
同济大学建筑与城市规划学院

本文介绍了由青年规划研究者组成的“城市历史景观研究小组”2013年依照《关于城市历史景观的建议书》进行的安徽宣城核心区城市历史景观发展研究项目。经过2年的跟踪，总结出从理论到实践的一系列探索和发现。

1 宣城历史文化面临的窘境

宣城地处皖东南，春秋时期乃古越族的生息之地，自西汉公元前109年设郡以来，历代为郡、州、府城，相沿二千多年而不辍。文房四宝中的“宣纸”也是以宣城命名。城内以九街十八巷格网布置，因形似龟背又被称为“鳌城”，取“独占鳌头”之意。自晋代宣城郡以来，府学县学等重要文化设施依托城内陵阳山鳌峰等山丘布置，文昌之风延续千年（图1）。

然而经过近一百年的城市发展，历史文化资源损失殆尽，令人扼腕。目前宣城核心城区内仅有2处省级文物保护单位和1处市县级文物保护单位，另有4处历史建筑计划申报。古鳌城范围内高层的建设对“青山横北郭，白水绕东城”的山水关系也造成严重影响。

图1　宣城在长三角的区位图

2 宛溪河引发的古鳌城历史景观脉络重构

虽然宣城历史城区内仅有的一些历史遗迹呈线性分布在城东宛溪河一带，但以此说明宣城的历史景观格局显然不够充分。以历史发展观来看，城市的演化是一个不可避免的过程，对历史信息的考证和推演就成为是一种基于价值观的文化建构。城市历史景观的方法中包括六项行动计划，其中第一项就是对城市的自然、人文和人力资源进行综合全面的调查。研究通过综合作图法（Comprehensive Mapping）的方式，对宣城的历史文化景观脉络、自然与人文载体进行空间定位，以此检查可考证的历史资料中，我们在哪、与多少历史文化遗迹失之交臂。研究通过自然山水格局、鳌城城池、文化故迹、题名景观、非物质文化五个分类构建起宣城城市历史景观价值载体系统，发现历史资料当中可考并能够与现状城市空间位置相对应的历史文化资源点超过100多处。这一成果完全颠覆了“宣城历史文化遗产多分布在宛溪河沿岸”的固有概念，呈现出的是整体性结构性极强的“山文、水城”式的历史景观格局。进一步对自然资源与文化景观资源价值分析与现状评价，结论指向自然资源与文化景观资源在现状社会经济环境影响下传承文化价值的能力，若脆弱度较高应立即实行抢救性的保护措施。由此可以为相关保护及规划部门提供保护行动优先级的评定（图2）。

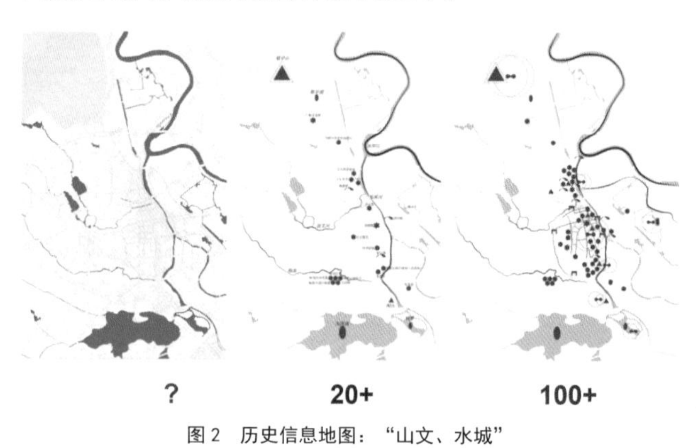

图2　历史信息地图：“山文、水城”

3 宣城历史景观空间在新型城市发展中的演进契机

新型城镇化规划的发展路径中，如何以历史文化传承为目标应对城市空间调控和发展的双重需求。作为演进的城市历史景观，其完整性体现在文化遗产各要素与特征、与遗产整体的关系，可以总结为三种类型：社会－功能；历史－结构；

视觉－审美；而真实性方面则强调越能表现出创造性和革新性方面贡献的作品也就越真诚、越真实（Jukka Jokilehto，2013）。因此，针对宣城的历史格局，研究首先制定核心保护区、历史文化展示区及景观环境扩容区的空间层级体系，通过概念城市设计对城市历史景观和文化价值要素进行空间整合再设计的方式实现城市历史景观的空间重构。研究还探索性的将城市文化产业结合进整体的发展策略当中。通过对《宣城市文化产业发展规划（2011—2020 年）》的解读，将文化基础行业、支柱行业、新型行业当中可以与历史景观资源形成良性互动的文化教育、会展演艺、文化旅游、休闲度假、创意设计研发等产业空间结合历史景观空间进行总体布局，实现提升资源—产业耦合的动态发展机制，最终形成三核、四带、五区的文化产业布局结构（图 3）。

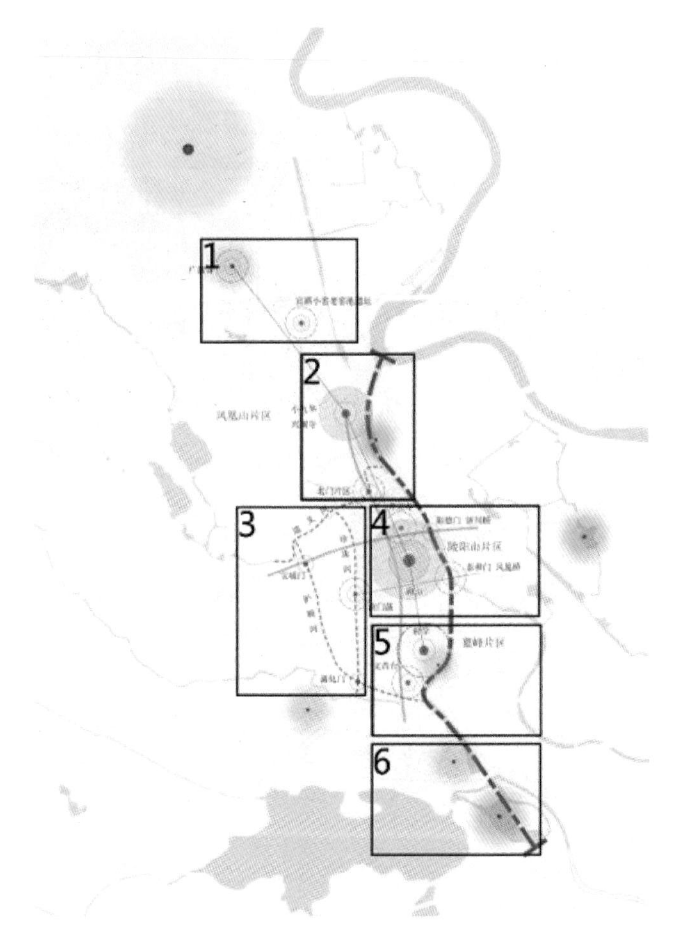

图 3　宛溪河走廊历史文化景观规划

4 从概念性规划到法定规划

研究成果自 2013 年至今对宣城市规划控制空间调控起到了一定的积极影响。2013 年 12 月，以研究为基础的《宛溪河走廊历史文化景观规划》在一个月的公示之后通过规委会审议，并进一步促进了其重要的 10 个历史文化景观节点保护与发展的计划制定，同时制定控制性图则进行规划管理和指引。2014 年 11 月，《宣城历史文化名城保护规划（2013—2020 年）》中明确对历史城区山川形胜、古城空间格局的保护，并将宛溪河历史文化走廊纳入到整体性的保护空间体系当中。

浅谈新常态下街道空间的价值再生
——以金山区枫泾镇枫阳路设计为例

欧阳郁斌
上海同济城市规划设计研究院

1 “新常态”下的城市规划

在经历了三十多年的高速增长之后，我国社会经济发展进入“新常态”，在此语境下，规划行业也迎来了新的变化与挑战。

城市由外延发展转向向内生长，新开发项目减少、城市更新项目增多、精细化改造设计成为常态，所以规划应根据项目不同的现状、运行机制、社会结构等，采用多元化的研究方法，并以生态、经济、可操作性等为导向的“低冲击规划原则”，特别是现状建成区，应最大限度的减小规划对城市产生的不利影响，提高城市综合承受力。

2 “新常态”下的街道空间

很多建成区街道空间作为居民日常活动的重要载体，承载了一系列的城市功能，比如：日常交流、休息聊天等，是构成城市可持续发展的重要组成部分。但是由于城市的快速发展，空间价值的发挥跟不上街道建设速度，造成街道空间没有活力，浪费巨大。

本次研究对象为已建成的上海市金山区枫泾镇枫阳路街道空间，希望通过分析枫阳路建成后的实际情况，结合具体改造设计，浅谈“新常态”下街道空间的价值再生。

3 枫泾镇枫阳路街道空间价值再生的意义

首先，本次汇报中所说的街道空间，不包含车行道路，特指人活动的空间，从道路线型来看主要是指道路缘石线到沿街建筑的落地线这个区域（图1）。

图1 街道空间界定

“新常态”背景下，我们把更多的视角聚焦于居民在其中生活了很多年的建成区街道。以枫阳路为例，我们可以看到，实际上其街道的现状是：①建成的公交站没有休息座椅，不便于老年人的等车；②在一些重要的区域或者本地居民经常活动的区域没有休息空间，居民只能自己从家里搬凳子出来休息，晚饭后只能聚集于马路旁闲聊；③盲道建成后破坏严重，有的区域盲道只有半截或者根本没有盲道；④电线杆立于道路中间，挡住了车辆和人行的通行等等。

所以，对于当地居民来说枫阳路街道空间价值再生的意义不仅仅是漂亮的道路绿化、整齐的地面铺装、精美的沿街装饰，更是其在街道空间里面最优化的生活体验（图2）。

图2 街道空间再生

4 枫阳路街道空间的价值再生策略

4.1 策略1——基于“动态时间”的街道空间设计

通过对枫阳路某一天8：00~18：00时间段道路上人行、机动车、非机动车数量与动态变化的统计，掌握街道空间的使用状况与频率，根据居民实际使用情况，总结现状存在的问题，有针对性的进行设计。

比如，在居民小区出入口设计更多的活动交流与休憩空间；在有高差的区域加强竖向空间的设计等等（图3）。

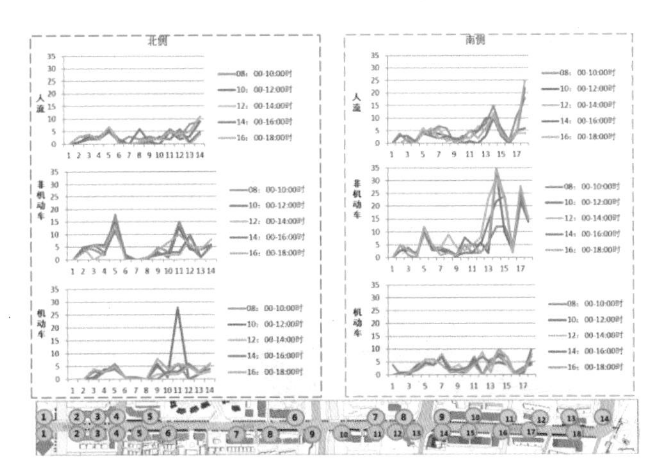

图 3　各时段静态交通情况比对

4.2 策略 2——基于“沿街详细业态”的街道空间设计

详细研究与分类枫阳路沿街商铺的业态，根据每个业态的不同设计不同的街道空间。

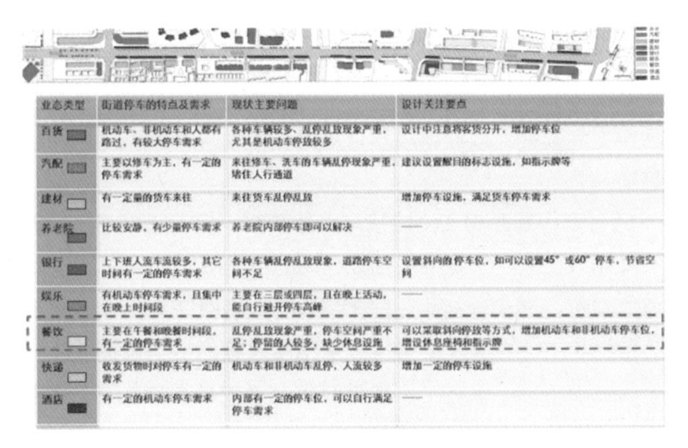

业态类型	街道停车的特点及需求	现状主要问题	设计关注要点
百货	机动车、非机动车和人都有路过，有较大停车需求	各种车辆较多、乱停乱放现象严重，尤其是机动车停放较多	设计中注意将客货分开，增加停车位
汽配	主要以修车为主，有一定的停车需求	来往修车、洗车的车辆乱停现象严重，堵住人行通道	建议设置醒目的标志设施，如指示牌等
建材	有一定量的货车来往	来往货车乱停乱放	增加停车设施，满足货车停车需求
养老院	比较安静，有少量停车需求	养老院内部停车即可以解决	——
银行	上下班人流车流较多，其它时间有一定的停车需求	各种车辆乱停乱放现象，道路停车空间不足	设置斜向的停车位，如可以设置45°或60°停车，节省空间
娱乐	有机动车停车需求，且集中在晚上时间段	主要在三层或四层，且在晚上活动，能自行避开停车高峰	——
餐饮	主要在午餐和晚餐时间段，有一定的停车需求	乱停乱放现象严重，停车空间严重不足；停留的人较多，缺少休息设施	可以采取斜向停放等方式，增加机动车和非机动车停车位，增设休息座椅和指示牌
快递	收发货物时对停车有一定的需求	机动车和非机动车乱停，人流较多	增加一定的停车设施
酒店	有一定的机动车停车需求	内部有一定的停车位，可以自行满足停车需求	——

图 4　午餐和晚餐停车分析

比如以餐饮为例，如图 4 所示：主要在午餐和晚餐时间段，有一定的停车需求，乱停乱放现象严重，停车空间严重不足；停留的人较多，缺少休息设施，可以采取斜向停放等方式，增加机动车和非机动车停车位，增设休息座椅和指示牌。

4.3 策略 3：基于“现状市政设施”的街道空间设计

在枫阳路设计中，路面的市政设施，例如电线杆、管井、垃圾箱等，作为现状不能轻易改动。设计在不影响人行道路通过性的前提下，结合现状设施形成一条包含休闲座椅、绿化带、公共雕塑、机动车位、非机动车位的公共服务活力带（图 5）。

图 5　现状市政设施

5 结语

其实街道的设计可能只是城市规划中很小的一部分，甚至常常需要景观、建筑、市政专业的同行配合，我此次讲述的也只是之前研究的几个规划策略点，但确确实实是老百姓可能每天都会“使用”、进行“生活体验”的地方，在此“新常态”背景下，只有深入细致的调查、用动态的眼光看待现状，才可以更好的解决现存问题，提高居民街道空间体验。

返璞归真——在区域和历史的维度中塑造城镇特色

俞　静
上海同济城市规划设计研究院

1 江桥城镇特色的问题

江桥镇，位于上海市中心城周边外环边缘，是沪宁城市走廊的节点城镇。镇域面积 42.38 平方公里，2014 年常住人口 26 万。随着长三角地区交通网络状发展，江桥的传统区位优势在下降，又受到中心城城区拓展，尤其是虹桥商务区等功能板块影响，城镇面临转型发展。

江桥是上海城市圈层发展模式下矛盾焦点地区的典型代表。在“郊区看实力”传统认知影响下，产业（尤其是第二产业）在中心城区周边街镇崛起，并集中了大量外来就业人口。这些地区城市发育严重滞后，成为公共环境与公共服务的洼地。以公共绿地为例，中心城周边地区人均绿化面积仅 4.8 平方米，而江桥镇为 3.5 平方米 / 人，不仅低于中心城的 5.3 平方米 / 人，更远低于郊区新城 12.9 平方米 / 人。

江桥的现状建成空间是上海诸多工业化小城镇的典型代表，建成空间布局杂乱，生态用地蚕食严重，文化特征几乎消失；路网、水网、绿地各行其道，空间风貌破碎；工业污染、交通污染严重；现存文化资源和历史遗存极少，且维护不善。此背景条件下，城镇环境的品质提升与特色塑造成为亟待解决的问题，也成为适应区域发展转型，重塑魅力和竞争力的重要战略。

2 江桥城镇特色的区域与历史分析

相地溯源，解读江桥的地理水文，有助于我们理解城镇发育的来龙去脉。考察上海整体海陆格局变迁，可看到上海的地貌由距今五六千年前的古海岸线分为东西两大部分，江桥正处于古冈身地带，即古三角洲与新三角洲的分界线。而东西向流经江桥的吴淞江，是太湖的主要泄水通道，古太湖地区的三江之一，近代因太湖蓄水，河道淤塞，泄水功能逐步退化，吴淞江沿线经历数次人工改道。

漫长的农业文明发育成熟的过程，塑造了江桥的空间肌理。一直以来，吴淞江两岸是传统农耕文明繁盛之地。江南水乡的农耕景观风貌源自“圩田制”，即“五里为一纵浦，十里为一横塘”所形成的河流交错的“塘浦泾浜”格局。唐时，吴淞江下游宽度达 20 里，两岸水网稠密，基本都是农村地带。宋代，吴淞江作为经济干线，带动了沿线城镇发展。开埠后，江桥成为太湖流域重要的米粮贸易港口。近代，吴淞江下游又成为民族工业蓬勃发展的集聚地。自江桥上溯，尚有舟楫相望、树影交错的田园风光，下游已然是机器声隆的现代都市。江桥看似小镇，却是上海地方传统文明向现代文明迈进的关键性节点（图 1）。

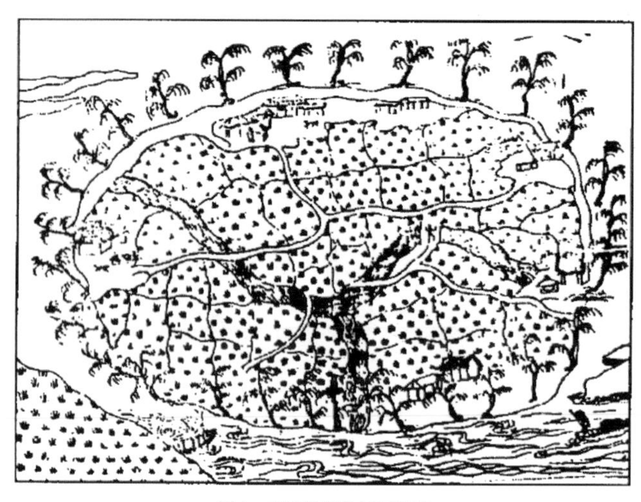

图 1　圩田体制的景观风貌

3 江桥城镇特色的规划策略

笔者认为所谓的城镇特色塑造，就是一种返璞归真的空间研究方式。从区域和历史的维度，修复和提升城镇自有的独特空间要素，以此系统性地应对城市发展中的新问题和新趋势。

首要，是改善江桥城镇与水的关系，提升区域整体的自然生态效应。一是提升吴淞江作为长三角区域生态、交通廊道之地位。据 2012 年《上海市基本生态网络规划》，吴淞江两岸是上海重要生态廊道和景观建设重点；二是梳理“塘—浦—泾—浜”主次干支水系网络，保持自古而来的水流体系，保持基础生态空间格局（图 2）。

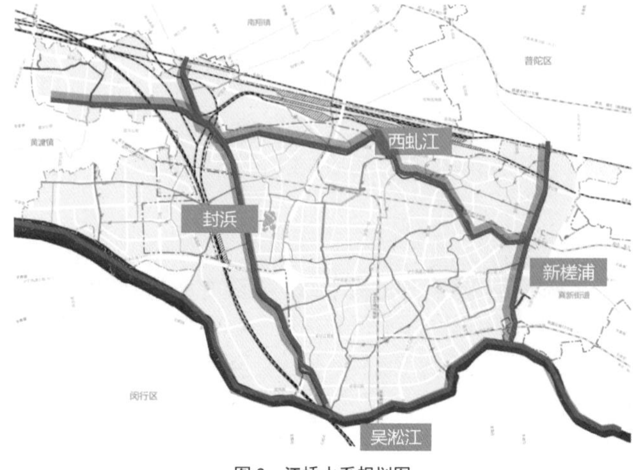

图 2　江桥水系规划图

其次，完善滨水空间，系统性修复城镇破碎的公共空间体系，改善城市品质。一是构筑“一脉多枝”的慢行绿道和景观复合网络。江桥的水路自成系统，通过绿道建设，塑造一套与车行道路系统相独立的景观步行系统，实现人车分流的慢行交通环境；二是依水完善公园系统，提升绿地服务能级。通过工业区集中改造，打造一个城市级的吴淞江带状公园；结合历史保护，修复沈家祠堂、黄家花园等 4 处区级公园；见缝插针，实现社区公园 10 分钟全覆盖（图 3）。

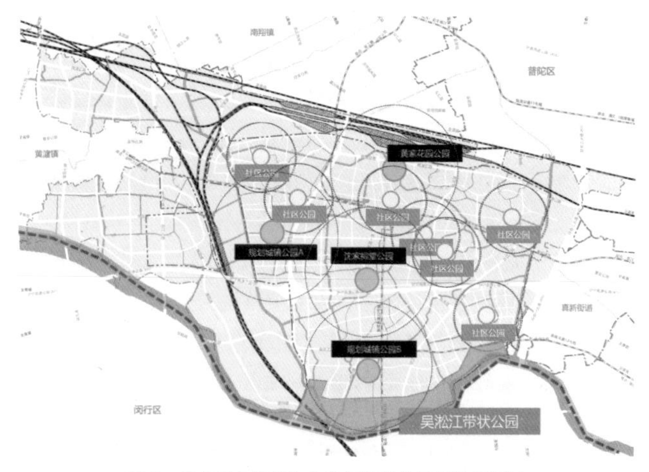

图 3　结合工业更新与文化保护的公园绿地规划图

再次，以重塑吴淞江公园为契机，挖掘历史内涵，注入人文要素，构建文化、景观标志性空间。凸显江桥作为地理分界线和大河文明线的交汇点的历史特征，强化田园牧歌和现代都市的转折点的风貌特点，突出农耕文明和近代工业临界点的文化特色，并为上海中心城区蔓延状态下的外环周边地区，开辟出一个高品质的区域级都市公园。

4 结语

江桥，依水而兴，因水得名，地临江岸，石桥通驿。城镇特色的形成，是经年积淀的自然格局和人文历史的叠合。从江桥的历史和区域脉络的梳理中，我们寻找到一种城市自然而然的形成过程，也似乎可以看到一种返璞归真地营造城市特色的可能性。

以健康理念为引导的城市设计

——让城市回归健康生活

武维超
上海同济城市规划设计研究院

1 选题背景

中国用 30 年走了发达国家一百多年的城市化道路，快速城镇化让我们感到骄傲的同时，也带来了人居环境不断恶化的挑战，交通堵塞、污染、慢性病、社会交往丧失……种种城市健康问题成了许多学科关注的焦点。

新常态下，以人为本被提到更高的高度。在新型城镇化的内涵中，以人为本、重视城镇化的质量已经形成共识。对我们规划师来讲，怎样在规划实践中做到以人为本，应该引起我们认真思考。美国心理学家马斯洛提出了非常著名的人的五个需求的层次理论，对我们不无启发，他讲到人的第一个层面、最基础的需求，是人的健康。生活在城市里的人，要保持健康，需要有一个基本的健康空间环境作保障。根据世界卫生组织（WHO）对健康问题的研究，2008 年提出了“健康的社会模型”，总结出影响人健康的五个层级因素。其中，城市物质空间作为第四个层级，成为影响市民健康的主要因子之一。那么，作为以“设计高质量城市空间环境”为己任的城市设计工作者，对城市健康问题的关注责无旁贷。

那么，如何运用城市设计手段促进城市健康？本文通过对城市健康问题的剖析和对解决途径的思考，结合在具体项目实践中的探索，尝试给出自己的一种答案。

2 对城市健康问题的认识

2.1 影响城市健康的因素

在世界卫生组织（WHO）所提出的健康城市十项标准基础上，世界各国分别制定了各自的健康城市指标评价体系。通过对不同国家健康城市的指标体系的分析，发现影响城市健康的因素主要集中在三个方面——医疗卫生、社会经济状况、城市自然环境及形体环境。就城市设计力所能及的范围而言，主要集中在自然环境及形体环境因素上。其背后隐含的逻辑是，城市空间形态决定了城市居民的生活方式，而生活方式极大地影响着人类健康。

2.2 城市设计视角下的城市健康问题解析

通过对居民健康状况的剖析可以反思城市空间环境存在的问题。当前城市居民健康问题越来越突出，主要表现在以下三个方面：

——慢性非传染疾病患者数量呈上升趋势；

——心理及精神类疾病患者数量呈上升趋势；

——社会交往萎缩、邻里关系淡漠。

透过这三种现象，可以窥见城市空间环境问题所存在的以下问题：

（1）适合人们日常的体力活动如步行、骑车等的空间越来越少。相关研究结果表明：体力活动不足是引起慢性疾病的主要症结之一。造成体力活动不足的主要原因是城市的空间环境不适合人的健康行为，适合日常的体力活动如步行、骑车等的空间越来越少，导致人们的行为方式日趋消极，进而威胁健康。

（2）高密度城市开发导致出现拥挤、单调、封闭的环境。造成人们心理精神障碍的因素复杂多样，其中空间环境对心理健康的影响不容忽视，由于高密度开发所致的过于拥挤、单调、封闭的环境，会使人产生焦虑、烦躁、愤怒、失望等紧张的心理状态。

（3）城市空间环境设计忽视了人的交往活动。城市生活便利性的提高以及公共场所和设施的缺乏导致的人际交往的减少。可见，随着城市工业化、城市化及现代化步伐的加快，城市空间环境对于交往活动的支持度却日益减少。

3 健康理念下的城市设计路径

3.1 健康导向的城市设计理念

首先，要转变城市设计理念，从人的健康需求角度出发，从过度关注物质空间到重视人、关注人的健康转变，把促进人们积极的行为方式作为空间创作的源泉、依据与目标，从而引导人们的行为方式趋于健康化。

3.2 健康导向的城市设计策略

通过以下五种设计策略来促进城市健康：

（1）优化局地微气候提高环境舒适度。借助计算机模拟技术，在设计中应用 FLUENT、ECOTECT、ArcGIS、TerraBuilder 等软件进行可视化分析，优化局地风环境、热环境、水环境，提高环境舒适度（图 1）。

对接主导风向优化风环境　保证日照采光优化热环境　调节净化循环优化水环境

图 1　优化局地微气候

（2）植入慢行便利设施引导康体活动。主要通过提高步行的舒适性与安全性、鼓励骑车并完善自行车设施、完善街道设施等途径吸引人们更多采用步行、自行车等健康出行方式（图2）。

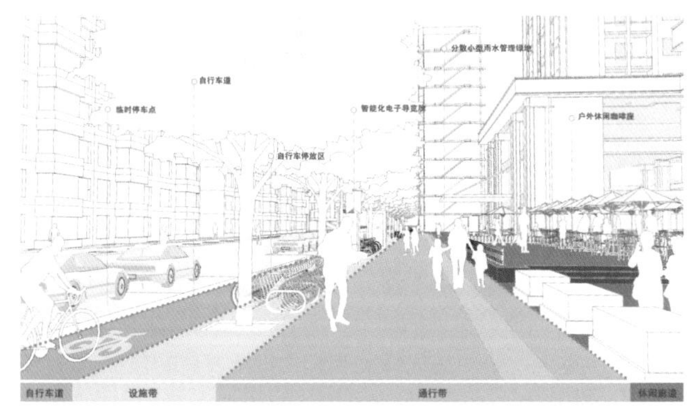

图2　完善城市慢行设施

（3）提供多元公共空间促进公众交往。高质量的公共空间能够促进交往，激发健康行为，通过重视公共空间设计的连续性、系统性，以及采用人性尺度增强空间舒适性，完善设施、延续文脉以增强居民对空间的归属感等手段来提高公共空间的吸引力，促进公众交往（图3）。

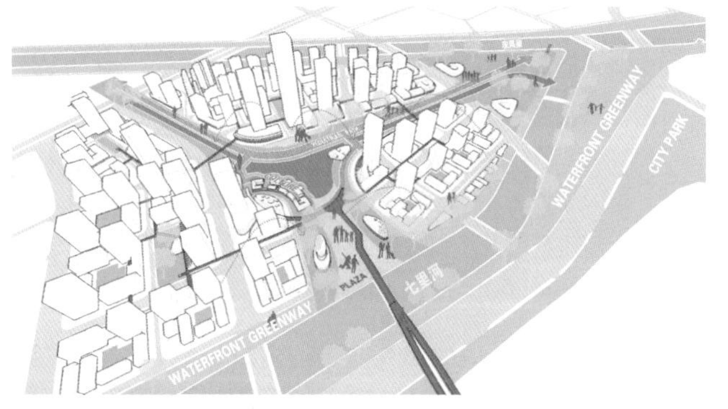

图3　激发活力的公共空间

（4）完善健身休闲设施并提高其可达性。在设计中应完善各种健身设施：健身活动场地、各种室外球场、综合健身器械、室内健身场馆等，城市公园中的康体设施，专门的体育场馆、体育休闲公园等。有针对性选址布置，并提高其可达性，利于居民日常使用。

（5）普及健康导向的绿色建筑设计标准。通过采用被动式绿色建筑技术、在建筑内增设健康活动空间、通过楼梯和电梯的设计增加楼梯的日常使用等途径促进人的健康（图4）。

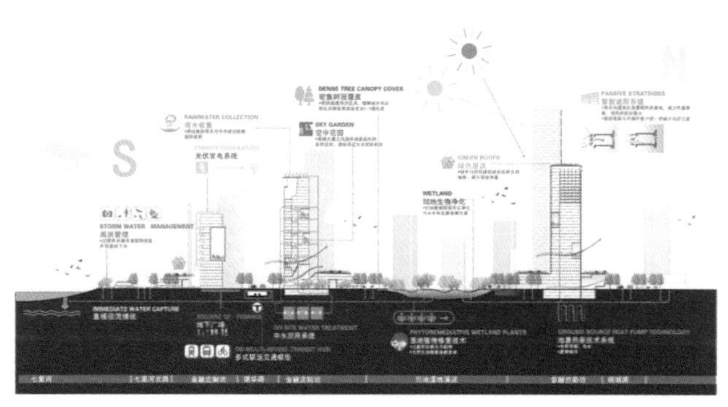

图4　普及被动式绿色建筑技术

4 结语

追求健康是人类永恒的目标，为人们创造一个健康的生存环境需要各个领域长期的共同努力。作为规划师，我们应该记得，城市规划的初衷，就是要让生活在城市里的人们享有一个健康的环境！希望本文能引起大家更多对城市健康问题的关注，相信只要我们执著梦想并为之努力，一个健康的未来城市将指日可待。

基于直面新常态下民族文化传承发展“三重性”的规划策略

——以墨江哈尼文化集中展示中心为例

廖　英
昆明市规划设计研究院

1 引言

旧常态的种种因素驱动下，既怕“冻结式”保护，更怕“终结式”开发，甚至陷入“城市建设新就是好”的误区……又或者秉持盲目否定一切的态度，对于城市建设中曾经的失误，急于抹平。其实如果不阻碍迫在眉睫的发展，不妨以之为戒，承认和矫正错误远比掩盖或一笔磨平来的更有意义。城市的可持续发展观也正是伴随着坎坷成长起来，正是这些弯路才让我们看清城市的特质所在。

2 新常态下对民族文化传承发展的推动

什么是新常态：“常态”——传承；“新”——更新、创新、与时俱进。

(1) 加重文化传承在开发利益博弈中的筹码，突显文化多维度的独立特性，以确保民族文化传承在城市化进程中能坚守其底线。

(2) 多维度推进客观认识突显民族文化的本质个性、时代性差异；既发扬其包容性，实现各自界限范围内异质同构，确保文化传承的延续性；又适应当今城市可持续发展的变动规律。

3 新常态下正视民族文化传承发展的“三重性”

实现保障民族文化传承发展的“三重性”在同一时间维度绽放各自魅力，当保则划清界限坚守；该发展创新则大胆变革、与时俱进；最终以一种多元包容、动态可持续的态度和策略不断前行，让民族文化这一城市有机生命体中不可或缺的要素在城市化进程中沸腾起来。

（1）坚持底线的保守性（自我性）——强调过去不同时间段的独立特性。

（2）创新演绎的开放性——结合当下维度、基于第一重的独立特性。

（3）动态可持续性——复合多重综合性。

与“当下”这个空间维度契合且仍需要在未来的持续利用中继续演变的一种动态空间的生长过程。动态可持续性是贯穿于前两重性格之间的综合性，是保障民族文化传承发展的根本途径。

民族文化的传承发展和城市一样，并不是一个“静态过程”，而传承发展也不是“原封不动”，是对民族文化的延续且这种延续需要在未来的持续利用中继续演变。

处于经济飞速发展和社会积极变革时期的城市规划和建设实施的全过程，与时俱进但又不陷入盲目跟风的漩涡，充分理解新常态所体现的包容、开放和多元性，更有利于我们大胆清晰的认识民族文化传承的“三重性”，既要界限清晰，不是一味的固步自封，也非一刀切或盲目否认、抹杀。

4 基于直面“三重性”引导下民族文化传承发展的规划策略

4.1 选址

在明确的核心价值的引导下，判定选址是否吻合传承和演绎其所需场所条件是保障民族文化传承发展的前提。

4.2 场所山水特质

突出场所山水特质，注重对衍生民族文化的生态环境特征的保护和合理利用（图 1）。

图 1　盐田艺术装置、小品构筑、景观场所总分布图

4.3 多样发展模式

区分民族文化所要维系传承和更新创新演绎的常态与新常态，运用不同发展模式区别对待传承与发展，保障民族文化的保守性（自我性）和开放性并举。采取“原生境的聚落 + 生态博物馆 + 相邻区域博览文化创新型主题公园”模式，避免单一的就地展示型民族村落的孤立性。

4.4 结合文化发展轴线、城市动态空间发展特点进行空间布局、产业转型选择（图 2）

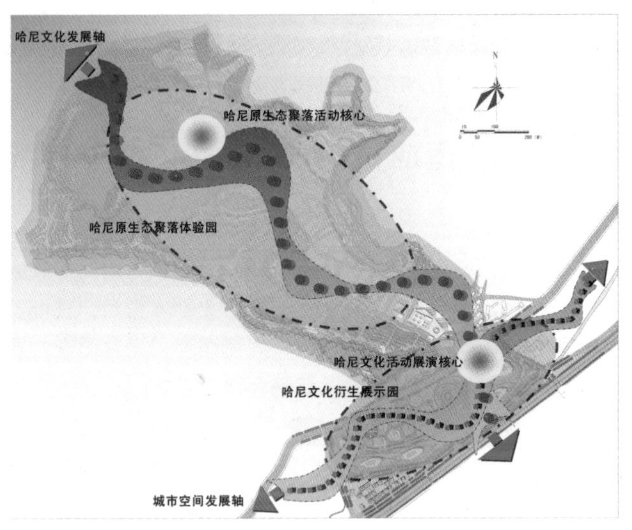

图 2　文化发展轴线、城市动态空间规划图

4.5 借助民族文化特有的叙事原型来塑造空间主题

在规划、建筑和景观设计中运用空间信息传达，不止局限于对建筑表皮信息和平面图案的运用，而应以叙事、联想类比、隐喻修辞等方法贯穿规划主题中来诠释民族文化（图 3）。

4.6 探寻建筑的地域特色、时代性和创新发展之路

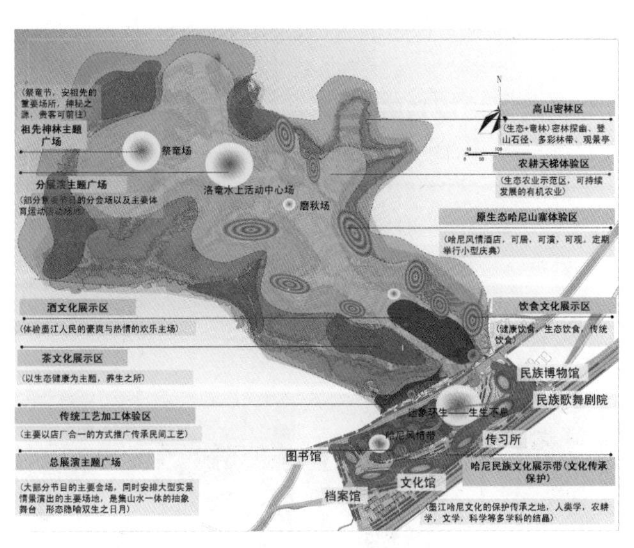

图 3　文化发展轴线、城市动态空间规划图

5 总结

新常态下民族文化的传承发展更有利于城市可持续发展的变动规律，任何一种文化都有其内在的发展规律和生命运动。云南少数民族文化具有多样性和整体性，受自然因素和社会因素的强烈影响，在发展中呈现出强大的生命力。具有地域特色和国际性的民族文化的传承与发展在城市化进程过程中是一项重要工作，对于民族文化的态度不仅止于固有形制和传统工艺的保护和沿袭。从城市规划思想出发，推动民族文化在城市化进程中焕发青春是极其重要性的。民族文化的创新是实现保护所采取的手段和方式，是建立于保护基础之上的广义更新，是城市发展的一种“新陈代谢”过程，是提高城市活力、推进社会进步的重要方式。

民族地区适应性规划的探讨

——以丝绸之路上的莎车老城为例

房　钊
上海同济城市规划设计研究院

1 什么是“适应性规划”——新常态背景下的应对方法

随着城镇化水平进入一个稳定发展阶段，国家的发展模式也转入了精细化发展时期，城市因此出现了更多不确定性与不可预见性问题，以往常规性的规划已不能解决。如何应对新常态下的城市问题？我们提出“适应性规划”这一概念。通过多种手段研究现状，发现问题，有目的性的解决“新常态”的一种规划方法。

2 为何做“适应性规划”——以莎车老城为例

随着我国“一带一路”战略的不断推进，保护丝绸之路历史文化的呼声也随之升高，在此背景下笔者接触到莎车老城的保护更新工作，为研究“新常态下规划如何应对”提供了实践依据。

西汉时期，莎车是古丝绸之路南道上的要冲重镇，是丝绸之路翻越帕米尔高原之前的最后一站，也是从西方进入我国疆域的第一站。从文化关系上，与中亚的关系要大于与我们中原地区的关系 。

莎车是一座文化遗产价值远大于物质遗产价值的老城。莎车老城历史悠久，其承载的文化资源极其丰富，其中十二木卡姆为世界级非物质文化遗产，与昆曲齐名。但另一方面，因莎车老城久远性、地域性等原因，保留下的物质遗产资源不多。

空间构成：由宗教引领、自发形成

(1) 莎车老城的双城结构——回城汉城相独立

(2) 围绕库勒（水源地）——基本的生存需求

(3) 围绕清真寺——基本的精神需求

其中主麻清真寺，服务大约 150 户，起着“居委会”的作用。老城内 70 多座大小清真寺，相互连接可得到类似星云般的空间结构图，这种组织形式犹如当代居住区 - 居住小区 - 组团的组织形式，但其空间却更自由（图 1）。

莎车是一座充满异域风情的老城，由维、汉、回、塔吉克、乌孜别克、哈萨克等十二个民族组成，其中维吾尔族占总人口的 85.8%，而应其生活方式、习惯、社会构成等方面均与我们所熟悉的生活有很大差别。

由于莎车老城的特殊性，我们无法以自己的价值观去判断其好坏、无法预测规划的结果， 因此需要采用“适应性规划”的规划手法，以应对与解决莎车老城的不确定性与不可估性问题。

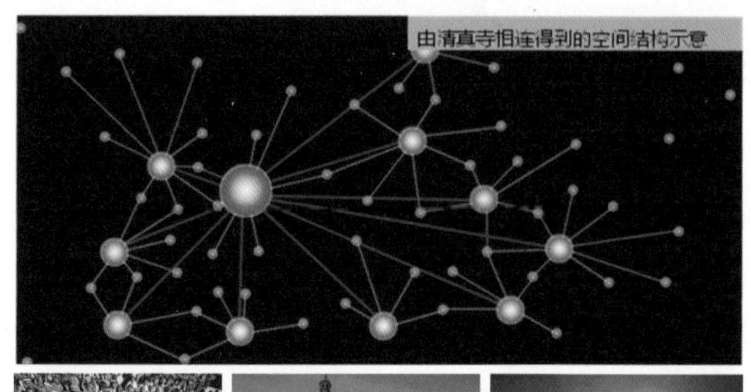

图 1　由清真寺相连得到的空间结构示意图

3 如何做“适应性规划”——以莎车老城为例

因无法预设真实的需求与当地的生活习惯，因此在做保护整治规划之初，团队先后 4 次进疆，为期 4 个月，进行了共计 2400 余户居民的现场调研、居民访谈、问卷调查、现场测绘等工作，收集了大量的现场数据（图 2）。

现场调研：记录门牌号、位置、建筑质量、风貌、结构等，并对民居建筑现状建立数据库；现场居民访谈：了解生活习惯、改造意愿、手工技能等，对居民现状及意愿进行统计；问卷调查：了解居民情况、家庭构成、发展意愿等，并对问卷逐一统计，与现场调研数据逐一对应；现场测绘：对百年传统民居、新建代表民居进行平立剖测绘，与相关资料进行校对，核实数据。

图 2　老城现状

3.1 明确保护规划的对象

（1）维族人聚集

数据：近 85% 的问卷调查对象为维族人

（2）超过一半的居民为原住民

数据：祖辈就住在这里 65.12%，从国外迁来 3.91%

（3）大量手工艺人居于此

依据：居民访谈及现场调研（图 3）

图 3　现场调研

3.2 了解真实需求

（1）民居改善方面

住房产权几乎全部是私房，超过一半的居民的住房来源是通过继承。

数据：①继承 53.39%；②购买 40.83%

绝大部分居民希望继续居于此。数据：96.25% 希望原址重建，2.23% 异地安置

大多数房屋建成时间不长，但总体保持传统风貌特征。数据：住房内部状况：①需要修缮 44.48%；②不需要修缮 43.77%。通过此组数据可知，多数居民对目前的居住环境感到满意。

（2）公共空间方面

维吾尔族居民能歌善舞，因此适合聚集在一起歌舞的公共场地不可缺少。

老城的交通状况并没有想象的那么不便，不需要过度规划。数据：老城区的交通状况，74.02% 的被调查者认为便利。

3.3 建筑整治（硬性与弹性结合）

（1）硬性规定——通过现场对 433 处民居的调研，综合其质量、结构、风貌等因素，确定“优秀民居”，在未来的整治措施中规定为“保护”。

评判标准：①风貌特点十分突出，年代不一定久远；②建筑结构、空间布局、原始风貌保存较好的原始生土建筑。

（2）弹性规定——民居内院不做过多干预

当地居民习惯于自我完善，做力所能及的修缮和改建，对传统的尊重已经成为一种内在需求，因此仅对建筑式样、门窗、门头、柱式等提出指导性意见及选择式样（图 4）。

3.4 公共空间的微处理

（1）街巷空间的整理——不破坏旧城肌理，优化路网结构，治理公共环境，疏通消防通道，治理街巷环境：路面、建筑立面、公共空间品质。

（2）梳理可以利用的用地，补充真正有需求的公共设施。例如通过问卷调查发现，老城内居民受教育程度普遍较低，初中及以下的占 62.28%，因此规划将增加社区图书馆、志愿者辅助教育机构、职业培训学校等基础性的教育培训设施。

图 4　莎车老电影院——1950 年代乌兹别克人设计建造，俄罗斯风格，改建为民族剧场和广场

（3）经过调研可知，歌舞、市场，是老城居民生活中不可缺少的部分，因此补充公共活动场地也是存量用地使用的方向之一。例如，文化公园，叶尔羌汗国时期的巴扎是老城公共生活的核心。规划将其扩建，改封闭式公园为开放式公园；扩大并改建原商贸市场为具有民族风格的巴扎，可满足居民及游客的双重需求。

3.5 保护非遗，为非遗提供物质空间载体

图 5　努尔买提 . 托合提，国家级非遗艾德莱斯绸纺织传承人，莎车唯一一位仍以家庭手工作坊方式纺丝的手工艺人

（1）留住手工艺人，不破坏他们的生活和生产空间，并为其修缮民居，突出手工艺民居在规划功能布局中的地位；为社区手工艺互助组织、技术培训预留空间，增加其收益（图 5）。

（2）手工艺一条街为历史形成，是莎车璀璨文化及丰富手工艺品的集结地。对手工艺一条街的改造，规划注重文化产业的培育与发展，以文化产业带动旅游发展，同时增加手工艺展示及交流的空间（图 6）。

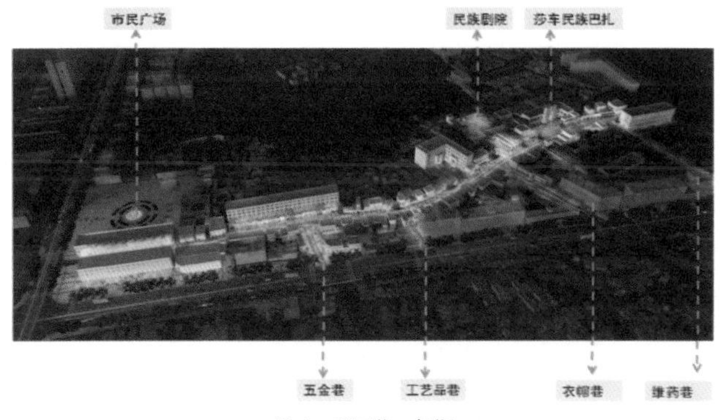

图 6　手工艺一条街

3.6 问卷的修正

因莎车地域文化的特殊性，问卷的设计也应该有其特殊性与针对性。因此问卷调查的内容，需要在一定实地调研的基础上进行修正。在本次调研中，笔者先随机进行了若干问卷的调查，根据实际情况修正了问卷的内容，之后二次发放问卷，保证了问卷问题的针对性。

4 小结

“适应性规划”是在习主席提出“发展新常态”的目标指导下，对民族地区老城保护方法的一次探索。希望通过本文加强业界对于丝绸之路历史地区的关注，也希望能够抛砖引玉，为更多同行在“新常态、新应对”上提供思路。我们相信，冬天虽然到来，春天也将不远（图 7）。

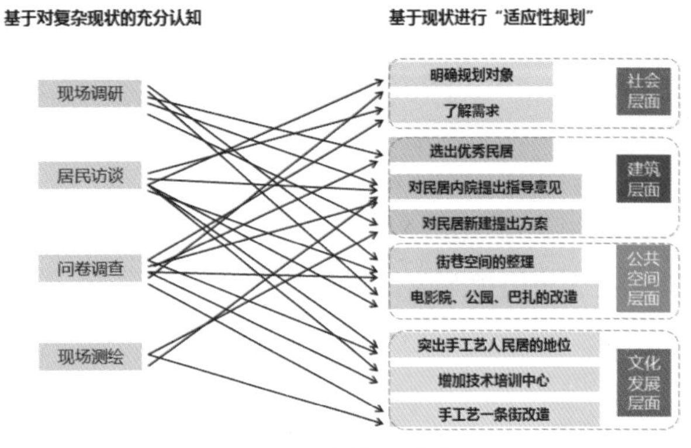

图 7　现状认知和规划

城市空间存量优化中的微型公共空间分布

——以厦门市兴旺社区规划为例

杨　迪
重庆大学建筑城规学院

1 微型公共空间的概念与理论

新时期我国已进入城市空间存量优化阶段，城市空间的存量优化主要以城市建成区为主要目标，以城市建成区的空间环境改善及百姓日常生活品质提高为工作重点。研究微型公共空间布局与高密度城市存量空间优化息息相关，由于高密度城市建成区难以有大片的公共空间用地，多为小型用地，用地格局也较为碎片化，因此“微型公共空间”是为了应对现状建成区空间格局而不得不提的概念（图1）。

城市“微型公共空间”的提出对城市公共空间的布局优化有重要意义，相比大型公共空间，微型公共空间适合在城市空间存量优化阶段见缝插针式地布局，使得城市公共空间布局有更好的均衡性与更高的使用效率。

要研究城市微型公共空间的布局，其首要问题就是探讨微型公共空间布局中均衡与效率的关系。均衡性强调公共空间布局为城市中各个阶层、各个片区的市民服务，常通过人均公共空间面积、步行可达范围覆盖率作为其定量的考核指标，这些基本指标的提升可以改进城市公共空间资源布局的均衡性。

而公共空间的配置效率与城市竞争力的提高息息相关，要增加不同空间之间的流动速度与关联性，在有限的物质空间中，提高多样活动性以促进互动性生产系统的效率提高，这其中关联性具有不同的节点和等级，而公共空间就是关联网络中的重要节点。城市微型公共空间的布局优化可以促进城市存量空间的优化，有效率的公共空间布局可以使得城市获得更多优良区位，提高城市竞争力，不断获得城市垄断地租。

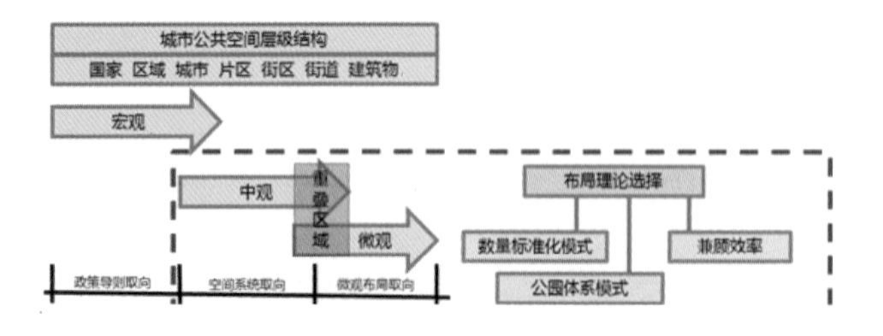

图1　公共空间相关分布理论 + 不同层次的系统化理论

2 微型公共空间的布局

对微型公共空间的布局研究基于中观尺度和微观尺度层面，通过数量标准化布局的基本模型，探讨均衡与效率兼顾的基本布局策略。同时对于计划型城市发展和存量优化阶段的城市发展这两种不同城市发展模式下的（微型）公共空间布局进行研究。在计划型城市发展中，通过中心地理论以及早期计划型城市发展中的公共空间布局文本，得出计划型城市发展以地理均衡为主的公共空间布局模式；同时对我国计划时期公共空间依托单位布局的现象进行研究。

之后对城市空间存量优化阶段的微型公共空间布局进行研究，期望得出新时期微型公共空间常态化的布局模式及布局特点，在新时期，由于城市人口分布情况与计划型城市发展人口情况的巨大差异，导致了公共空间分布由地理均衡向人口均衡模式的转变；基于人口密度的微型公共空间布局模型将使其布局效率更佳（图2）。

同时新时期单位制解体，公共空间分布呈现去单位化的特征，而对原有单位内部公共空间的混合使用将成为增加公共空间系统可达性的有效手段，通过较少的投入以及可行的管理，提高城市公共空间系统的使用效率。

新时期的公共空间布局也呈现出立体化的发展趋势，立体化交通空间以及裙房屋顶空间的合理使用，将使城市原有利用效率较低的空间变为城市公共空间系统的一部分，促进城市微型公共空间布局的均衡性与使用效率的提高（图3）。

计划型规划文本中的公共空间布局模型： 地理均衡；服务半径控制	中心地理论作为基本的研究模型： 中心地等级性——公共空间等级性； 中心地的商品服务范围——公共空间服务半径。	单位制下的公共空间布局: 公共空间的封闭化与隔离化

图2　计划型城市发展中的公共空间布局

依托高密度人口的公共空间布局模型转变： 城市人口的高密度；城市不同区域人口密度差异大。	去单位化的城市公共空间格局: 原有单位地块空间破裂化；城市公共空间格局二元化（混合使用，提高效率）。	新时期（微型）立体化发展趋势： 裙房基座；地下空间；立体发展。（提高城市空间使用效率）

图3　空间存量优化时期城市发展中的公共空间布局

在上述讨论的基础上，提出新时期微型公共空间的布局设计策略。如《深圳经济特区公共空间系统规划》提出“独立占地公共空间”与“非独立占地公共空间”来提高城市（微型）公共空间的布局可达性。在考虑不同等级的微型公共空间布局结构时，还需要加入各个地区的人口密度特征，形成一种基于人口密度的“嵌套式层级结构”的布局系统体系，通过对于城市微型公共空间布局的完善，形成社区级—居住区级—片区级—市区级的公共空间系统（图4）。

图 4　《深圳经济特区公共空间系统规划》文本解读

在空间分布上，强调微公共空间分布的地区均衡性、可达性、易达性。在前者研究的基础上，提出微型公共空间布局研究的三个重要指标，即人均公共空间面积、步行可达范围覆盖率、可混合使用的微型公共空间比例，形成均衡与效率兼顾的微型公共空间布局策略（图 5）。

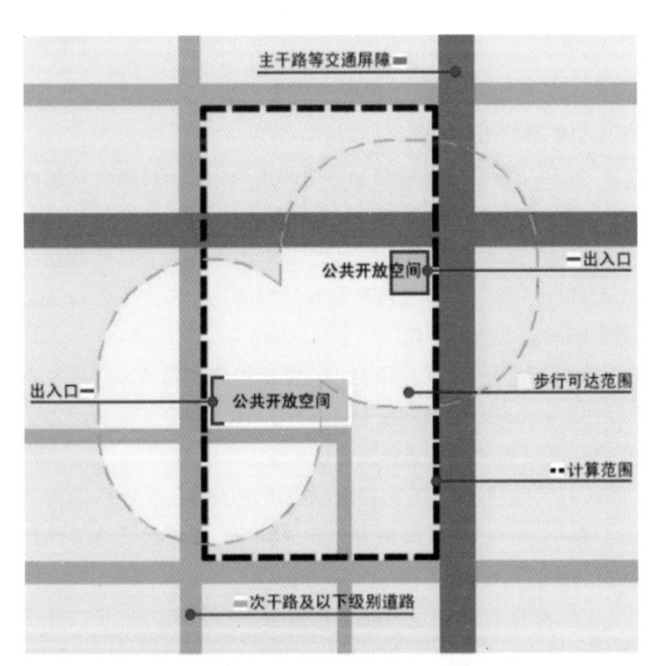

步行可达范围覆盖率 = S / S

S 为计算范围内，公共开放空间和其步行可达范围共同覆盖的建设用地面积（不包括城市道路面积）。

S 为计算范围内，总建设用地面积。

图 5　《深圳经济特区公共空间系统规划》公共空间的实现

面向实施的大尺度滨水空间规划策略探讨

——以南京明外郭至秦淮新河百里风光带规划为例

章国琴　刘红杰
东南大学建筑学院、东南大学城市规划设计研究院

1 引言——大尺度滨水空间规划难点

空间连续性难——规划设计区域面积大，多跨越几个行政区（图 1）；

功能定位不宜——基地环境复杂、多变；

实施过程易变——规划落实时间跨度大；

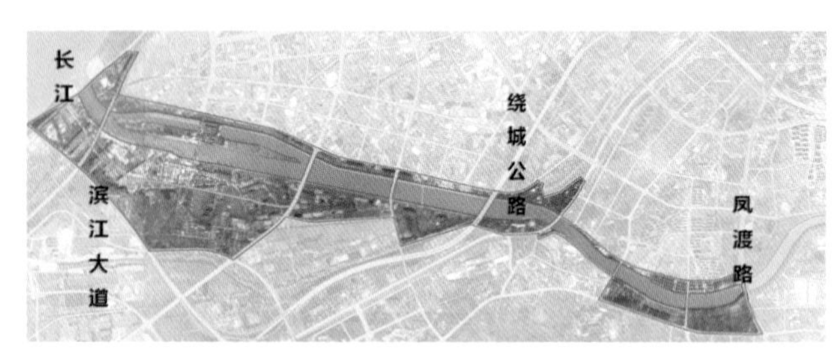

图 1　规划区影像图

2 规划设计目标及策略

2.1 目标

（1）体现城市历史人文印记，利于城市空间特色的塑造；

（2）在都市区新的发展框架下，构建南京城市发展新格局；

（3）形成环绕主城的人文绿色长廊，成为市民和游客“慢生活、深呼吸”的重要场所。

2.2 策略尊重环境，面向实施

通过四大策略组织，形成循环、有序、具有较高协调能力的整体设计方法。

2.3 立足需求的建设项目布局

以社会、市场需求为出发点，立足项目的整体统一，结合子项目的地块特点进行建设项目布局设计；

2.4 整体协调的开发时序设定

按项目建设近、远期不同的发展特点和要求，提出各个阶段的控制和引导措施，把握管理弹性和力度；

2.5 主次有别的设计深度调配

本着“近期为主，近细远粗”的设计原则，确定各子项目的图纸设计绘制深度；

2.6 结合反馈的动态调整

结合周围地块新的工程进展和总项目在分段实施过程中产生的经验教训，进行方案的相应调整。

3 南京明外郭至秦淮新河百里风光带案例

3.1 项目背景

设计用地跨越南京南部新城和河西新城两大行政区，规划河道总长 8 公里，规划面积 659.4 公顷，位于整个百里长廊的最西段（图 2）。

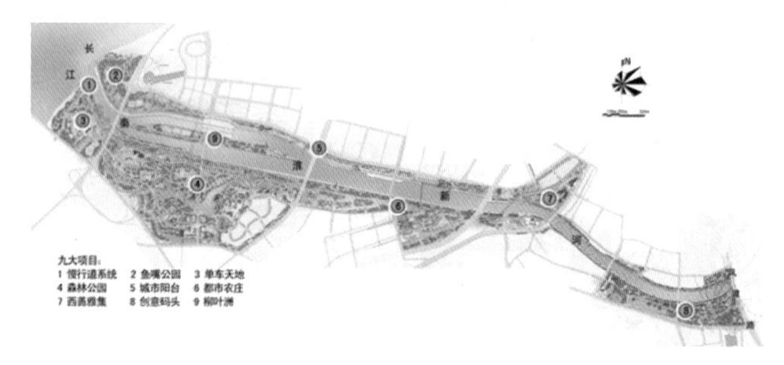

图 2　百里风光带规划总图

3.2 建设项目布局

按照功能性质及在总项目中的作用，划分成四大功能板块：重要掌控点、触媒点、一般控制点、弹性点。

（1）重要掌控点：在基地自身环境基础上，结合政府部门的发展意向，参考城市发展契机确定。它是需要确保完整实施的基本功能地块。

在“百里长廊”总项目中，建立供市民和游客休憩、游乐的绿带长廊公共空间是总体目标，重要掌控点就确定为全程贯通秦淮新河慢行道体系。

（2）触媒点：指为提升局部地段的特色来重点架构子项目的框架，根据来源可分为三种类型：事件性、外加性和历史性触媒。

① 事件性触媒点：充分发挥事件的影响力，联动地提高地块活力。

② 外加型触媒点：结合社会需求，植入新功能来激活地块价值。

③ 历史性触媒点：保护历史遗产，将历史元素融合设计，创造环境特色。

（3）一般控制点：作为辅助功能或衔接过渡段的地块。需提出具有地块特色的基本功能意向，布置交通路网和基本的市政设施网点。

（4）弹性点：指因自身或周围环境在后期调整可能性较大的地块。一般提出功能意向，设置道路交接，具体内容暂时不深入细化。

3.3 开发时序设定

为保证项目整体结构按照预设的发展路径逐步完善，开发时序按实施先后，大致分近、中、远三个实施阶段。

设定原则：综合考评子项目的影响和作用，确定开发先后；

协调开发时序，形成多样统一的整体发展格局。

3.4 设计深度调配

设定原则：设置与"百里风光带"总体相统一的设计导则；

结合项目实施先后和设计时序，进行深度的相应调整。

近期开发的项目，按照规划的标准要求进行详细绘制；

中期开发的子项目，根据项目性质不同，设计深度各有侧重；

远期开发的子项目，在进一步区分近、远期开发范围的基础上进行深度设计。

3.5 结合反馈的动态调整

共计两种调整方式：

（1）相应层级的规划互馈

在各编制单位的相互协调中寻求合作点和设计亮点。

（2）社会、公众的反馈

随着公众参与力度逐渐加强，以"取其精华去其糟粕"的原则，尽量将民意落实到规划项目中。

4 实施图景

尊重环境，关注实施，灵活适应的设计思路，充分考虑了滨水空间与周边地块的协调关系，较完善解决了基地现存的不利条件。

随着规划的逐步落实，滨水区业已成为城市用地间紧密联系的公共空间纽带，初步实现规划意图（图3）。

图3　堤岸亲水空间

花桥国际商务城规划检讨介绍

赖江浩
江苏省城市设计研究院花桥分院

1 研究背景

花桥国际商务城地处江苏省与上海市的交界处，是昆山乃至江苏接轨上海的“桥头堡”与“中转站”。经过近十年的高标准建设，花桥推动了昆山服务业经济的高速发展，构筑了以服务外包为主的核心产业体系，已成长为与上海虹桥、深圳前海、大连软件园比肩的国际知名现代服务业园区。但是，为实现发展业绩，占用了较高的公共财政资源、消耗和投入了大量的土地空间资源和人力资源，即使综合发展绩效正在逐步显现，但是各种疑问与焦虑仍然困扰着花桥发展的决策者、谏言者和实施者。因此，为研究“花桥模式”是否可持续、可推广，开展了“花桥国际商务城规划检讨”工作（图1）。

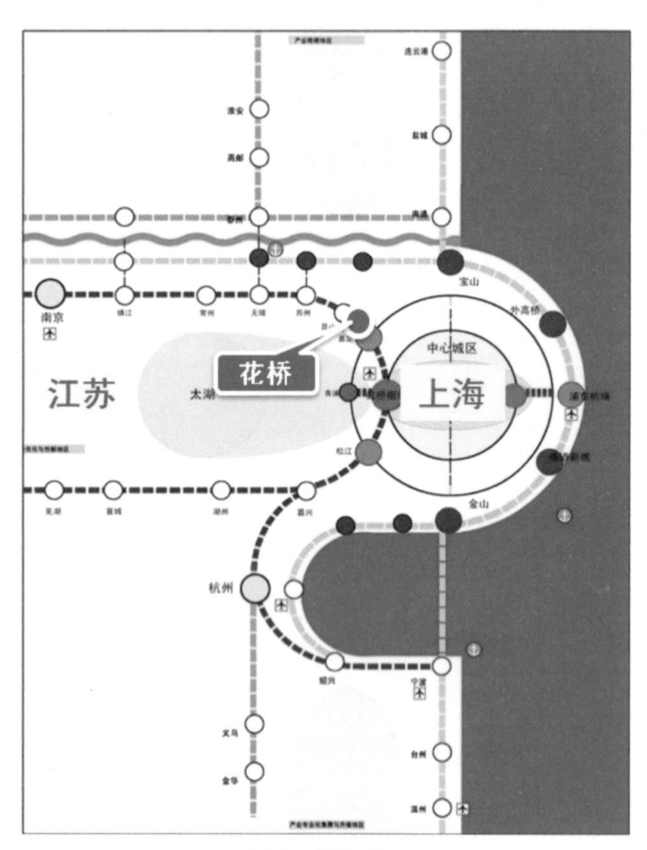

图1 花桥区位

2 研究思路

本文以公共政策为出发点，审视花桥发展的价值观、目标和政策手段的逻辑性和经济性，以空间调控为落脚点，分析规模比例、布局结构、开发强度的合理性和可行性（图2）。

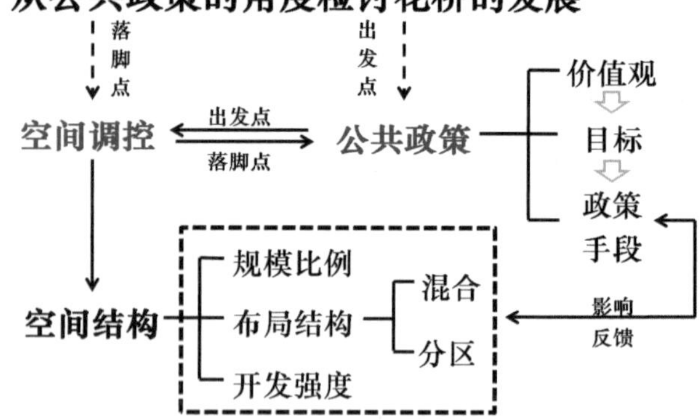

图2 花桥国际商务城规划检讨技术路线

3 研究特色

3.1 研究特色一：以公共政策评价为基本切入点——探索规划检讨理论

研究从技术成果检讨转向公共政策评价，加强对过程的关注、模式的分析和政策的修正，并以此影响反馈发展目标和空间应对，对其实施进行评估，进而提出目标修正和空间调控策略。

3.2 研究特色二：以发展模式研究为重要聚焦点——创新规划检讨方法

研究将商务城的发展模式分为园区系统发展模式、核心产业发展模式、人口及配套设施支撑模式三大类，分别对规划引导、发展周期、政府运营、产业发展、空间开发、居住配套和设施支撑七种模式根据其各自特点和相互关系进行系统细致的研究。

（1）基于动态修正的规划引导模式研究

研究针对总量增长、结构调整、效益提升、岗位增加等主要发展目标构建评估框架，对既有目标评估其实现率，对未来目标评估其实现可能并提出修正或优化措施，以保证发展的稳定性和可持续性，建立“及时检讨、超前引导、适时修正、优化应对”的规划引导模式。

（2）基于规律探讨的发展周期模式研究

通过比较相关园区发展经验，总结园区发展存在投入培育期、快速发展期和效益反馈期三个阶段的一般规律；通过对商务城进驻企业时限、数量、产出与政策年限等要素的关联分析，判断其正由投入培育期向快速发展期转变，符合园区发展一般规律。

（3）基于可持续性的政府运营模式研究

通过对商务城投资总量、强度、重点以及收入数量、来源、贡献度等要素的整体研究，判断服务业园区需要政府在投入培育期进行较高强度基础设施投入，目前商务城政府收入少于支出，符合发展阶段特点。

（4）基于路径分析的产业发展模式研究

以预设核心产业门类为基础，重点评估商务城七大预设产业发展路径；通过历年进驻企业数据调查分析，厘清实现产业发展的重点路径；结合发展背景条件变化，提出未来商务城重点采用的产业发展路径建议。

（5）基于分类量化的空间开发模式研究

通过大量企业调研与访谈，总结花桥商务空间开发包括政府建、企业建、开发商建三种开发模式；以大数据为支撑，探寻花桥商务空间开发的各类数量构成，包括模式比重、搭配比例等，并以此为依据，提出优化核心产业有偿搭配居住用地的比例、鼓励纯商务用地的企业开发的对策建议。

（6）基于分类量化的居住开发模式研究

明确主要作用，辨别适合花桥发展需求的住宅开发模式。在对各类住宅开发模式及其数量、作用进行梳理的基础上，从包括社会发展需求、人才吸引需求、政府资金受益需求在内的综合发展需求角度出发，判断适合花桥发展需求的住宅开发模式，并对其开发的规模进行调控。

（7）基于高端发展的设施支撑模式研究

在对常规配套设施进行评估的基础上，针对发展服务外包的重要设施以及服务业人力资源的重要保障等进行重点评估，优化设施配套，加强设施保障。

在对基本公共服务进行评估的基础上，对满足高素质人才生活需求的特色品质服务进行重点研究，明确花桥未来需要重点补充的品质服务设施内容。

3.3 研究特色三：以空间资源调控为根本落脚点——优化规划检讨内容

（1）探索适合“外移外包”产业的空间布局结构

比较分析原有规划的“一轴双心”模式和去中心化的“双轴多组团”模式两种空间结构的利弊，建议采用适合“外移外包”产业发展的“去中心化”的空间结构；以提升空间活力、增加生活便利、有利低碳出行为目标，对“功能混合”进行深入研究，提出构建水平混合、垂直混合、生产与消费混合的街区建设模式。

（2）寻求土地资源可持续利用的空间调控方法

建立基于现实发展要求的多情景分析路径与调控要求。在服务业产出目标与空间资源约束的双重要求下，运用评估模型，针对模式比例、开发强度、空间范围三大可调控因素，提出“调整模式，不扩区”、“调整开发强度，不扩区”、“联动扩区，退二进三”三种情景以及不同情景下相对应的约束条件和新增用地构成关系（图3）。

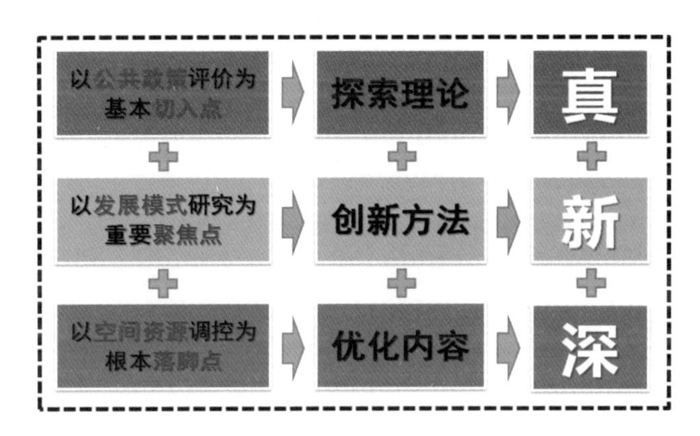

图3 花桥国际商务城规划检讨研究特色总结

基于行为偏好的休闲步行环境改善研究

刘　珺
中国城市规划设计研究院上海分院

1 新常态：休闲步行需求的产生和步行规划设计的兴起

舒适的日常休闲步行环境是怎样的？什么样的步行环境改善措施是最有效的呢？这就需要理解行人休闲步行环境偏好，辨识行人关注的环境要素，估计这些要素的相对影响力。

步行环境偏好研究主要有两个途径实现：一是通过问卷调查、跟踪访谈和 GPS 工具等手段直接对步行环境的感知情况进行口述或打分，方法较为成熟，但评价结果较为主观；另一种方法是通过步行环境选择行为调查，利用行人价值判断评价步行环境，国内相关研究较为缺乏。总的来说，既有研究的成果主要为步行环境偏好特征，缺乏规划层面的应用；因此，参照国外的研究方法，在我国进行实证研究并在规划层面进行应用。

2 新应对：利用叙述性偏好法量化步行环境改善措施有效性

针对休闲步行需求产生这一新常态，提出新的应对方法：利用叙述性偏好法量化步行环境改善措施的有效性，作为步行环境规划设计策略的有益补充。那么，什么是叙述性偏好法呢？叙述性偏好法是针对虚拟步行环境的调查，简称 SP 法。由于影响步行环境选择的因素多样复杂，现实中步行环境因素水平间难以拉开差距，实际步行环境的选择不一定反映其真实的偏好，因此采用叙述性偏好法。举一个简单的例子，步行环境 A 车流量较大，但遮荫情况较好，而步行环境 B 车流量较小，但遮荫情况较差，您会选择哪一种步行环境散步呢？叙述性偏好法就是将步行环境因素及水平值通过实验设计产生数个各有利弊的路线，受访者在环境因素间权衡，选择最为偏好的方案。

应用 SP 法设计虚拟步行环境选择行为调查，结合离散选择模型建模分析，推断各要素对于步行环境选择行为的影响。实验设计包括选择方案生成和问卷表达两个步骤。方案生成是对因素的水平组合进行正交设计，这些因素包括大小交叉口数量、街道界面是建筑还是围墙、是否有绿化隔离、人行道宽度、车流量大小、人流量大小、遮荫情况、是否途径公园、河流、街头广场，是否需要原路返回，是否有座椅，以及路径长度等十四个因素，它们分别有两个或三个水平。

问卷表达采用图片的方法直观表现。图片设计过程中需要注意视角的选择，虽然低点透视更符合行人的真实习惯，但鸟瞰视角可以囊括更多的环境信息；此外，图片效果的控制也很重要，避免行人因为图片美观而做出选择（图 1）。

3 实证研究：鞍山新村和新江湾城

调查区域选择为鞍山新村和新江湾城。鞍山新村是旧城典型代表，步行环境良莠不齐；新江湾城是新区典型代表，步行环境具有均好性。目标人群是不同性别，不同年龄和不同地区的步行者，有效回收问卷 307 份。

在步行环境选择行为调查所获得数据的基础上，建立离散选择模型以求得各要素间的权重关系和效用函数。获得实验记录 1 268 条，符合与预期一致，模型拟合优度为 0.18。

环境要素变量系数的绝对值大小反应了行人对其的相对

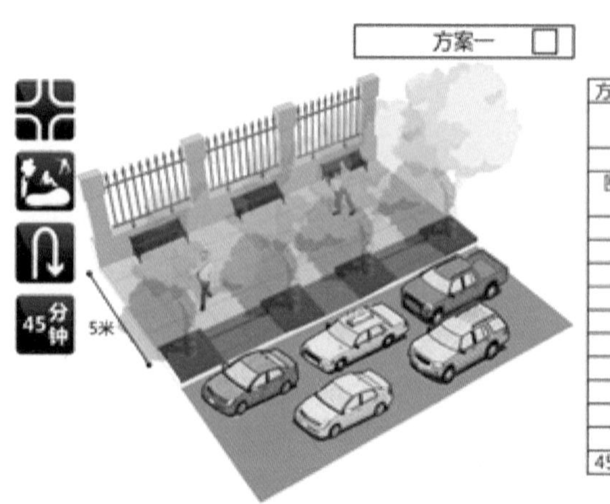

方案一	关注要素	方案二
无	大交叉口数量	一个，有天桥
少	小交叉口数量	多
围墙	界面	咖啡座建筑
有	绿化隔离	无
宽	人行道宽度	窄
多	车流量	少
少	人流量	多
多	遮荫	少
是	是否途经公园	否
否	是否途经街头广场	是
否	是否途经河流	是
是	是否需要原路返回	否
有	座椅	无
45min	路径长度	20min

方案二　3米　20分钟

图 1　图文并茂的问卷表达方式

偏好程度。步行者对于机动车流量大小较为敏感，其次是遮荫情况、人流量大小、有效通行宽度、人行道界面情况和是否途径公园（图 2）。

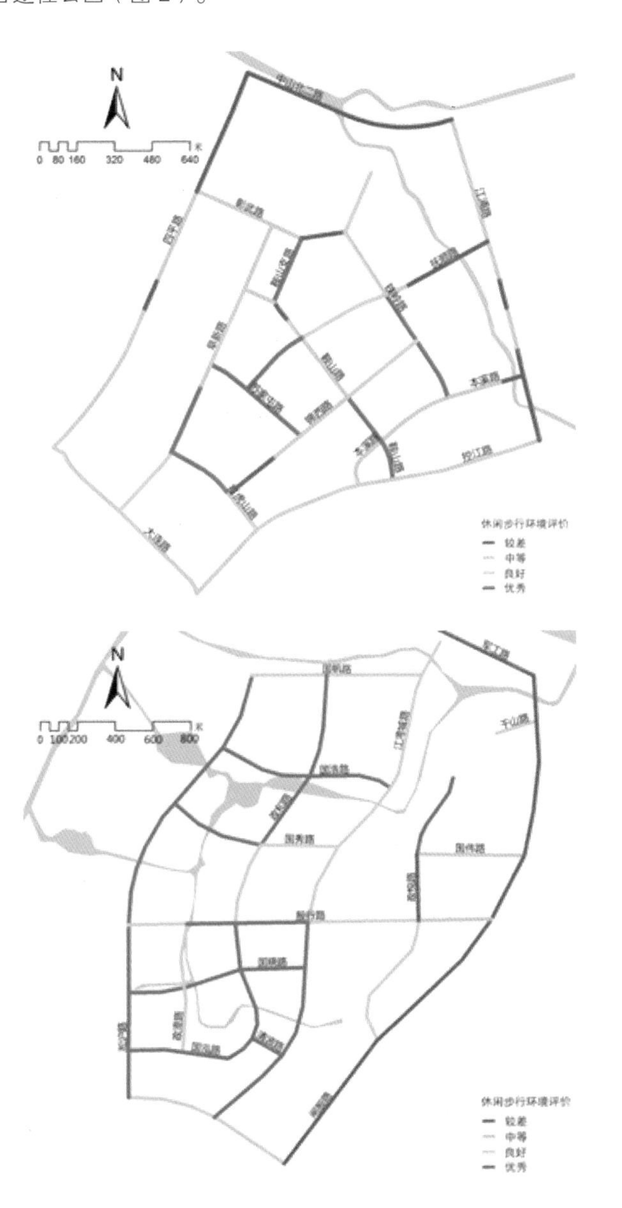

图 2　鞍山新村、新江湾社区步行预测

不同个性步行者休闲步行环境偏好不同。预测率最高的是人群分类模型中针对老年人构建的模型，接近 60%，其次是地区分类模型鞍山新村样本构建的模型。说明这些人群步行环境偏好机制的规律性更加明显，当然，这跟问卷的数量及受访者作答的质量也有一定关系（图 3）。

男性 ④
车流量大小
遮荫情况
人行道宽度
人流量大小
建筑界面
是否途径公园

女性 ⑤
车流量大小
遮荫情况
人流量大小
人行道宽度
建筑界面

青年 ⑧
建筑界面
人行道宽度
车流量大小
是否途径公园
是否途径广场

中年 ③
车流量大小
遮荫情况
是否有座椅

老年 ①
车流量大小
遮荫情况
人流量大小
人行道宽度
建筑界面

鞍山新村 ②
车流量大小
遮荫情况
人流量大小
是否途径公园
人行道宽度
建筑界面
是否沿河流

新江湾城 ⑦
车流量大小
建筑界面
人流量大小
遮荫情况
人行道宽度
小交叉口数量

图 3　不同属性步行者休闲步行环境偏好分析

本研究的规划应用主要有两个：

第一，是对于休闲步行环境现状进行评价。使用 GIS 将 SP 法得到的步行环境各要素偏好权重和实地调查获得的各要素量化评价结果在路段上使用离散选择模型估算，得到研究区域内各路段的步行环境效用，即步行环境的整体评价。

第二，应用是针对改善措施效果的评价。本着环境提升效用最大化的原则，有限考虑效用提升最大的出行环境措施，有针对性的进行改善。此外，还可以估计两个以上改善措施的累计改善效果，并进行比较。

总的来说，面对出于追求品质生活产生的休闲步行需求的新常态，传统的步行环境规划设计策略不符合精细化规划管理要求，不能量化改善措施的有效性，这时候就需要新的规划应对——利用叙述性偏好法量化步行环境改善措施的有效性。

一般史迹型中小历史文化名城控制性详细规划指标体系构建

——基于 22 个一般史迹型历史文化名城控规编制的研究及启示

左妮莎
上海同济城市规划设计研究院

1 一般史迹型中小历史文化名城特征

1.1 一般史迹型中小历史文化名城概述

一般史迹型历史文化名城中，中小城市是主要的组成部分，所以本次研究的对象集中在一般史迹型中小历史文化名城上。同时，老城区又是文化特征明显、控规问题相对复杂、实施性较强的区域，所以本次的研究对象最终确定为：一般史迹型中小历史文化名城老城区。下文简称为一般中小名城。截至2014 年，我国现有的一般史迹型历史文化名城有43 个，本次研究的中小型历史文化名城的界定，主要是根据 2013 年中国建设统计年鉴进行的统计，以及 2014 年《关于调整城市规模划分标准的通知》城市规模的划分标准进行统计和划分。依据以上两项标准，截至 2014 年，我国中小型的一般史迹型历史文化名城共有 22 个，其中，中等城市有 11 个，小型城市有 11 个。详见表 1。

表 1　中小型历史文化名城统计表

序号	省	中型历史文化名城	小型历史文化名城	审批批次比例(2 批: 3 批: 4 批)
1	河北	——	正定（3）	0:1:0
2	山西	——	新绛（3）、代县（3）	0:2:0
3	山东	——	青州（4）	0:0:1
4	广东	肇庆（3）	雷州（3）、梅州（3）	0:3:0
5	陕西	咸阳（3）、汉中（3）	——	0:2:0
6	吉林	——	吉安（3）	0:1:0
7	江苏	泰州（4）	——	0:0:1
8	浙江	衢州（3）	临海（3）	0:2:0
9	安徽	安庆（4）	——	0:0:1
10	福建	漳州（2）	——	1:0:0
11	江西	赣州（3）	——	0:1:0
12	河南	濮阳（4）	浚县（3）	0:1:1
13	湖北	随州（3）	钟祥（3）	0:2:0
14	四川	宜宾（2）	——	1:0:0
15	云南	——	会泽（4）	0:0:1
合计	——	11	11	2:15:5

1.2 一般史迹型中小历史文化名城资源特征

（1）历史文化资源丰富，其他文化资源不足；

（2）历史文化建筑、街区及城市肌理保护情况不完善；

（3）特色资源不明显；

（4）文保类型不全，多数历史街区破坏严重；

（5）老城区整体风貌不突出，新建建筑对风貌破坏严重。

2 一般史迹型历史文化名城保护控规现状特征及问题

本文对于一般史迹型历史文化名城保护控规现状特征的研究所采用的框架，主要是结合《控制性详细规划》中的控规编制框架及论文《我国控制性详细规划研究现状与展望》中对于控规研究体系的框架，将两个框架相互融合，从而得到对于现状一般史迹型历史文化名城保护控规的研究框架。

2.1 控规技术体系特征

（1）编制框架

从保护规划体系上可见，控制性详细规划在历史文化名城保护规划体系中主要以历史街区控制性详细规划的形式体现，但是由于历史文化名城的保护及控制往往是整体性和关联性的，保护工作涉及到城市结构、城市格局、城市肌理等多种整体控制层面的内容。

（2）指标体系

从 2006 年《城市规划编制办法》实施以来，各地区基本沿用其对于控规的六项强制性内容（主要包括主要用途、建筑密度、建筑高度、容积率、绿地率、基础设施和公共服务设施配套），而目前我国很多中小历史文化名城老城区的控规编制都直接套用大城市的控规方法和指标体系，或者将老城区作为一个整体区域进行细分，内部的分区控制方法和指标体系不另行细分。

2.2 现状矛盾及困惑

（1）衔接不良

总体层面上对于非物质文化保护多停留在文化分类和大的分区落位的层面，就具体如何空间落位的控制和管理涉及的较少，也较难应用于实际的规划控制和管理之中。而历史街区的控制性详细规划及重点地段的详细规划设计可以直接应用于管理和建设，但是由于各个点之间缺乏联系，且对历史街区及历史建筑周边建设控制意见不明确的情况下，使历史街区及历史建筑的保护和控制工作难于实现，实际操作的准确性和关联性不强。

（2）脱节僵化

对于指标的简单套用，导致城区的实际问题和控制指标相脱节，无法起到控制的作用，同时由于指标的片面化和僵化，导致指标体系不能有力的解决历史文化名城老城建设和保护的矛盾。另一方面，由于中小城市规划管理之后，管理团队相对素质不高，对于这种套用性的指标体系不能灵活的使用，在指导实际建设中存才大量问题，严重影响中小历史文化名城的健康发展。

3 一般史迹型历史文化名城保护控规编制体系建议——基于保山市历史文化名城老城区控规编制

3.1 项目简介

保山市，古称永昌，是云南省下辖地级市，位于云南省西南部。老城分区西倚太保山，位于保山市大保快速路以西、升阳路以南、龙泉路以北，总面积约 6.53 平方公里。老城分区是保山市核心地段，是最具活力的老城区所在（图 1）。

图 1　老城区鸟瞰图

3.2 指标体系建立

（1）简化

探索快速城市化阶段的规划强制性内容在城市快速发展变化阶段，控制性详细规划的关键是控制好城市最需要关注和把握的重点内容，加强市场经济体制下政府对城市空间的有效调控。结合规划管理需求，保山老城区在指标体系建立过程中确定“五线、公共服务设施及高度和强度控制”为刚性控制指标，从而简化控规控制内容（图 2）。

（2）细化

现状控规容积率的确定往往偏于规划行业技术层面的理想化，对于实际的建设、城市更新和地方管理人员的诉求结合不足，出现规划和现实建设管理相脱节的情况。同时中小型历史文化名城的老城区由于有历史保护要求和旧城更新要求往往存在一定的矛盾，所以容积率的确定更加复杂。所以对于此类型的容积率确定需要更加细致，同时高度结合现状和多方要求，力求满足多种要求，同时兼顾科学性和弹性（图 3）。

保山老城区在容积率确定时，从总体层面到分区层面最后落实到地块层面，逐层深化容积率控制要求，并结合地方要求和风貌特征，制定容积率指标。

（3）动态

建立历史文化名城的信息反馈和监督体系。历史文化名城的主管领导，对名城和其中的历史文化保护区及文物保护单位的保护和管理工作负总责。建立全国历史文化名城的信息反馈和监督体系。组建各级名城保护专家委员会，负责对保护规划的技术评审和对实施管理的监督，形成动态反馈机制。

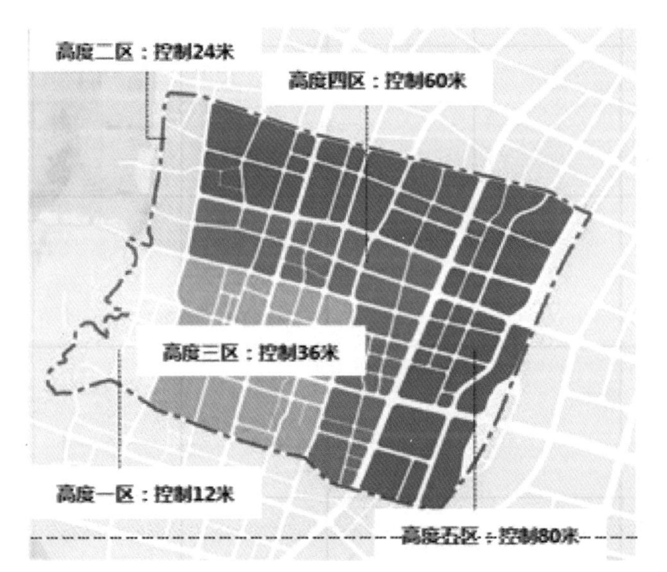

图 2　高度控制分区图

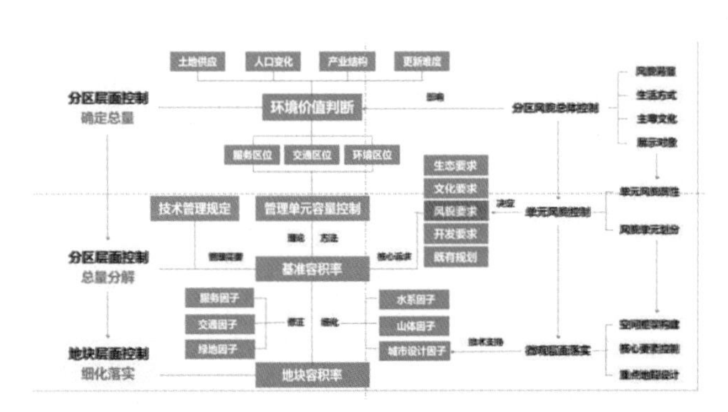

图 3　容积率控制要素图

创新论坛

城市更新与社区治理

观点聚焦

1. 关于“城市更新”模式与机制

（1）重庆大学建筑城规学院黄勇在当今“重物轻人、重量轻质”的大趋势下提出，城市更新与保护应从人出发，以人为直接研究对象，去构建一种理论认识和技术框架。选取重庆八个历史文化名镇核心保护区为研究样本，以 SNA（社会网络分析方法）研究工具，构建出样本区社会网络的语义模型，为历史街区的分区分级规划、空间结构规划、建筑分类分级保护等方面提供一些客观依据，为历史街区在进行物质环境保护更新的同时注重社会网络关系的保护建设。

同济大学建筑与城市规划学院童明教授提出，改变我们以前“重物而不重人”的状态来应对旧城更新中间的很多问题，特别是社会层面问题。在操作的过程中间，因为人（从社会角度上的人）实际是最多元化而且是最差异性的。这种人和人之间的关系能否用某种数值抽象化指数、指标能够来代替，还有待考虑。例如邻居住了十年并不意味着这两户人家的社会指数高，也许是一对恶邻。从基底层面看，社会化是动态的，把社会关系抽象成一个有定论网络性的结构，用静态模型呈现一种动态，是有疑问的。

同济大学建筑与城市规划学院杨贵庆教授提出，居住的年份肯定是一个评价社会网络度量关系的基本要素。由传统的定性描述到定量的研究，运用定量关系来比较客观的描述来确定是否有借鉴性，对我们现在的规划是很重要的探索。

同济大学建筑与城市规划学院周俭教授提出，社会网络肯定不止一个指标，时间也需要根据不同的地区来决定是否可以形成良好的邻里关系，但是如何应用到保护区保护，是需要思考的，社会结构一成不变或者发展缓慢是否是好事情，一个推动历史街区的社会结构应该如何变迁应该是思考的重点，然后再实施规划、空间上的对策。

（2）江苏省城市规划设计研究院徐辰认为在强调“发挥市场在资源配置中的决定性作用”的语境下，有必要进行深入的合理的制度设计，使得市场通过一张“制度网”发挥作用，引领“存量时代”城市转型，实现社会福利的最大化及公平分享。广州杨箕村改造案例中，政府采取完全不干预的态度，最后发生签约户与钉子户相博的群体社会事件；而深圳案例中，城市更新过程中采取“全体决”方式，导致城市更新实施率极低，立项数量也呈下降趋势。作者通过梳理和回顾广州和深圳的制度创新，提出提高容积率、降低减步率、限定同意率三种政策路径。城市更新过程中近期需要建立以政府管制推动同意率制度的方式，远期需要加强社区和市场协作，政府主要起规划引导作用。

（3）深圳市规划国土发展研究中心林强以深圳为例，反思城市更新制度安排与政策。相比传统的政府主导旧城改造，深圳市城市更新的制度围绕存量用地开发，有三方面优势：一是政府引导、市场运作，以市场为主体推进改造；二是协议出让土地，降低改造门槛和改造成本；三是建立城市更新单元规划制度，提高了改造实施效率。通过这一系列制度安排，深圳通过城市更新盘活了大量存量用地，但是也存在一些制度安排的短板：一是点状突破法定图则导致空间资源错配。二是机制不完善导致“激励不相容”，倒逼规划管理。三是局部高强度开发带来城市基础设施压力。完善深圳城市更新制度的政策建议包括：一是加强城市更新规划的审查评估工作，改进规划决策机制。二是完善城市更新中的容积率管理，建立容积率调整规则。三是健全地价规则，建立城市更新项目的增值收益测算机制。

同济大学建筑与城市规划学院田莉教授提出，政府在市场发挥“三旧改造”过程中会带来很大问题。政府有自身利益，并不代表整体社会价值观。深圳城市更新模式全国独特，因为深圳不再依靠土地财政，所以更新思路明确。政府向市场放权让利，而原来很高的行政成本作为政府的收益。

童明教授提出，旧城改造空间的矛盾很难判断是政府失灵还是市场失灵，因为这本身就是一个多方参与的博弈。在这种状态之下，不能带着价值观去判断。

日本早稻田大学赵城琦研究员提出城市更新应该涉及到方方面面的利益，当然是一个社会性综合的活动，而不仅仅是开发、拆迁。

周俭教授提出，在编制规划中，刚性内容需要进行注解，建法委可以对法定图则、控规进行法定图则的修改，但会带来很多问题，利益关系如何协调，资源错配如何修正，规划修改可以到什么程度，会带来什么问题，都是未来需要研究的。

2. 关于传统村落保护

陕西省城乡规划设计研究院赵卿以陕西省富平县莲湖村为例，研究传统村落内生保护方法。通过分析莲湖村的特色及主要存在问题，提出了以主体文脉延续为基础，以居民生活、需求调查为切入点，外源引导与内生培养的相互交织的保护路径。依托外部城镇的资源优势，借助外部政策、资金的支持，引导历史村落走向主动城镇化道路。在建立可持续的管理体系和服务设施保障的框架基础之上，来使其内部的功能适应外部城市功能的变化来形成一个新陈代谢和渐变的过程。主要路径包括：一是管理模式重构，主动融入城镇化。具体做法有控制保护底线，明确政府在整个传统村落保护和开发中的作用，严格控制底线，适当放权；采取参与式治理，提供了多方利益主体参与规划；发挥居民自主性，强调社区居民自身管理的自主性，通过自发建设和维护确保整体风貌延续；二是适宜性的基础设施构建，区域分担，隐蔽化景观处理手段；三是风貌协调和产业协同发展，历史资源带动复兴。

赵城琦研究员提出城市古城保护中，除了关注城市肌理问题外，还需要考虑营生问题，老百姓要吃饭，把老百姓都住在村子里面，需要给他创造一个营生。由以前的生活营生模式，再被城镇化后不能用自己的价值观强制别人按照你的价值观生活。在未来规划中，这也可作为一个内容。

杨贵庆教授提出，城中村的保护更多的意图已经超越了保护，是通过一种保护的方式形成一种特定化、多样化的城市空间。而这种多元化的城市空间可以承载多样化的社会人群。多样化的社会人群对一个城市的丰富性和生活是有帮助的。因此在研究城市当中的多样化空间形态的时候，已经超越了对我们研究乡村村落状态，也超越了旧城保护方法作为纯粹文化记忆的一种内容，是一种继续延续这个社会活力的方式。

3. 关于城市更新与土地安全

上海同济城市规划设计研究院李林通过对城市非传统安全——毒地的关注，发现我国传统治理毒地的一些问题，并提出相应思考：①传统监督，法律约束真空，需要法定约束的规划控制；②传统管理，评估监督失守，需要透明的土地修复数据；③传统经营，资金杯水车薪，需要分级分阶段的长期修复；④传统修复，技术二次污染，需要长期的程序规范的修复。她提出中国毒地管制建议：基于中国毒地数量的巨大、资金的不足，短期内技术无法满足治理全部毒地的需求，她建议毒地污染程度、修复周期、区位、政策、地价等，将毒地分作两类：①将大面积无力马上修复的毒地，作为管治毒地，进行低成本植物修复；②个别试点地块可以集中资金，作为整治毒地，采用先进技术实践修复。结合上海特点，提出几点建议：①设置差异性政策。②建立毒地数据库。③促进公众参与。

同济大学建筑与城市规划学院于一凡教授提出，中国的相关土壤危害的研究里是有立法的。而且不仅仅是土壤研究，环保部门也对土壤有立法，而且在城市规划政治体制里面，我们对土地也是分成居住用地一二三级，城市利用土地也是分级别的，哪一种级别可以做什么，均是有规定。只不过土地严重稀缺，土地价值高昂，尤其在城市中心空间里面，这部分的价值和内容没有得到充分的重视。于教授不认为是完全缺位的，只是具体操作过程当中没有引起足够重视，也可以体现在行政部门构成上。从国际经验上看，真正只有两种方式，一种是换土；一种是上盖，其实都是不可持续的方式，至于其他方式，还需要未来进行研究。

童明教授提出，对于城市毒地的研究还可以继续拓展，例如毒地类型、形成原因、预防以及治理方法、如何避开等，都是可以继续探讨。另外与城市发展持续性、更新发展也可以再加以拓展研究，如更大区域层面，或者是侵染。这种侵染在城市结构或功能上面，如何应对和处理。快速城镇化发展过程，我们开始要偿还以前的环境污染问题，一定要面对这个问题，寻求处理方法，经济的发展、法律的保障、公众的意识都是非常需要的。

城市更新：市场化探索的困局与展望

徐　辰
江苏省城市规划设计研究院

1 城市更新推进面临困局

1.1 广州杨箕村案例

百分之九十九对百分之一的拆迁；

签约户与钉子户的群体事件；

法律判决未能执行。

1.2 深圳城市更新案例

城市更新实施率极低；

立项数量呈下降趋势。

典型案例：2010 年列入城市更新单元第一批计划的 8 个旧住宅小区改造项目，因少数业主反对导致项目全部停滞，无一成功实施改造。

2 制度创新梳理与回顾

2.1 制度创新政策

广州在自主改造土地协议出让，补办征收手续、集体建设用地转国有等方面实现了政策性突破。

深圳出台了《深圳市城市更新办法》等法规。政府以“积极不干预”的原则，仅充当规划引导、规划审批和政策支持的角色，以鼓励和吸引市场投资。

减步法与“20–15”原则。

2.2 制度创新意义

以市场机制新常态，取代低效“旧制度”；

对土地征用方式效率降低的回应（图 1）。

土地制度改革在特定地域（城市存量土地）的一次尝试与突破。

建立市场化导向的城市更新制度及利益分配机制，减少政府投入的同时改善城市面貌、提升社会效益，推动“存量时代”的城市转型。

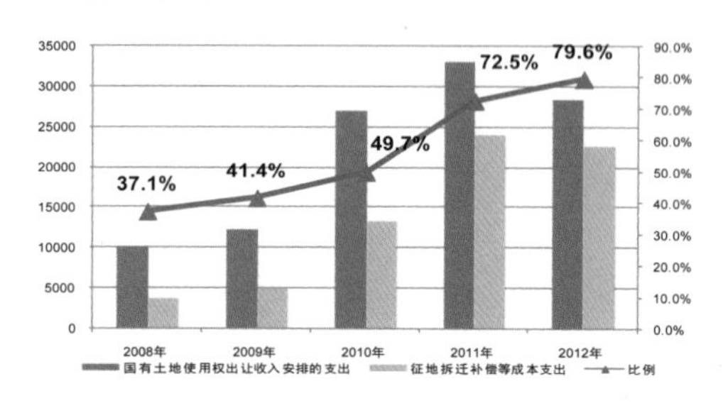

图 1　土地财政效率降低图

3 市场失灵原因与解析

3.1 杨箕村改造中的双边垄断与产权碎化

（1）两个向度：纵向为开发商与个体产权人交易关系，横向为多项产权交易之间的关系。

（2）纵向双边垄断

钉子户垄断：土地整体使用的要求；

开发商垄断：补偿标准统一的要求；沉没成本限制退出；

开发商和产权人的合作解可在零与全部合作剩余（70 单位）之间浮动；

当事人双方都没有更佳的交易对象可供选择，讨价还价产生交易成本。

（3）横向产权碎化

放大作用：临迁费用—交易成本；

签约户和钉子户：群体性的社会事件（图 2）。

（4）“交易成本在双边垄断和产权碎化这两个因素同时发生时达到最高。”

（5）社会福利损失：交易成本由产权人、开发商乃至整个社会共同承担。

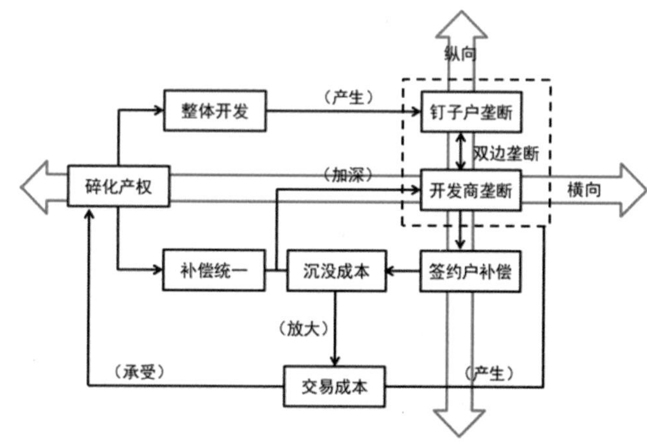

图 2　杨箕村改造中纵向双边垄断与横向产权碎化模型

3.2　深圳城市更新的“全体决”方式

（1）典型特征：100% 同意补偿标准，要求钉子户为零；

（2）实施方法：补偿标准按照最高价值评估人的标准设置；

（3）实施效果：限制沉没成本，降低交易成本，提升产权者效用；

（4）开发商预期：“无利可图”，改造停滞或宣告失败（图3）。

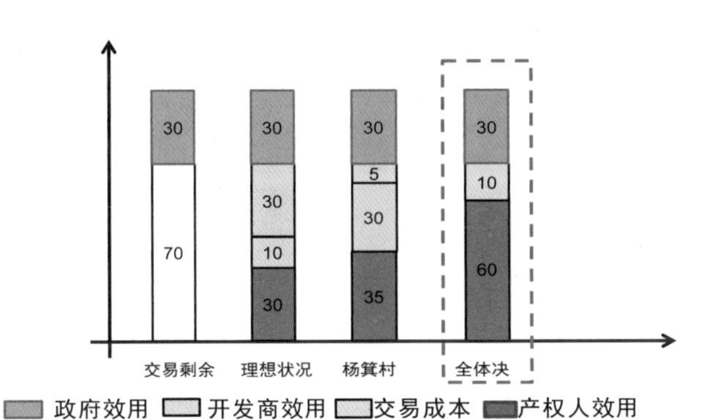

图 3　深圳城市更新"全体决"方式分析

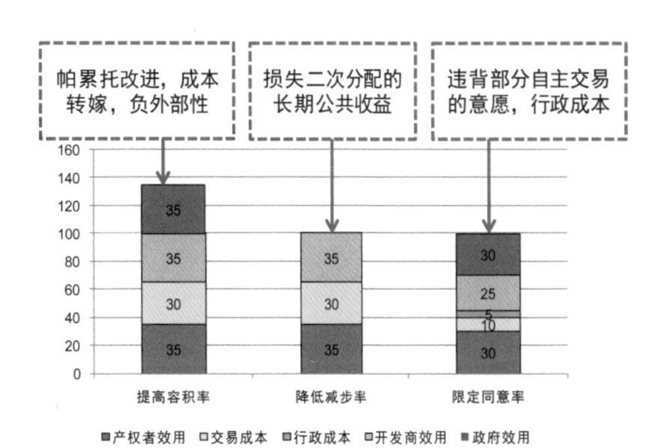

图 4　三项政策对比分析图

3.3 交易成本过高导致市场失灵

（1）非"完全竞争"的有效市场：每一块产权碎片都构成土地整体使用的一部分；每一项产权的交易价格都能对补偿标准产生极大的影响；沉没成本构成了开发商自由进出交易的壁垒。

（2）交易成本极高："双边垄断"及"产权碎化"在城市更新"纵向"与"横向"两个向度的叠加导致交易成本急剧升高。

（3）市场失灵："政府缺位"下市场失灵困境日益"显化"，明晰且细化的产权划分引发的交易成本阻止了交易达成，形成资源利用困局，并进而阻碍社会总体福利的实现。

4 政策选择与讨论

4.1 三种政策路径：提高容积率、降低减步率、限定同意率。

广州"三旧"改造：政府大规模直接让利，空前的政策优惠期。

深圳城市更新：初期容积率标准较为宽松，新版《深圳城市规划标准与准则》出台容积率限制，申报速度明显放缓。

限定同意率：由《深圳市城市更新办法实施细则》提出，尚无政府组织实施的成功案例。《深圳市城市更新办法实施细则》规定"已取得项目拆除范围内建筑面积占总建筑面积 90% 以上且权利主体数量占总数量 90% 以上的房地产权益时，可以申请由政府组织实施该项目"（图 4）。

4.2 效率实现程度及利益指向。

提高容积率：更多的交易剩余——"帕累托"改进；将成本转嫁，负外部性；容积率调整的寻租空间。

降低减步率：短期利益，损失二次分配的长期公共收益。

限定同意率：违背部分产权人自主交易的意愿，付出行政成本，显著地降低交易成本。

4.3 政策选择的指向

完善"同意率制度"

波斯纳定理："法律制度的存在之所以必要，关键在于它能节约交易成本。"在存在高昂交易成本的前提下，应把权利赋予那些最珍惜它们并能创造出最大收益的人；而把责任归咎于那些只需付出最小成本就能避免的人。

社会福利最大化：以卡尔多—希克斯标准而不是帕累托最优标准来度量。

5 展望

新常态——市场与政府关系的重塑

管制的历史是不断变换政府行为的重点和焦点的动态过程。随着政策目标的变化，管制制度及应受到管制的市场也会发生变化。

展望——在强调"发挥市场在资源配置中的决定性作用"的语境下，有必要进行深入的合理的制度设计，使得市场通过一张"制度网"发挥作用，引领"存量时代"的城市转型，实现社会福利的最大化及公平分享。

城市更新的制度安排与政策反思

——以深圳为例

林　强
深圳市规划国土发展研究中心

1 深圳城市更新的背景

2012 年深圳市进入以存量用地开发为主的时期。为加快存量用地开发，深圳市出台《深圳市城市更新办法》和一系列配套文件和技术规定，建立完善的城市更新制度体系，降低存量用地改造的交易成本，有效推进城市更新工作（图 1）。

图 1　深圳市城市更新办法及配套文件和技术规定等文件

2 深圳城市更新的制度安排

相比传统政府主导旧城改造，深圳城市更新的制度优势如下：

（1）政府引导、市场运作，以市场为主体推进改造。一方面通过市场机制确定实施主体，土地（土地权利人）和资金（开发主体）更有效对接；另一方面由市场主体制定改造方案和更新单元规划等，补偿方式更加多样，补偿标准更有吸引力，规划实施性更强。

（2）协议出让土地，降低改造门槛和改造成本。城市更新项目可以由土地权利人自行改造，或者土地权利人与开发主体合作改造，并通过协议方式重新出让土地，为土地权利人参与项目增值收益分配提供路径。协议出让的城市更新项目，考虑到拆迁补偿成本，主要采用基准地价体系，大大降低了开发主体的改造资金成本。

（3）建立城市更新单元规划制度，提高了改造实施效率。城市更新项目可编制城市更新单元规划。城市更新单元规划由项目实施主体编制，经过批准的单元规划与法定图则具有同等效力。城市更新单元规划本质上是政府、土地权利人和开发主体博弈的结果，加上资金和组织保障，实施性更强（图 2）。

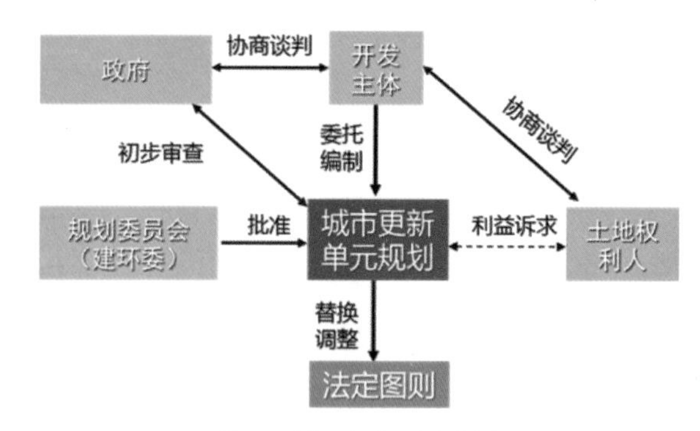

图 2　城市更新单元规划制度

3 深圳城市更新的政策反思

通过一系列制度安排，深圳城市更新盘活了大量存量用地，但是也存在一些制度安排的短板。

（1）点状突破法定图则导致空间资源错配。根据法定图则规划控制，深圳约有 3 亿平方米的建筑增量空间。市场主导的城市更新单元规划以点状方式对法定图则“开天窗”，使增量建筑向城市更新项目集中，与法定图则出现空间错配（图 3）。如果将增量建筑分配视为空间发展权资源配置的话，在空间上可能产生不公平，群体利益让步与个体利益；在时序上可能产生不公平，先开展的项目获得更多开发收益；在政策之间可能产生不公平，影响其他存量用地政策设计和项目推进。

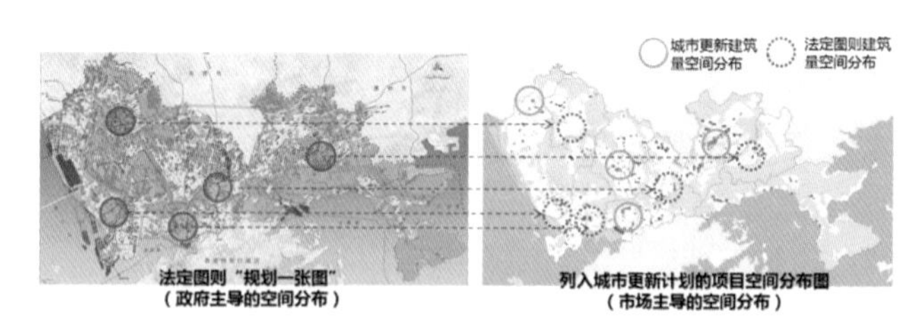

图 3　法定图则与城市更新计划项目空间上错配示意图

（2）机制不完善导致“激励不相容”，倒逼规划管理。城市更新中影响开发项目利润的两个重要因素：容积率和地价。容积率直接决定开发物业的规模和销售金额，而地价直接决定开发主体的资金成本，两者共同影响项目的开发利润。由于容积率提高带来的开发边际收益大于地价边际成本，提高容积率成为大部分开发项目的理性选择。在利润驱动下，开发主体和土地权利人通过“倒逼规划”，提高容积率满足利益诉求，给城市规划管理带来挑战（图 4）。

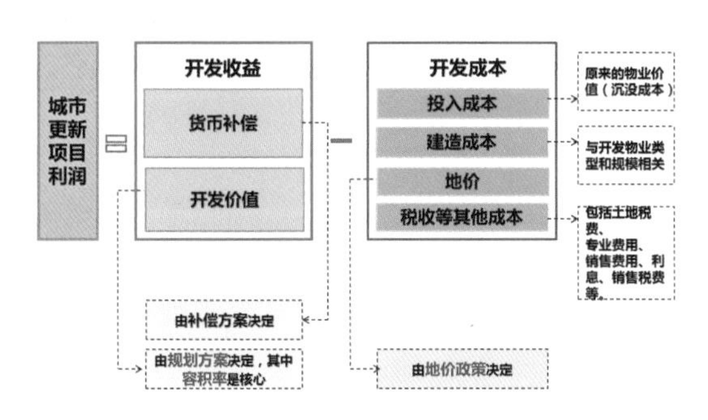

图 4　容积率与地价不相容解析示意图

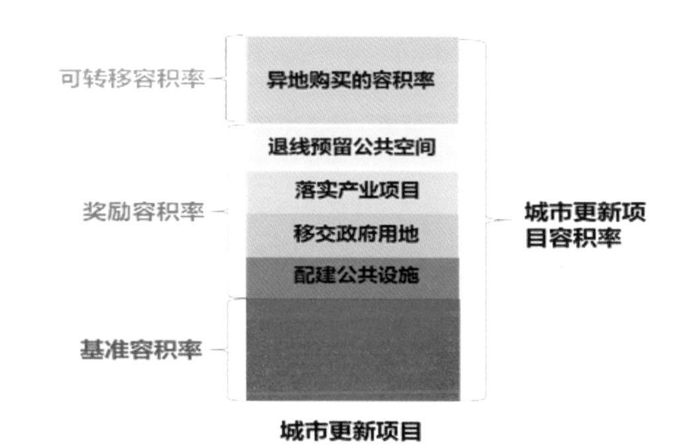

图 5 容积率调整规则示意图

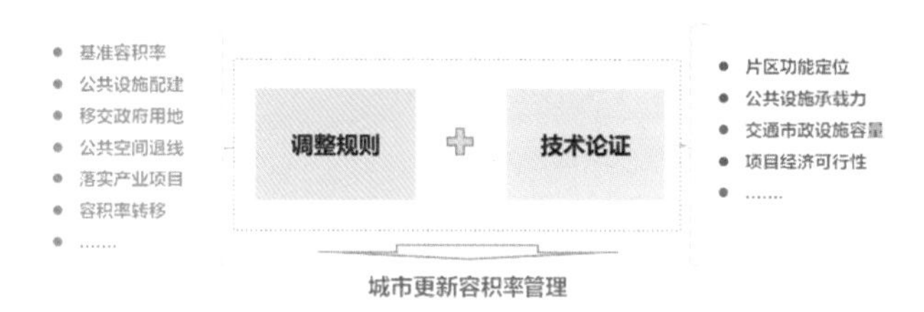

图 6　容积率管理方式示意图

（3）局部高强度开发带来城市基础设施压力。城市更新项目中移交政府的公共基础设施用地主要依据生效的法定图则确定。由于法定图则的公共基础设施主要基于图则开发容量确定。在规划公共基础设施面积没有增加的情况下，城市更新单元规划点状突破法定图则确定的开发强度，将带来公共服务需求和城市基础设施的负外部性，对局部地区的公共基础设施产生压力。

4 完善城市更新制度的政策建议

4.1 加强城市更新规划的审查评估工作，改进规划决策机制。

首先，加强法定图则对更新单元规划的引导，项目规划指标通过图则片区承载力和项目地块承载力两个层面综合平衡确定；其次，将“事前审查”和“事后评估”相结合，“事前审查”重点论证项目可行性及对周边基础设施的承载力压力，“事后评估”重点就项目对其他地块今后改造开发的影响等进行评估。最后，完善规划决策机制，理顺图则委和建环委的决策权限，加强分类分级的审批指引，避免城市更新单元规划与法定图则之间的不衔接。

4.2 完善城市更新中的容积率管理，建立容积率调整规则。

城市更新中依靠技术论证无法解决“激励不相容”问题，应完善容积率管理政策，通过建立基准容积率、奖励容积率、可转移容积率的容积率调节规则（图 5），将容积率调整和公共利益、政府发展目标挂钩。通过“调节规则 + 技术论证”的方式来管理容积率，不仅能够弥补单纯容积率技术管理的不足，而且在城市更新中能够更好地将个人利益与公共利益、政府公共政策衔接（图 6）。

4.3 健全地价规则，建立城市更新项目的增值收益测算机制。

结合拆迁补偿成本、项目建造成本、合理开发利润等因素，建立城市更新项目的增值收益测算机制，以此为基础核定城市更新项目的建筑权益（图 7）。进一步完善地价政策，改变采用单一基准地价政策机制，以建筑权益为基础，通过建立地价、建筑权益、开发利润的联动机制，形成利益测算规则和增值收益调节的政策组合拳，解决城市更新容积率倒逼规划调整的难题，统筹增量建筑和增值收益在不同主体、不同开发方式、不同开发项目之间的分配。

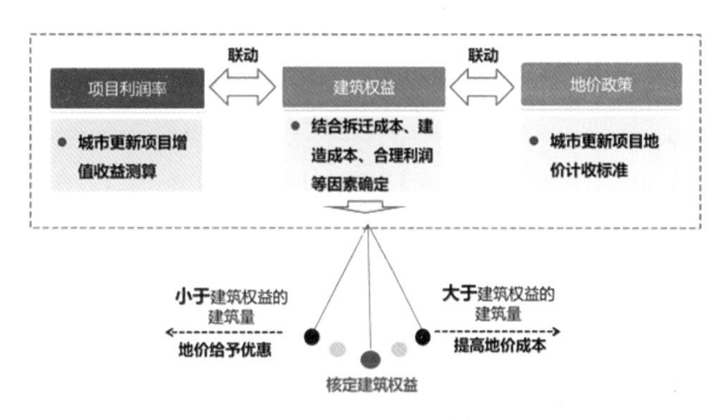

图 7　城市更新项目的增值收益测算机制示意图

旧城更新的社会网络保护研究

黄　勇　石亚灵　肖　亮　胡　羽　刘蔚丹
重庆大学建筑城规学院、重庆大学城市规划与设计研究院

1 提出问题

近 40 年来，我国城镇化快速发展，促进社会经济持续繁荣，城乡建设事业取得举世瞩目的成就。由于一些认识理念需要慢慢到位，方式方法需要逐步完善，也出现了一些阶段性或局部性的问题。比如，在旧城更新、历史文化遗产保护建设等领域，大拆大建、千城一面、忽视原住民利益等现象，仍然比较突出。

2 相关研究基础

通过文献梳理，国内外旧城更新、历史街区保护更新的实践与研究进展，大致形成了“理论标准化—视角多样化—矛盾协调化—保护人性化—模式特色化”的“五化”思路与体系（图 1）。有三点启示：

（1）保护更新规划实行“动静、动动、静静”等多种理论结合实践的模式。即采用“动态理论 + 静态实践模式”或“静态理论 + 动态实践模式”的动静结合方式；或采用“动态理论 + 动态实践模式”的动动结合方式；或“静态理论 + 静态实践模式”的静静结合方式。

（2）保护更新施行“物质复兴—精神复苏”的过程方式。先将旧城或历史街区的风貌整治与旅游开发相结合，处理好物质景观保护与经济发展需求之间的矛盾，实现街区的物质风貌与经济复苏（图 1）；再运用针对性理论或实行居住、工商等先导模式促进街区的进一步复兴，关注街区的人口及社会结构等功能要素，提升到精神层面，实现街区的精神复苏。

（3）需要注意地是，这些研究的出发点和落脚点，基本上都还是落在物质形态更新，如何更直接地以人为对象建立框架并推进研究，仍然是一个在不断探索的问题。

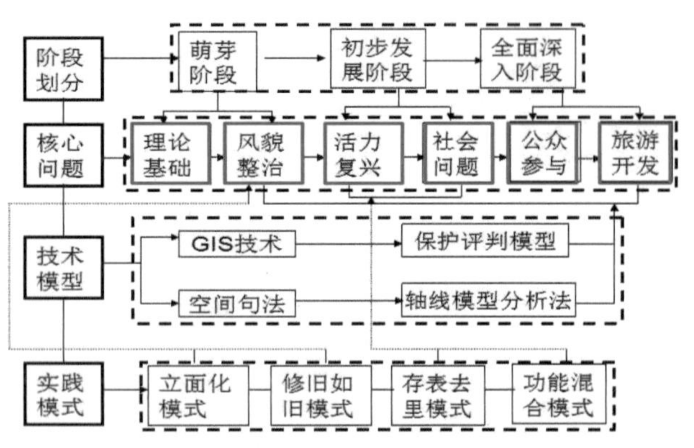

图 1　国内外旧城更新理论与实践研究框架

3 研究构思

建立以人为直接研究对象的工作框架。从社会学的角度，简单的说，有两条路：

（1）从个体的人出发

个体主义研究方法，经典的计量社会学框架，主流社会学研究范式，案例成熟，众多城乡规划领域的应用广泛，不太容易创新。

（2）从群体的人出发

社会网络分析方法，非主流。有一些案例可以参考，但不成熟与城乡规划领域的结合还比较少，有创新可能性。

社会网络分析方法（Social Network Analysis，SNA）主要是研究社会实体的关系连结以及这些连结关系的模式、结构和功能；分析物质、情感等各种资源在这些关系“网”上的流动、分配特征及其相关效应；建立研究对象的结构观和问题视野（图 2）。

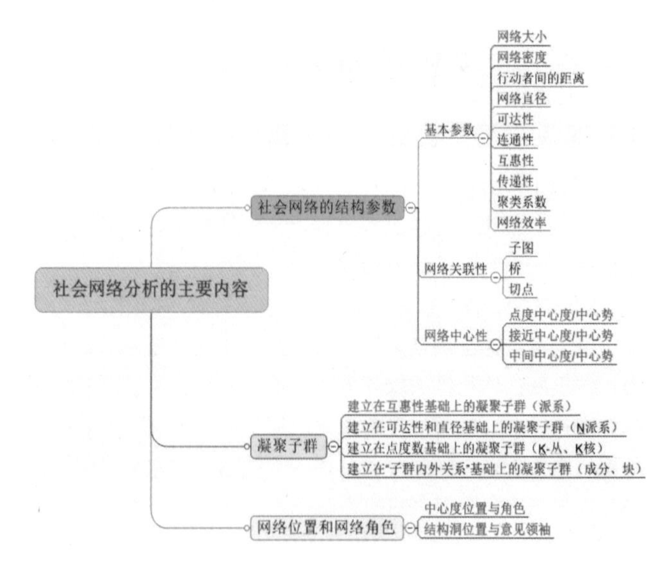

图 2　社会网络分析方法主要内容

4 分析过程

为此，尝试以近年来逐步成熟的社会网络分析方法（Social Network Analysis，SNA）为研究工具，尝试构建旧城、历史文化街区的社会结构网络模型。通过研究街区居民的关系数据，构建社会网络，讨论旧城更新的规划设计思路或策略。具体研究工作分 4 个步骤：

（1）构建研究样本。以重庆市近 100 个历史街区、历

史文化名镇、传统风貌区和传统村落等典型研究对象，选出8个历史文化名镇核心保护区为研究样本。

（2）构建社会网络语义模型。以研究样本的居民“户”及其房屋整体为节点，在同一街区生活了10年以上节点之间的地缘关系为节点之间的社会关系。构建语义模型（图3）。

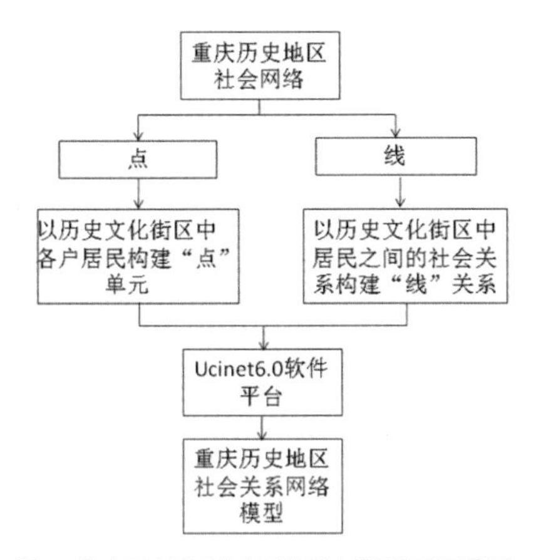

图3　重庆历史地区社会网络语义模型框架示意图

（3）通过数据收集、整理、构建数据邻接阵（表1），生成社会网络模型（图4），并数值归一化计算分析。总结计算结论。

表1　重庆历史地区采集数据表

研究样本	用地规模（Ha）	实际总户数	原住民户数	新住民户数	调研总户数	纯居住（户）	R+B商业（户）	R+C餐饮（户）	R+Y娱乐（户）
北碚区偏岩镇	4	80	80	0	79	47	18	11	3
江津区白沙镇（东华街）	14	124	86	38	116	114	2	0	0
江津区中山镇	8	138	110	28	123	79	20	21	3
涪陵区青羊镇	12.19	71	48	21	70	47	13	10	0
大足区铁山镇	2.13	50	45	4	50	48	2	0	0
开县温泉镇（河西中心街）	12.14	99	87	12	99	68	14	13	2
巫溪县宁厂镇	12.57	105	81	17	98	80	11	7	0
石柱县西沱镇	7.75	237	81	35	116	87	14	8	7

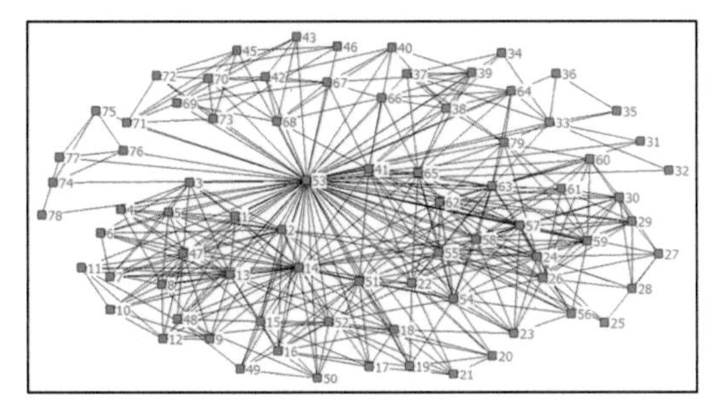

图4　重庆北碚偏岩镇社会网络模型

（4）以此为依据，提出旧城更新的相关规划策略（图5）。

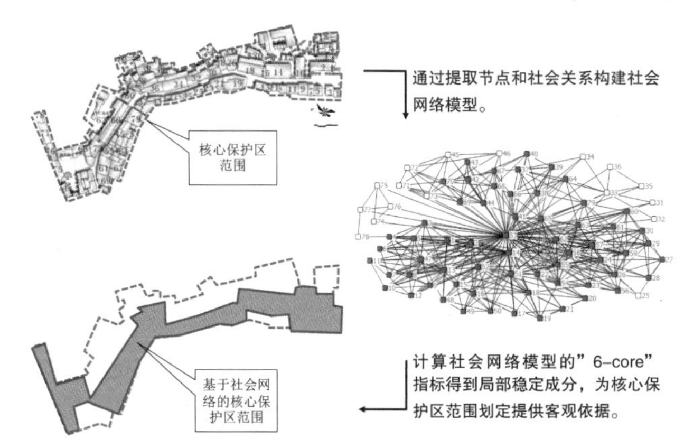

图5　重庆历史地区核心保护区范围对比分析

计算表明，通过SNA分析工具，可以构建出历史街区的社会网络模型，并在历史街区的分区分级规划、空间结构规划、建筑分类分级保护等方面提供一些客观依据，为历史街区在进行物质环境保护更新的同时注重社会网络关系的保护建设。进一步研究表明，这种思考也同样适用于具有显性或隐性网络结构特征的城镇其他物质要素，具有较为广泛的应用前景。

陕西省富平县莲湖村传统村落内生保护方法研究

赵　卿　宋　玢　贾宗锜　赵菲菲
陕西省城乡规划设计研究院

陕西省富平县莲湖村是一座有着悠久历史的防御型古村，地处关中东北部渭北黄土台塬地带，富平县中心城区西侧边缘区，在新一轮的县城总体规划中，已纳入到城市规划区范围。由于特殊的城—村关系加之独一无二的斩城格局为其发展带来了新的契机。本次研究通过外源因素诸如社会发展、经济条件、政策支持等媒介的激活，将村庄原有的内在演化规律与外在干预方式结合，以最小的修复技术运用在保护方法当中，把握好底线和弹性，实现保护与发展的和谐统一。

1 莲湖村双向认知

（1）位于城市边缘区，借助城市的发展可为村落注入新的活力，增加新的契机，实现主动化城镇发展道路，与此同时，村民在城市化过程中，放弃传统的生产和生活方式，大规模进城务工，造成传统村落的文化性衰败和空心化现象。

（2）建于明末清初，作为富平县老县城，至今已有600多年，其高阜防御的斩城格局及生态安全的建城理念是村落最大的特色，由于村落职能的转变、地位的衰败，并未受到政府和公众的重视，加之周边城市建设的侵蚀，使村落周边历史环境及整体生态景观格局遭到破坏。

（3）典型的古代城池空间、曲折多变的传统街巷格局、风貌完整的乡土建筑是莲湖村内部空间形态的三大特色，然而，由于长期以来一直处于自组织更新状态，村民在自主更新过程中对历史遗迹形成建设性破坏，建筑肌理、院落肌理、街巷肌理均出现不同程度的偏离，同时狭窄的街巷空间、木构件的乡土建筑也给村落在基础设施建设及防灾体系的建立带来一定的困难。

（4）莲湖村所在的富平县区域中有陶艺村、习仲勋陵园、唐陵等著名旅游景点，可形成区域内差异化的文化网络，但目前无支撑产业，无法实现可持续发展。

2 保护框架构建

根据莲湖村的特色及主要存在的问题，提出了以主体文脉延续为基础，外源引导与内生培养的相互交织的保护路径。（图1）

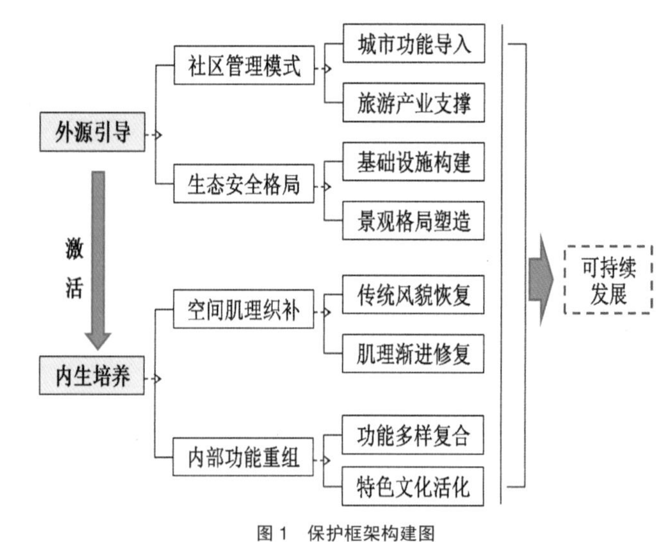

图1　保护框架构建图

3 保护路径

3.1 外源引导

依托外部城镇的资源优势，借助外部政策、资金的支持，引导历史村落走向主动城镇化道路，适度引入外政府或外来企业的外源式开发建设模式，重点在于帮助传统村落建立可持续发展的管理体系框架和服务设施保障框架，以外部环境的优化，促使村民产生文化认同感，激活内生发展的动力。

（1）社区管理模式转变

行政管理模式调整为社区居委会管理，使本地村民就地城镇化（图2），同时利用莲湖村的历史文化资源，开发多层次、多体系的旅游产品，形成与关中文化区域的旅游协同发展。从社会的内部进行推动的，以人为中心的发展模式，实现历史保护与城镇化发展的社会效益、经济效益、环境效益和谐统一。

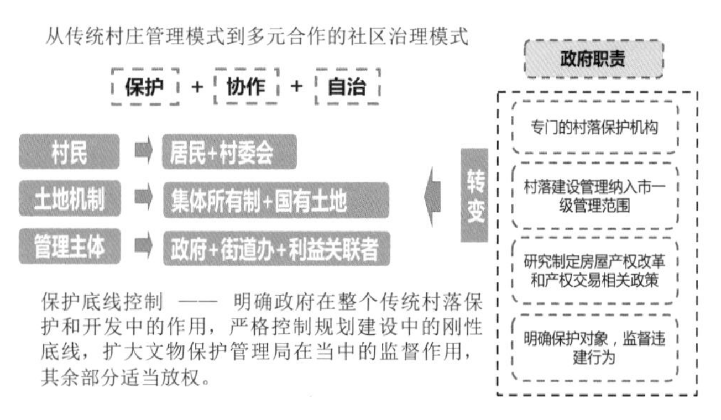

图2　社区管理模式示意图

（2）生态安全格局构建

一是将传统村落纳入到城市现代化的基础设施网络，结合村落传统风貌构建完善的基础设施；二是基于安全理念对村落内的防火及塬面防灾提出切实可行的整改措施（图3）；三是防止城市无序蔓延对村落的侵蚀，以特色的地形地貌为基础，保护台塬筑城和河水相依构成整体的防御性历史景观环境建立生态景观格局。

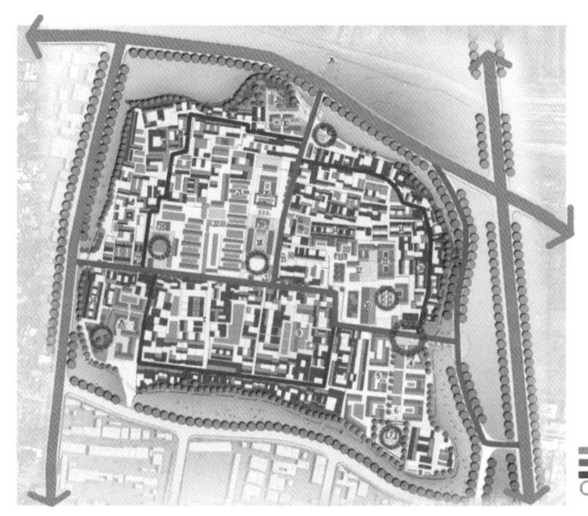

图3　村落安全格局示意图

3.2 内生培养

外源式的开发建设仅是村落发展的基础保障，莲湖村合理充分利用外部资源，激活和培育自身“内生发展”方式，调动村民的主观能动性，构建历史文化的认同及乡土资源的利用，吸引原著居民回村生产和生活，促进习俗、手工艺、饮食、戏曲等非物质文化遗产的传承。

（1）空间肌理织补

从建筑肌理、院落肌理和街巷肌理三个层次入手，探究建筑原型和内在的历史关联和结构关系，将内源结构进行分化、通过组合手法的改变，试图创造新的结构形式。同时引导村民和工匠运用本土营建技术和材料，进行街巷空间织补和历史风貌的修复（图4）。

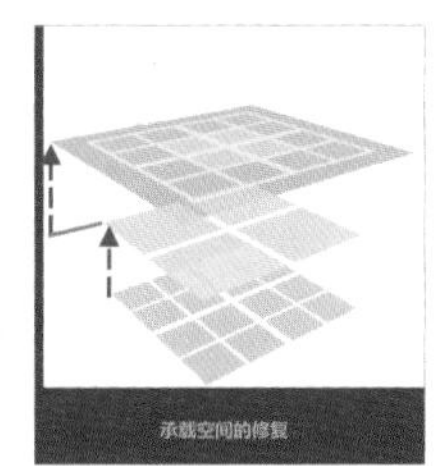

图4　村落安全修复示意图

（2）内部功能重组

在外源因素的诱导与正确化的引导方式之下，进行内部自主更新，对其建筑功能适应性的改建、重建、新建活动，使其内部空间要素新旧交织，内部功能适应外部城市功能的变化，形成一个新陈代谢的渐变和可持续发展的过程（图5）。

图5　村落产业复兴示意图

莲湖村在富平县城市总体规划（2011—2030年）中已划入中心城区，距离陶艺村、习仲勋陵园等只需十几分钟车程，因此莲湖村应考虑和富平县城关镇内景点联合发展。旅游项目设置上考虑优势结合，差异互补，形成富平县城关镇内综合旅游线路，依托陶艺村、习仲勋陵园等形成区域内客源市场，实现客源共享。对莲湖村而言，融入富平县文化旅游板块中，应充分利用自身的斩城形态和特色文化，与富平县内的其他文化景区形成差异化发展。

关注城市非传统安全——毒地

李　林
上海同济城市规划设计研究院

1 研究背景

1.1 背景与命题

新常态下，城市面临许多新问题。以毒地、雾霾为代表的城市非传统安全问题渐渐进入公众的视野。2014 年的财经杂志发表的 “毒地潜伏” 文章中，报道了大量 “有毒” 的工厂旧址土地未经修复就被开发为居住区，导致人们中毒生病的事件。根据世界银行报告，北京、武汉、成都等中国大城市近几年搬迁工厂留下的土地，有至少 1/5 是存在重污染的。毒地的污染，具有非常强的滞后性、隐蔽性，治理往往要经过 5 年、10 年，甚至几十年。超长期的修复时间，要求对待毒地的规划要区别于其他土地。

可是我国目前的规划，对于 “毒地” 问题却关注不足。而伴随着城市的扩张，大量工业用地转型开发，毒地的修复更新，成为公众的迫切需求与城市发展的重要命题。

2 国际治理经验

毒地必须经过完整修复或者搁置，这是一个国际共识。不过各国国情不同，毒地治理方法也相异。其中比较具有代表性的，当属美国与英国（图 1）。

图 1　国际治理经验

2.1 美国——法律管控

（1）活动使用限制 AUL

美国的毒地管治，主要是通过法律。美国对毒地用途进行限制的法律机制，被称为 “活动使用限制” （Activity Use Limitation，AUL），被嵌入毒地的地产转让契约中。例如将残存有一定污染的地产局限于商业或工业用途，而禁止将其作为居住或儿童日托用地使用 。

（2）划定优先治理名单（National Priorities List，NPL）

美国在毒地治理，强调的是修复治理，以《超级基金法》为代表。它规定毒地的修复程序必须经过污染危害评分系统（HRS）分级，划定《国家优先治理污染现场顺序名单》（NPL），进行修复。当修复达标后，还需进行 5 年的跟踪监测，确定稳定达标时，可将其从 NPL 中删除。

2.2 英国——公共政策指引

（1）搁置低风险的毒地

英国的毒地管治，主要是通过公共政策指引，是基于经济可行的前提开展毒地改造工作的思路。根据 2007 年的《国家毒地战略：政府建议》，英国毒地有 60% 以上是修复成本高于开发收益的 Hardcore Sites 棘手毒地。所以英国政府治理毒地的办法是，通过风险评价，标定污染场地的风险等级，对于低风险的污染场地，不必实施治理，以减轻经费压力。

（2）将土地用途规划与修复相结合

英国的毒地管治，其实是每届政府的行政政策落实的指引。像大伦敦规划 2008、2011、2015 等。规划会定义个别毒地为机遇性增长地区①，进行改造修复，来提供就业和住房。规划不是全覆盖的，不同政府不同规划中的机遇区地点会进行调整。另外，通过其规划和授权，地方政府可以将修复措施与土地未来的用途相结合，从而确保修复后的场地适合规划的用途。

2.3 中国——法定规划

中国拥有强大的中央和省级规划能力及单一的土地公有制制度，我国的毒地管治，是通过法定规划，调整土地利用性质，即从工业用地等直接调为居住为主的其他用地。目前的规划手段未能合理安排，毒地修复将长达数年甚至数十年的时间。

3 中国毒地治理的困境

3.1 法律约束真空

目前，中国对土壤污染的监管和修复并没有针对性的立法。现存的与毒地修复相关的法律文件，规定笼统，概念局限性，非强制性法规。2012 年 9 月起开始起草的《土壤污染防治法》本预计十三大会议期间公布，但至今尚未完成。

3.2 数据信息不明

中国毒地污染的长期性与复杂性，使得数据获得极为困难。由于环境数据还具有相当的敏感性，致使毒地修复成了一个 “黑匣子”：从风险评价结果、修复目标、修复进度，到环境监控信息等所有信息，一律不向公众公开。

3.3 资金杯水车薪

规范完整的毒地修复，成本非常高昂。通常概算，每亩土地的修复成本在 100 万 ~200 万元之间。据估算出全国工业污染土壤修复所需费用约为 3000 亿元左右。而按照环保部规划“十二五”期间，全国土壤修复的中央财政资金只有 300 亿元，其余由地方自筹。也即是通过地价优惠，由房产商出资修复。如株洲清水塘老工业区的整治工程，即是由政府补贴 21.5 亿，而其他近百亿的开发成本主要依赖土地出让收入。

3.4 技术二次污染

虽然可以罗列的土壤污染的修复技术很多，但实经济实用的修复技术很少。大部分开发商，就如武汉的长江明珠小区一样，采取的都是廉价快速的换掉表层毒土和地下覆盖薄膜的办法。而专家指出深层毒土可能会扩散到地面。不完整的修复，带来的是长久的安全隐患。

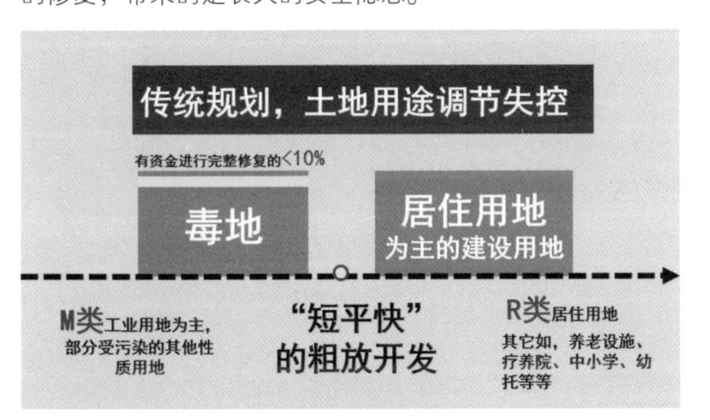

图 2　传统毒地规划示意图

3.5 传统毒地规划的问题总结

如此种种，笔者认为，我国毒地规划的问题其实是传统的这种“短平快”的规划思路——这种将毒地不加区分的通通直接调为居住等建设用地的方法，并不适应目前中国没钱、没技术对所有毒地进行完整修复的现状（图 2）。

4 新常态下的应对方法——过渡性土地利用

4.1 规划思路

传统方法已经无法解决毒地带来的非传统安全问题。要应对毒地困局，必须突破传统思维。笔者建议，应从中国的体制出发，从法定规划—— 土地利用性质的调整着手，为毒地开发设一道“闸”。使毒地不能直接开发为居住小区、养老院、学校、医院等敏感功能，而是先开发为城市公园、农田、林地以及市政、办公、商业等过渡性土地功能，即将毒地分作两类（图 3）:

限定土地利用性质，
用法定规划来约束毒地粗放开发。

管治毒地 长期低成本修复	城市绿地或 非建设用地	预备开发 用地
整治毒地 短期高成本修复	市政\商办 等非敏感用地	居住用地 等敏感用地

分类决定要素：
污染程度、修复周期、区位、政策、地价・・・

图 3　过渡性土地利用示意图

第一类，是没有足够资金、技术马上修复的毒地，作为管治毒地，长期管控，低成本修复或搁置，成为城市预备开发用地。譬如种植，向日葵、大豆、玉米等可以修复土壤的作物（这些粮食产品不能被食用，但可以作为可再生燃料），或像美国西雅图煤气厂改造，结合景观设计与废弃工业设备，打造工业遗产公园，降低了市民对该地区的心里排斥（图 4）。

图 4　美国西雅图煤气厂公园

第二类，是有特殊政策、足够资金的个别毒地，作为整治毒地。可以集中资金，以高成本的先进技术完整修复。修复达标后，第一阶段可作为商业、市政等城市设施用地开发，在 5 年的监测确认安全后，才可进行居住区、养老院、幼儿园等敏感功能开发。就如，美国利用电厂旧址的便利条件，建设太阳能设施，或者像 德国利用工厂保留建筑 开发商业综合体，同时配套体育中心、游乐园，以及阿姆斯特丹的 Van Hasseltkanaal 河岸在植物修复污染的基础上，建造架空的临时建筑－船屋，作为中小型创意企业和社会企业的办公所在地（图 5）。

图 5　Van Hasseltkanaal 河岸的船屋

5 结语

目前，我国土壤安全研究刚刚起步，各项毒地清洁技术正在定点实践。可是，毒地问题之难，仅仅依靠技术手段是无法解决的。笔者大胆提出以公共安全为出发点的规划思路，从土地性质层面入手。将毒地修复期纳入非建设用地等过渡性土地利用性质，通过法定规划的约束，为毒地赢得自主修复和符合程序的技术修复的时间，规范目前毒地开发的乱象。希望通过规划指引，给城市一个安全、放心、清洁、健康的未来。

功能新区（分区级）城市更新规划编制的探索

——以深圳龙华新区为例

胡盈盈
深圳市规划国土发展研究中心

1 城市更新的背景与形势

1.1 传统城市更新中存在的主要问题

（1）单一目标导向下的更新缺乏战略认识与整体统筹。

在地方政府要求快速出政绩的导向下注重更新短期内物质空间实体单一改造所造就的“形象工程”和“经济效益”，较少考虑关系到城市长远发展的整体功能结构调整需求，忽视城市更新目标的多元性。

（2）大规模拆建无法解决城市发展内在功能性与结构性问题。

大规模、剧烈粗暴的摧毁式拆建活动实施周期长、成本高，容易造成城市原有肌理形态、社会文脉与生态环境的破坏，无法从根本上解决城市发展由于整体机能下降引起的“功能性老化”和内部系统调适滞后而带来的“结构性衰退”问题。

（3）物质层面的更新割裂城市经济、社会与环境的有机联系。

城市更新项目规划设计中仍以传统的单一形体规划为重点，缺乏对产业布局、人口发展、土地利用、社会调查、环境保护等综合性内容的规划。

（4）以商住为主改造方向导致城市产业空间失守。

以商住房地产开发为主的改造能够较短时间内解决政府的资金问题和为开发商提供最大化的利润，大量旧工业区推倒重建为商住小区导致城市产业用地不断缩减，影响实体经济发展。

（5）确权难、拆迁难等问题严重影响更新改造的实施。

蓝图式的传统城市更新规划较少考虑影响规划可操作性的种种问题，对规划实施的机制体制研究不够，难以发挥规划对市场更新行为的调控与引导。

1.2 龙华新区：面临新区不“新”的尴尬（图1）

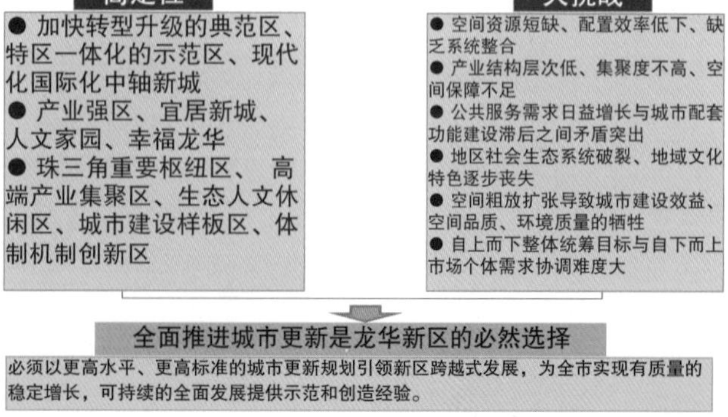

高定位

● 加快转型升级的典范区、特区一体化的示范区、现代化国际化中轴新城
● 产业强区、宜居新城、人文家园、幸福龙华
● 珠三角重要枢纽区、高端产业集聚区、生态人文休闲区、城市建设样板区、体制机制创新区

大挑战

● 空间资源短缺、配置效率低下、缺乏系统整合
● 产业结构层次低、集聚度不高、空间保障不足
● 公共服务需求日益增长与城市配套功能建设滞后之间矛盾突出
● 地区社会生态系统破裂、地域文化特色逐步丧失
● 空间粗放扩张导致城市建设效益、空间品质、环境质量的牺牲
● 自上而下整体统筹目标与自下而上市场个体需求协调难度大

全面推进城市更新是龙华新区的必然选择

必须以更高水平、更高标准的城市更新规划引领新区跨越式发展，为全市实现有质量的稳定增长，可持续的全面发展提供示范和创造经验。

图1　龙华新区面临问题分析

2 分区级城市更新规划的定位与内涵

2.1 规划定位

《龙华新区城市更新专项规划》是指导龙华新区城市更新的行动纲领，重点更新地区的指引手册，作为实施全市更新专项规划与龙华新区综合发展规划的重要组成部分(图2)。

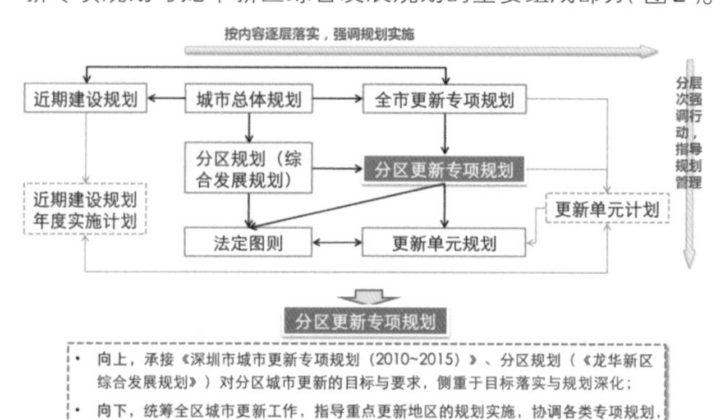

图2　分区级城市更新规划的定位分析

2.2 规划内涵

城市更新不仅仅是为了解决空间资源短缺的问题，更重要的是要依托土地的“二次开发”来满足经济、社会、环境、文化、管理等多个方面转型的要求，通过精明更新、效益更新、和谐更新、品质更新、重点更新、务实更新六大更新策略，促进龙华新区从“速度模式”换档至“质量模式”（图3）。

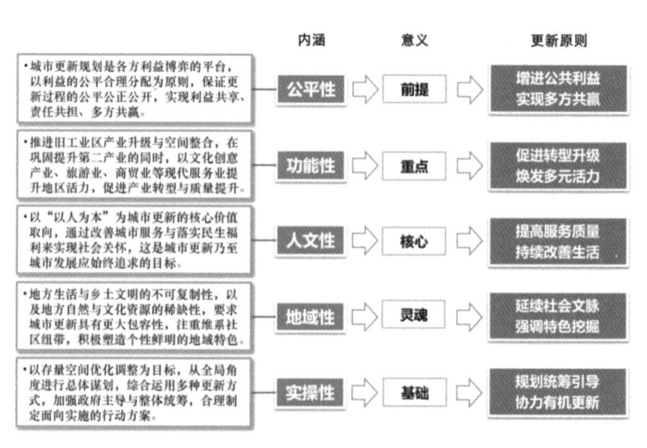

图3　分区级城市更新规划的内涵分析

3 龙华新区城市更新规划的主要特点

3.1 精明更新：差异化的更新方式

首先，在充分考虑社区城市更新诉求的基础上，对更新

对象现状建设优劣程度进行评价；其次，从“触媒”理论的视角来分析激活地区再生活力的影响因素，构建评价体系，对新区开展城市更新的地区的重要性进行识别；第三，从政府公共财政收支平衡和更新项目市场开发可行性两个方面进行经济测算，综合调校更新方式及其相应的规模、时序与空间分布；最终确定龙华新区更新对象所采取的综合整治、功能改变和拆除重建三种更新方式及其规模、分布（图4）。

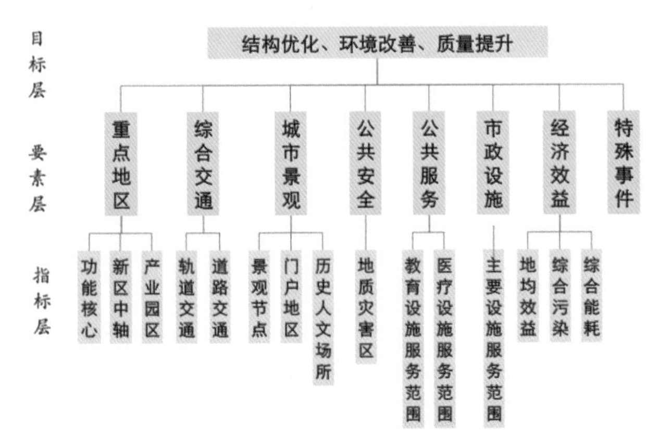

图4　龙华新区城市更新地区评价指标体系

3.2 效益更新：引导产业转型升级

一是以产业园区功能与空间“双整合、齐更新”为目标，促进产业“制造”向“智造”转变；二是腾挪置换产业空间，加快低端产业转移淘汰，通过整治升级、拆建腾挪与功能调整多种方式，进行旧工业区空间调整，严格控制“工改居”，重点支持“工改工”；三是整合优化产业布局，加快无序、零散分布的旧工业区用地整合，向功能复合的综合园区转型；四是加强生产配套服务，配建创新型产业用房，结合产业用房搭建园区公共服务平台，为产业发展和要素集聚提供条件；五是节约集约产业用地，合理制定开发容积率，加大用地投资强度。

3.3 和谐更新：增进民生福利

首先，强调城市更新贡献率。通过强制搭载建设责任的方式来保证城市公共利益落实，确保用于城市基础设施、公共服务设施或其他城市公共利益项目建设的用地大于3 000平方米且不小于拆迁范围用地面积15%，拆除类的商住更新项目需根据所处的区位、权属类型等条件配建5%~12%的保障性住房。其次，推动社区全面转型。社区经济发展上，以大项目引进与大企业入驻的方式，探索“园区改造与社区转型”互动模式，开展集体经济用地改造升级；社区组织建设上，以“新型现代社区”的创建来增进社区认同感与凝聚力，更新过程中注重社区情感的维系和文化的继承，尊重传统生活方式，保护社会生态系统（图5）。

图5　龙华新区“新型现代社区”更新与主要建设要素

3.4 品质更新：塑造城市特色

一是通过“面—线—点”三个层次的城市更新来完善新区景观体系；二是采取“北部相对成片、南部见缝插针”的方式增加城中村、旧工业区内部的绿地与活动空间，突出河流及主要生活性道路两侧的开放空间；三是结合水环境治理，恢复生态功能，结合两岸城市开发要求与人文特色，推动沿岸城区功能转型，促进“水城人”融合；四是通过历史文化的分类保护与再利用措施，协调更新保护与城市发展的关系；五是重塑城区街道风貌，推行建筑空间重构与生态化改造的“有机更新”。

3.5 重点更新：划定重点统筹片区

“重点统筹片区”在片区内指综合运用综合整治、功能改变、拆除重建等多种更新方式，鼓励开展大规模、多功能、混合式的综合性城市更新项目，探索政府主导、市场运作、社区参与等多种城市更新实施模式。从全区城市更新的必要性、紧迫性、可行性出发，按照“目标综合性、类型多样性、功能复合性、规模适度性、实施可行性”的原则，进行重点统筹片区选择与空间范围划定。在规划指引中应注重刚性与弹性相结合，为下一阶段重点统筹片区专项规划编制提供参考依据，同时还应在具体更新指标确定上需预留可调整的弹性空间（图6）。

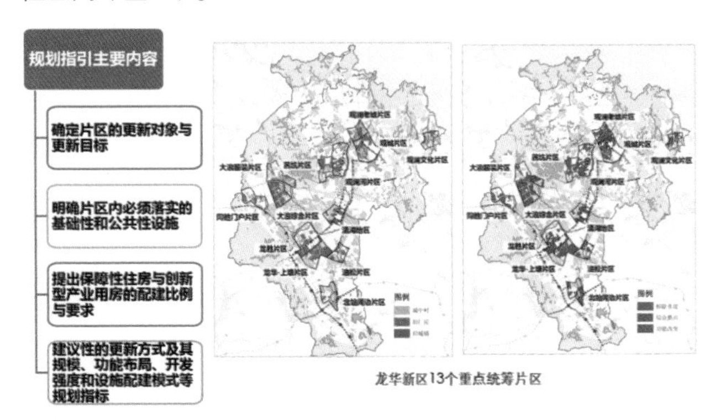

图6　龙华新区重点统筹片区划定与规划指引主要内容

3.6 务实更新：面向实施的规划保障

一是行动计划，从条、块、点三个层面系统、全面地制定龙华新区城市更新行动计划，分为专项行动、重点统筹片区行动、近期项目实施行动三大行动计划库，作为落实新区城市更新目标与策略的重要抓手；二是保障制度设计，从创新更新工作体制、健全更新组织架构、完善更新政策体系、优化更新项目管理、建设城市更新支持系统、实行更新监督考核机制等方面来制定相应的措施。

存量土地二次开发中规划编制新探索

——深圳市土地整备单元规划制度设计

游　彬
深圳市规划国土发展研究中心

1 研究背景

当前，深圳市已进入以存量土地开发利用为主的新阶段。与新增建设相比，存量用地在权利义务、收益分配、开发利用等方面存在巨大差异，且利益关系复杂、历史遗留问题众多，再以新增建设用地管理模式来推进城市开发建设，将无法解决现实问题。在此背景下，着眼于国有建成区土地二次开发的城市更新模式在深圳兴起，目前已形成相对成熟的运营管理模式。实际上，深圳尚有大量的土地掌握在原农村集体组织手上，是存量土地二次开发在重头戏。因此，借鉴城市更新的做法，探索一条针对于原农村集体土地的二次开发的新路子，是我们近期工作的重点。

2 编制情形

在过往的土地整备工作中，征地拆迁以资金补偿的方式为主，但随着城市的快速发展，土地权利人对于土地补偿要求不断提高，大多数原权益人都不再愿意接受单一的货币补偿，普遍是既要钱又要地，且对用地规划条件的要求高。另一方面，原社区合法用地较为零散，难以成片有序开发，通过规划，可以有效整合社区零散用地，使政府和社区掌控用地都易于开发。为此，配合着土地整备新模式的探索，我们开展了土地整备单元规划制度设计的研究工作。

3 编制内容

深圳市已基本实现建设用地法定图则全覆盖，土地整备单元规划的编制条件是“当土地整备单元项目的留用地位于图则未覆盖地区或留用地规划条件需对法定图则强制性内容作出调整时需编制土地整备单元规划”。为体现“保障公共利益，面向规划实施”，土地整备单元规划应遵循“公共利益优先、多方参与、利益平衡、面向实施”的原则。

其别于传统空间规划的内容，土地整备单元规划首先应确定整备的目标和策略，然后根据相关土地政策和空间规划，在协商基础上，在空间上明确政府储备用地和原权益主体留用地，即土地划分。在明确土地划分内容之后，以“两层次范围、三大类用地”为基本内容框架构建土地整备单元规划内容。“两层次范围”包括留用地范围和整备总体控制范围;“三大类用地”包括留用地，留用地范围外移交政府储备的公共基础设施用地及政府发展用地。

对于留用地的规划，编制内容及深度需符合《深圳市法定图则编制技术指引》、《深标》及其他标准、规范的要求，如留用地分多期开发的，为预留开发建设弹性，留用地单元规划可借鉴法定图则中的规划控制单元的做法，只需提出建筑规模、配套设施、综合交通、空间管制等内容，其具体地块划分、用地功能及布局、容积率等指标通过下阶段详细规划确定（图 1）。

图 1　留用地规划示意图

对于总体控制范围，如因留用地规划对范围的城市“五线”及公共基础设施需做出落实或优化调整，也需一并按照控规的编制要求对涉及的相关内容进行明确规定（图 2）。另外，对于政府发展用地，仅对其提出规划的指引性要求。

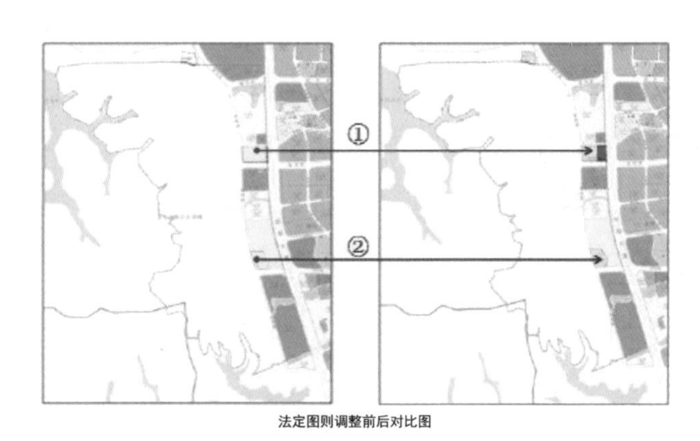

法定图则调整前后对比图

图 2　留用地的规划条件改变带来公共基础设施的调整示意图

其别于传统的控规，土地整备单元规划还应包括资金补偿、综合效益评估和实施措施等体现利益分配和实施导向的内容。

从规划编制内容来看，控制性详细规划所需达到刚性控制的内容基本在土地整备单元规划编制内容中均有涉及；规划编制成果的构成除了法定图则规定的一般文件之外，增加了《利益协调报告》，将利益协调的过程以报告的形式作为规划的技术文件成果之一（图3）。

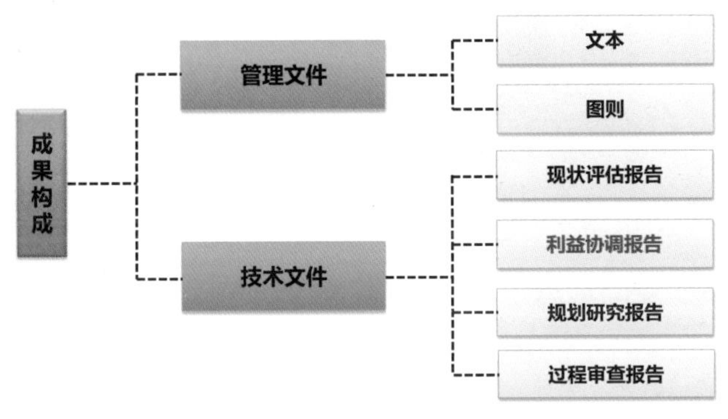

图3 土地整备单元规划的成果构成

深圳市目前实行“规划一张图”管理，土地整备单元规划的留用地以及涉及的公共基础设施优化调整的内容都达到了法定图则的规划深度，因此，经批准的土地整备单元规划可以顺利地纳入到“规划一张图”管理，作为用地审批管理的依据。为了与《控制性详细规划管理办法》相衔接，建议土地整备单元规划由市政府审批，但其主要的审批程序与法定图则现行程序基本保持一致（图4）。

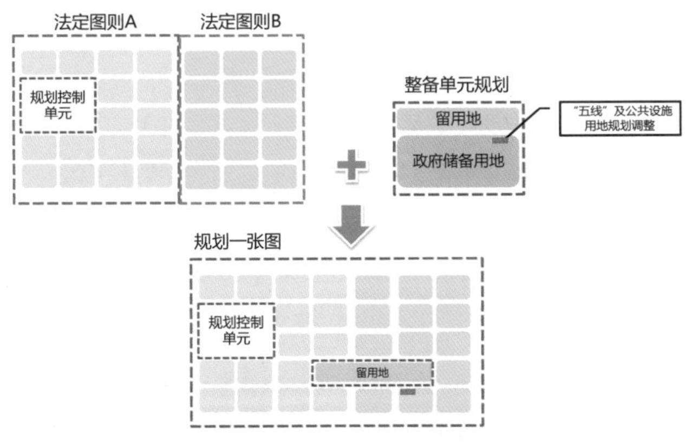

图4 土地整备单元规划与法定图则衔接示意图

4 编制程序

（1）组织编制

土地整备单元规划由主管部门、区政府或者主管部门和区政府联合编制。

（2）编制单位

土地整备单元规划编制须由具备乙级及以上规划设计资质的规划编制单位承担。

（3）报送审批

土地整备单元规划报市政府审批。

5 思考

（1）为什么需要编制土地整备单元规划而不开展法定图则修编?

首先，土地整备单元规划除了解决规划的问题，还解决了土地问题；其次，土地整备单元规划与土地整备实施方案作为一个整体，是利益分配的有机组成部分；最后，除了满足规划的技术要求，还满足了协商的要求。这些都是传统的法定规划所不能解决的问题。

（2）如何防止“点”的超负荷倒逼规划，影响公共利益保障?

首先，对留用地和整备总体控制范围的公共基础设施同步开展规划，有效解决留用地规划调整产生的“超负荷”；其次，需要编制土地整备单元规划的项目数量有限，而且土地整备由政府主导，没有来自市场压力，如果觉得土地权利人要求超出合理要求，可以暂缓开展规划的编制工作。

历史地段更新改造规划实践

——以佛山市祖庙东华里片区控制性详细规划为例

李洪斌　谢南雄
广州市城市规划勘测设计研究院

1 规划背景

祖庙东华里片区，处于佛山老城的核心位置，用地规模约为 87 公顷。片区内有 22 处历史文物，其中包括祖庙和东华里两处国家级历史文物。片区内保存下来的明清历史建筑与街巷、民居群在佛山是首屈一指的，祖庙、东华里建筑群更是岭南建筑的典范。面对地铁、商业、旅游等多种发展动力条件，破除冻结式保护，促进地区功能环境提升成为重要的议题，如何处理好保护与更新的关系是本次规划的关键所在。

2 规划构思

（1）保护历史，弘扬文化——形成地区特色吸引力

保护已入册的文物建筑、历史建筑、街巷和街区的传统风貌，发掘其潜在的物质与非物质的历史文化价值，形成富有文化特色和吸引力的“核心”。

（2）改善交通，重构街区——提升地区生活质量

完善本区的城市空间结构，调整本区对外与内部的交通网络，提高城市公共生活与居住的质量，适应不断发展的现代城市生活需求。

（3）更新环境，吸引人气——重塑地区竞争力

优化提升用地功能，引导公共生活环境的更新与城市功能的重组，展现城市文化内涵与底蕴特色，提升祖庙东华里片区的综合竞争力。

3 主要内容

3.1 功能定位

融合岭南民俗文化、禅城时代特色和现代商业文明，辐射珠三角，影响华南地区的集文化、旅游、居住、商业为一体的综合街区，成为佛山的城市中心和城市标志。

3.2 功能布局

以祖庙东华里为公共生活核心，形成西商东居的总体格局。街区核心保留传统生活空间，围绕祖庙、东华里历史建筑群打造佛山历史文化博物馆，地铁沿线发展现代城市功能（图1）。

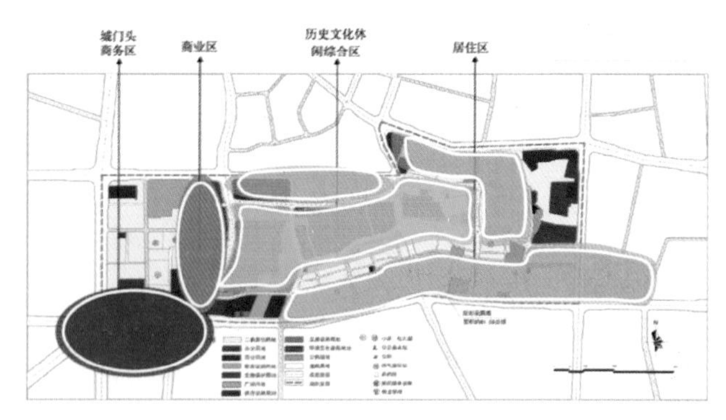

图 1　祖庙东华里片区功能布局

3.3 空间形态

强化城市的文化标志与窗口形象，规划建设包括祖庙公园、岭南新天地、东华里民俗博览园在内三大岭南特色风情地区。建筑高度由历史风貌核心向周围渐高；形成动人的历史文化河谷，塑造具有佛山特色的岭南商业中心区新形象。

3.4 交通系统

规划延续传统的街巷空间格局和步行交通方式，保留传统风貌区内原有传统街巷；大力提高公共交通的使用比例，适当限制小汽车的使用，提供适量停车泊位，满足基本停车需求，并考虑路网实际容量限制（图2）。

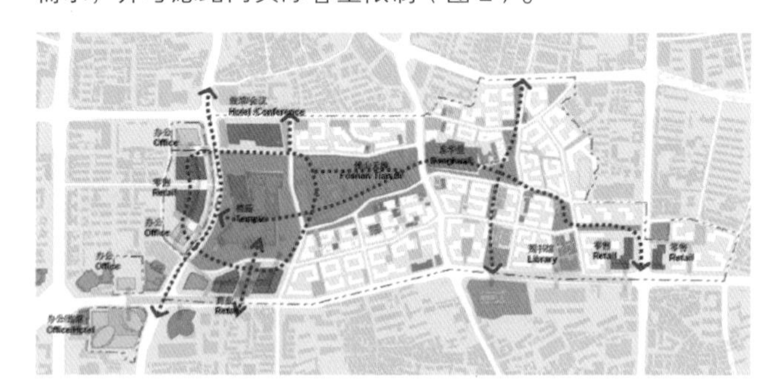

图 2　祖庙东华里片区交通系统

3.5 居住及公共服务设施

规划依据所处地段具体的功能特征和环境特点，在基本定位、建设标准、公建配套等方面体现出不同的特征。公共服务设施涵盖居住生活服务、城市公共服务和旅游配套设施三大类，为未来居民生活、城市旅游提供完善配套。

3.6 历史文化保护

规划在对片区内历史文化资源地毯式摸查与深入分析的基础上，深化、优化了总规对片区历史文化保护的要求，对

片区内文物建筑划定了严格的保护界线，同时对片区的历史建筑、街巷保留与更新进行了详细的规定；形成了片区历史风貌控制的法定框架。

3.7 旅游规划与策划

规划保存传统居住、商业功能并拓展旅游功能，在严格保护历史文化遗产的前提下，充分发掘祖庙、东华里等历史遗迹的人文价值，结合北帝巡游、李宗胜如意酒、文会里嫁娶等地方文化、民俗等非物质文化遗产发展城市文化休闲体验旅游产业。

4 规划特色

（1）规划创造性的提出历史文化河谷概念，与老城的整体保护发展衔接互动

规划打造东西连贯、南北渗透的“祖庙—简氏别墅—文明里—文会里—长生树—东华里—石路巷民居群”，直至兆祥黄公祠的历史文化河谷，将片区与更大范围内的老城联系起来，打造集节庆、休闲、体验三位一体的旅游胜地。落实老城保护发展要求，同时将地区产业、交通、空间环境等策略反馈到老城更新保护战略当中，使局部地区的更新改造与城市总体发展战略形成良好的衔接与互动。

（2）转移开发权，确定理想保护开发框架

规划运用 Arc GIS、MapInfo 技术，对现状建筑信息进行梳理，评定建筑价值，明确更新保留区与拆除重建区。更新保留区采用历史文化保护展示及商业化开发结合，为历史保护、文化传承提供场所载体；拆除重建区进行地块功能升级重组，沿地铁沿线高强度的商住开发，将开发权转移；为历史保护提供“空间容量”和经济支撑。

（3）分类保护、分区控制，明确岭南历史文化特色街区开发控制要素及体系

规划确定“传统街区—街巷—文物—历史建筑”四类的保护保护对象。对街区建立“历史风貌核心保护区、历史风貌建设控制区及风貌协调区”三级建设控制体系（图3）；对保留街巷进行个数、尺度和长度控制；对文物进行“保护范围和建控地带”两级控制指引。对历史建筑进行登记，同时建筑密度、街坊肌理及绿化等物质要素提出明确的保护要求。

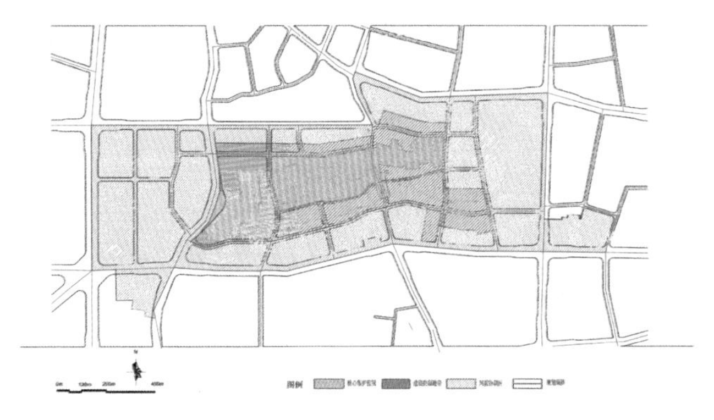

图3　祖庙东华里片区分区控制示意图

（4）运用重要视线保护及限高策略，创造“历史天空”

通过对祖庙戏台、东华里巷等重要空间视线分析，确定视线保护范围内建筑物建设高度控制，保证重要视线范围内历史环境的原真性及周边景观的协调性，恢复“历史天空”。对城市公共空间、城市景观风貌结构、视线走廊、沿街立面控制、建筑轮廓线控制、建筑风格和色彩控制等方面提出具体控制内容和要求。

（5）形象化的图则管理指引，从“指标管理”向“空间管理”转变

创新控规图则的形式与内容，加入城市设计平面指引，将包括用地与建筑布局、公共空间、市政公用设施布局、三维空间效果等全部专项规划在一张修建性详细规划深度的总平面图纸上表达，使管理更加直观明晰，达到重要地区“空间管理、强化引导”的特色效果，使实施效果与规划目标相对于传统规划控制方式更为吻合。

（6）建立“特别论证制度”，加强规划动态管理。

为了贯彻规划成果对地区建设的根本性指引作用，加强对规划地区建设情况变化的应对，促进城市规划的顺利实施；规划建立以“佛山市城市规划委员会建筑与景观专业技术委员会”主体的特别论证制度，对本片区内的规划局部调整以及建设活动申请和方案等组织论证。

5 实施情况

经过四十几轮的会议讨论，2008 年 6 月规划成果通过佛山市规划委员会审查，由佛山市人民政府批准实施。规划自批准实施以来，对祖庙东华里片区的的城市建设与管理发挥了重要指引作用。目前，规划范围内已完成全部拆迁安置；祖庙公园、岭南新天地一期已建成，社会反响很好，深得民心。

城市旧住区人地矛盾成因初探

——以西安振兴路居住地段为例

刘　展
陕西省城乡规划设计研究院

1 引言

城市旧住区是指城市中具有一定历史年代，住宅建筑、公共配套设施和住区外部环境需要更新改造的住区。在城市旧住区改造的种种矛盾之中，人地矛盾的问题尤为突出。

2 西安振兴路居住地段现状认知

西安振兴路居住地段位于西安市碑林区南门外南关正街西侧，总占地面积约 57.9 公顷，地块的现状容积率为 3.2，建筑密度为 52.4%，现状居民约 5.1 万余人。

2.1 现状问题分析

西安振兴路居住地段以二类居住用地为主，此外还包括以兰州军区西安朱雀路干休所为主的一类居住用地和四处城中村、棚户区为主的三类居住用地。由于初期设计缺陷和后期加建等原因，多数住宅存在日照不足的问题，住宅用地被私人围挡占用的现象较多。从住宅建设来看，西安振兴路居住地段住宅建造年代跨度较大，住宅类型以多层与中高层为主。其中多层住宅的结构尚较为完好，但日照间距不足、配套设施缺乏、公共空间不足、居住环境质量低下，已不能适应当前居民的需要。地段内的高层建筑多为 21 世纪初建设的单位自建房与改造安置商品住宅，以零散的布局方式穿插于基地内部。

2.2 现状问题引发的人地矛盾

振兴路居住地段人地矛盾问题主要体现在过度饱和的居住人口与住区公共空间的缺失之间的冲突。

3 人地矛盾成因剖析

3.1 历史欠账——初期开发缺乏整体引导

历史的建设欠账，对于住区居民户外活动空间的忽视，导致了住区公共空间的缺失。1980 年代末期，为了配合西安在这一时期的城墙内的城市拆旧改新，而建设安置住区。这一时期的住区建设主要考虑住宅建设量，重视住宅的数量，忽视了居住的品质。在保证基本的住宅消防、日照等前提下，对于住区的居民活动空间的营造与建设缺乏考虑。

3.2 后期改造——见缝插针式的建设模式

导致振兴路居住地段公共活动空间缺乏的另一重要原因在于后期的住宅，尤其是高层住宅，它们零星地插建在地块内，这些住宅项目往往对周边的住宅环境缺乏考虑，与周边住宅环境格格不入，大多数都占用、吞噬了本应是住区中的居民活动空间。

3.3 用地破碎——复杂用地权属的割裂

居住地段的用地还存在空间割裂的问题。导致这个问题的一大原因是用地权属复杂造成的地块分割：房管部门统一建设的公房、不同企事业单位建设的单位住房以及后期开发的商品住房同时存在。在不同的用地权属下，大家“分疆而治”，形成了多个封闭小区（图 1）。

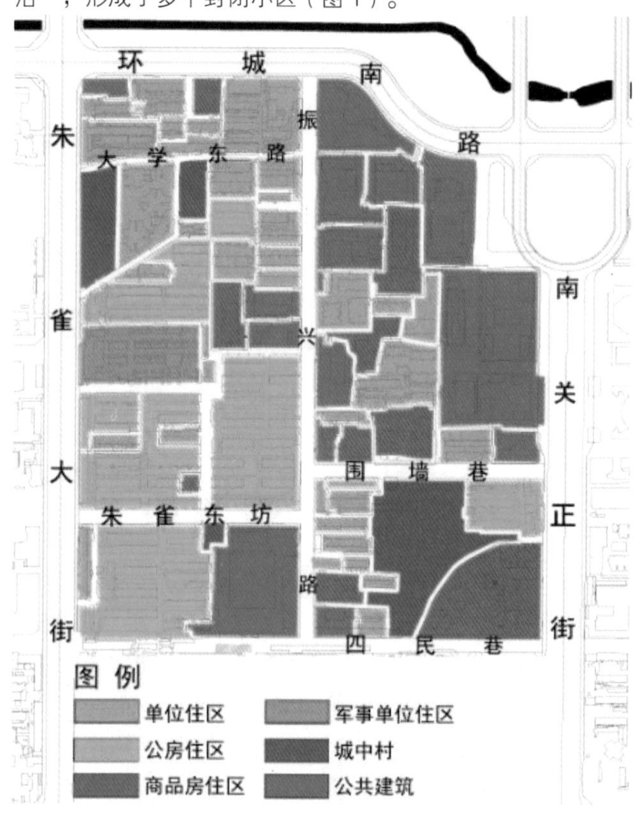

图 1　地块内的用地权属分割图

3.4 私搭乱建——后期管理的无力与缺失

在长期的发展过程中，居住地段内的私搭乱建现象普遍存在。私搭乱建建筑部分是住宅楼之间的自行车停车棚；部分为占用消防通道建设的餐饮店（图 2）；还有一部分是居民自己搭建的堆放杂货的储物棚。这些私搭乱建的建筑虽然短期内方便了部分居民，但是占用了住区居民活动以及绿化空间，甚至阻塞了消防通道，给大家的利益造成了损害，而且给消防带来了隐患。

另一方面，很多底层的住户占用了住宅楼之间的空间（图3）。这些底层的住户，有的在底层向外突出的地方加建了入户棚，在里面放置蜂窝煤等杂物，或者作为餐厅使用。

图2　自由市场占用住区空间

图3　底层住户占用宅间绿地

3.5 密度激增——低收入人群的聚集

振兴路地段内较低的生活成本，吸引了城市中的低收入人群。地段内的常住人口过于饱和，也是导致旧住区内人地矛盾凸显的又一重要因素。由于振兴路居住地段位于西安城市核心地段，周边公共交通便利。同时，虽然居住地段内的公共服务设施品质相对新住区较差，但整体生活环境已较为成熟和完备，便捷也成为吸引求租者的原因。良好的城市地理区位、较低的房屋租金、成熟的公共服务设施、便捷的城市交通等，这些都成为城市中低收入人群趋之若鹜，争相租住于此的原因。这样就不难理解振兴路居住地段，为何在如此优越的经济和区位条件下，能够以较低的居住生活成本，承载如此密集的居住人群。

4 结语

西安振兴路居住地段仅是众多旧住区改造项目中的一个，具有一定的代表性，通过剖析其人地矛盾的成因，以人地矛盾问题为切入点凸显规划实施和建设管理在更新改造中的重要作用，并反映了一定的社会现象，为后期城市旧住区的更新改造提供启示和思考。

最后，笔者就城市旧住区的更新改造提出些许建议和思考：

（1）从整体控制、合理规划的角度，整合现有的土地资源，妥善解决土地权属问题，高效集约地发挥土地效能，挖掘土地利用的潜力。对于旧住区住宅的投放量应当加以控制，避免见缝插针式的改造开发模式，从整体宏观上调配居住地段内的用地资源，对旧住区进行“见缝插绿”式的改造，提高绿化环境质量，改善原有的居住环境。

（2）梳理用地内的道路交通网络，合理组织公共交通，为居民的日常出行提供便利。

（3）对于改造后的旧住区实行统一的物业管理，保障居住生活的环境质量以及居民的居住安全。

（4）对于改造过程中居民安置问题应当慎重考虑，合理控制新增商品住宅数量，避免人口的二次激增。合理控制住区的人口密度，以保证居住系统的健康运行，为居民提供良好的居住生活体验。

病一下，更美好

——城中村存续前提下的转型兼论

张　玉　陈　青　韩　冰
河南省城乡规划设计研究总院

城市是人类文明的结晶。美国现代哲学家路易斯•芒福德说过："城市是一种特殊的构造，这种构造致密而紧凑，专门用来流传人类文明的成果。"

城市兼收并蓄、包罗万象、不断更新的特性，促进了人类社会秩序的完善。

不可否认的是，在城市飞速发展的今天，人们的城市生活也越来越面临一系列挑战：高密度的城市生活模式不免引发空间冲突、文化摩擦、资源短缺和环境污染。

城中村就是隐藏在城市光环下，不愿向世人展现的黑点，但真的是这样吗？

1 "城中村"的浅层含义及其本质

"城中村"具有"双重特性"，是城缘自然村落被城建用地所包围，耕地被征用后，在城市经济迅猛发展、流动人口涌入、城乡二元的社会经济制度等背景下所形成的以出租经济（出租屋及集体物业）为支撑的"原住村落社会"及以流动人口为居住主体的低收入聚居社区。城市政府主导的"城中村"改造是基于其所引发的种种问题来进行的，认为通过"物质性手段"（吴晓，吴明伟，2002）可以解决，但却没有认识到"城中村"作为流动人口低收入聚居区的"第二重特性"，以及在我国城市化背景下城市流动人口聚居区存在的必然性。倘若"城中村"改造把"低收入者赶出他们自己的家门，却没有让他们在别的地方得到像样的住房，这种治病的办法比疾病本身还恶劣"（戴维•波普诺，1999）。

2 郑州城中村改造发展历程

西安振兴路居住地段位于西安市碑林区南门外南关正街西侧，总占地面积约 57.9 公顷，地块的现状容积率为 3.2，建筑密度为 52.4%，现状居民约 5.1 万余人。

2.1 起步摸索一波三折

2003 年 9 月 30 日，《郑州市城中村改造规定（试行）》（"32 号文"）正式发布，郑州市城中村改造正式启动。地处金水区庙李镇的西史赵村，打响了郑州城中村改造的第一枪，标志着郑州市城中村改造破冰（图 1）。

图 1　西史赵村改造后

2.2 提速

2007 年 6 月 12 日，酝酿已久的"103 号文件"终于出炉，郑州市城中村改造的大潮开始蔓延、扩散。

现代化社区、大型商业中心、超豪华五星级酒店，这些优质设施有力提升了项目所属区域的形象，也为广大市民提供了居住、购物、休闲、观光的场所（图 2）。

图 2　改造中涌现大量商业中心示意图

2.3 调整

放缓步伐走向理性，2009 年 3 月，第二届"中国城中村改造高峰论坛"在郑州召开，郑州市政府向外界透露：2009 年，除了一些重点项目沿线涉及的城中村外，郑州暂不批准其他城中村改造项目，先"消化"现有批准项目，推进安置房建设（图 3）。

图 3　改造中建设安置房示意图

2.4 冲刺

2012 年 7 月，郑州市政府批准 20 个城中村进行改造，这是郑州近年来单次批准城中村改造数量最多的一次，也标志着郑州市新一轮城中村改造全面提速。8 月份，省委常委、郑州市委书记吴天君在郑州市新型城镇化合村并城工作现场会上指出，郑州市将加快撤村并城和城中村改造步伐，力争三年内全部完成。

2013 年，老鸦陈、陈寨等“重量级”城中村先后传出改造消息，郑州城中村改造进入冲刺阶段。

3 郑州城中村改造存在问题

3.1 新的城中村此起彼伏

郑州每一个阶段的城中村改造，在抬高容积率，构建出彩的城市形象的同时，背后都存在驱逐低收入居民的现象。对于低收入群体的忽略，造成新的城中村的涌现。

3.2 二次元市民

征收土地时，基本采用的是以货币及房屋的方式给予补偿，以货币来置换土地。他们的文化水平不高，对于城市的生活环境的适应不足，失去土地后的生存依赖丧失。

3.3 混乱城市

“城中村”是“有根的”，具有“空间固着性”。“城中村”是一个以血缘、亲缘、宗缘、地缘、民间信仰、乡规民约等深层社会关系网络构架的村落乡土社会生活共同体，具有内聚性的血脉传承和对村落旧址的历史归属感。

城中村推倒重建的模式，造成城市特色被掩埋。

4 解决措施

4.1 政府主导的“城中村”改造目的的重新定位

城中村改造应以改善村内的村民，尤其是庞大的流动人口的居住环境，提高其生活质量，同时间接地为周边市民提供健康的社会气氛。但如果城市政府想通过“城中村”改造获取其优越区位，谋求这种区位所能衍生的巨额经济利益的话，就等于断绝了“城中村”的经济之源，同时对基于血缘、亲缘、宗缘、地缘的传统乡土社会造成了巨大的冲击。

4.2 “原位改造低收入廉租住房社区”的改造思路

实行“原位改造”，尤其对位于中心城区的“城中村”，应通过改变其物质空间模式，最终构建保证“城中村”村民及集体物业收益来源的空间系统，其关键是继续让其发挥为低收入流动人口提供住房的功能。

在资金来源方面，应放弃“补偿”这种运作模式，因为原位改造仅仅是物质空间的调整，不改变其出租屋和集体物业经济，政府只是担当管理者的角色，既不谋其区位，也不谋其利益，因而“补偿”是不必要的。

城市棕地改造中的色彩规划研究

——以宁波甬江北岸棕地为例

毛　颖
上海复旦规划建筑设计研究院

1 城市棕地改造的背景解析

棕地的产生是缘于城市外围扩展和城市内部重构共同作用的形态变化，城市空间的变化主要源于退“二”进“三”的经济结构的转变，同时城市空间的扩张，挑战了城市中的传统工业区，产生一系列工业衰退、功能置换、空间更新的问题。随着盘活存量用地举措的提出，对城市棕地改造的关注日益凸显。

2 城市棕地色彩更新必要性

2.1 城市色彩直观传达城市形象

城市色彩是城市视觉景观形象最为直观的部分，同时也最能直接的感受到城市文化、气质的部分。城市色彩规划的核心也是凸显城市文化特色、功能布局、风貌形象，而特色与个性是植根于城市历史脉络之中，需要从城市整体人文环境与物理环境之中梳理出城市色彩与文化之间的关系，进一步促进城市色彩与形象营造的互动。

2.2 工业遗址承载城市文化基因

在棕地改造中，为了不完全割裂城市工业文化的特征，首要考虑的即工业遗址的再利用，目前多采用的模式有：原址保留、商业商务文化功能的置换、主题文化场馆式的原址改造、就地景观化的组织重构等。通过完整或解构的的工业建筑物、构筑物、零件来展现某个特定时代的工业文明之美，并从工业遗址之中提取元素运用于周边现代建筑的构筑之中，以其获得棕地改造区整体和谐，而从色彩搭配的角度进行调和最为有效。

2.3 色彩更新高效展现改造力度

利用色彩对建筑表皮进行整体规划与更新是改造设计中比较容易展开并实施的方式，利用视觉对色彩的敏感感知度，高效的展现改造力度。而在城市棕地的改造之中，往往新建量大于改造量，色彩的先行规划可以从视觉景观形象的营造上维持整体的和谐。

2.4 建筑色彩搭配提升空间品质

建筑色彩、形态和功能共同作用于空间品质的营造以及建筑情感的传递，而公共活动空间的品质营造更多依赖于建筑空间的组织而不是单体建筑，在致力于追求高品质高内涵的公共空间的需求中，建筑色彩搭配最为直观形象。另外，在城市色彩的规划当中，色彩除了具有艺术性、情感性，还具有功能性、引导性。

3 宁波甬江北岸棕地的探索

宁波甬江北岸棕地研究范围位于三江口核心片区的东北部，总用地面积约为 2 平方公里。现状基地内建筑以工业仓储和居住功能为主，建筑质量偏低，棕地改造目标为城市新风尚区，用地功能以商业商务居住为主，展现多元、活力、质感和现代的色彩意象。

3.1 色彩控制标准

为了便于色彩规划的实施管理和监察，必须对颜色进行量化管理，本规划选用蒙赛尔色彩标准对城市色彩进行量化，采用颜色立体上的色相、明度和彩度这三项坐标来标定，并给以量化的标号，色彩三要素的等级划分（图 1）。

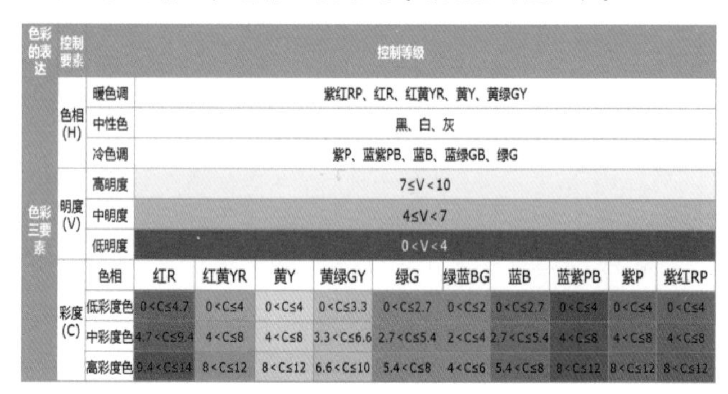

色彩的表达	控制要素		控制等级									
色彩三要素	色相(H)	暖色调	紫红RP、红R、红黄YR、黄Y、黄绿GY									
		中性色	黑、白、灰									
		冷色调	紫P、蓝紫PB、蓝B、蓝绿GB、绿G									
	明度(V)	高明度	7≤V<10									
		中明度	4≤V<7									
		低明度	0<V<4									
	彩度(C)	色相	红R	红黄YR	黄Y	黄绿GY	绿G	绿蓝BG	蓝B	蓝紫PB	紫P	紫红RP
		低彩度色	0<C≤4.7	0<C≤4	0<C≤4	0<C≤3.3	0<C≤2.7	0<C≤2	0<C≤2.7	0<C≤4	0<C≤4	0<C≤4
		中彩度色	4.7<C≤9.4	4<C≤8	4<C≤8	3.3<C≤6.6	2.7<C≤5.4	2<C≤4	2.7<C≤5.4	4<C≤8	4<C≤8	4<C≤8
		高彩度色	9.4<C≤14	8<C≤12	8<C≤12	6.6<C≤10	5.4<C≤8	4<C≤6	5.4<C≤8	8<C≤12	8<C≤12	8<C≤12

图 1 色彩三要素控制等级划分

建筑单体立面根据色彩应用面积大小划分为主色调（60%~70%）、辅色调（20%~30%）以及点缀色（5%~10%）。在色彩规划中需要严格控制主色调和辅色调，点缀色仅供参考，在使用上仅供参考，同时需要指导色彩搭配形式。

3.2 整体色彩定位

规划基地所处区位为江北片区核心区的扩展部分，现状整体色彩受建筑功能与质量影响，呈现统一的中低明度的灰调，规划为城区甬江段色彩最为丰富的地段，综合考量本轮研究定位为“墨染甬源 • 彩彰水埠”，色彩上需要注重冷暖调和，倾向以中高明度为主、长调搭配。

“墨”代表传统与秩序，以冷色调为主旋律；

“彩”代表时代感与活力、以冷暖色调混合状态存在。

3.3 工业遗址利用

参考已建成的甬江南岸的和丰创意广场、宁波书城对工业遗址的再利用模式，保留少量独栋建筑、利用特色装置做景观化处理、更新甬江岸边颜色明快的起吊装置以及旧码头。利用工业遗址提取色彩基因，便于色谱的构建。

3.4 特色色谱构建

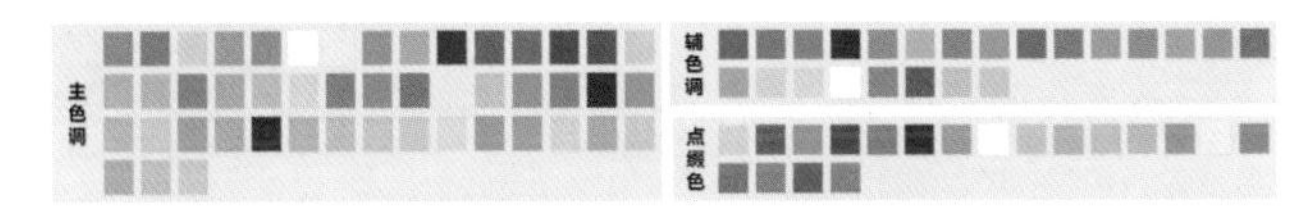

图 2　三江片区现状色谱总结

基地特色色谱的构建主要结合传统建材色谱、现状调研墙面色谱、城市色彩和谐度经验值以及居民意愿调查四个要素综合考量（图 2）。难点在于微观思维与宏观思维的切换。在实际建筑中，将与周边环境对比强烈的色彩范围列为建筑色彩的禁用色谱（具有警示和标志作用的构筑物除外）（图 3），明确色彩选择的底线，进一步选用与周边环境较为和谐的颜色作为推荐通用色谱（图 4）。

色相（H）	明度(V)/彩度（C）		色彩示意	
黄绿GY	中明高彩 4≤V≤7/6.6＜C≤10	低明低彩 0＜V＜4/0＜C≤3.3	7.5GY 4/7	7.5GY 1/3
紫红RP	中明高彩 4≤V≤7/8＜C≤12	低明低彩 0＜V＜4/0＜C≤4	5RP 4/12	7.5RP 1.5/3
红R	中明高彩 4≤V≤7/9.4＜C≤14	低明低彩 0＜V＜4/0＜C≤4.7	10R 6/7	5R 1/2
黄红YR	中明高彩 4≤V≤7/8＜C≤12	低明低彩 0＜V＜4/0＜C≤4	10YR 5/6	2.5YR 1/2
黄Y	中明高彩 4≤V≤7/8＜C≤12	低明低彩 0＜V＜4/0＜C≤4	5Y 6/9	2.5Y 1/2
无彩N	低明 0＜V＜4		N2.5	N1
蓝B	中明高彩 4≤V≤7/5.4＜C≤8	低明低彩 0＜V＜4/0＜C≤2.7	7.5B 5/8	5B 1/2.7
蓝紫PB	中明高彩 4≤V≤7/8＜C≤12	低明低彩 0＜V＜4/0＜C≤4	7.5PB 4/9	10PB 1/3
紫P	中明高彩 4≤V≤7/8＜C≤12	低明低彩 0＜V＜4/0＜C≤4	7.5P 4/12	10P 1/3
绿G	中明高彩 4≤V≤7/5.4＜C≤8	低明低彩 0＜V＜4/0＜C≤2.7	7.5G 4/6	7.5G 1/2.7
蓝绿GB	中明高彩 4≤V≤7/4＜C≤6	低明低彩 0＜V＜4/0＜C≤2	10GB 4/6	7.5GB 2/1

图 3　建筑色彩禁用色谱选择范围

色相	建筑主色调标准色彩选择（中高明度/低彩度）					
红R	[illegible]	[illegible]	[illegible]	[illegible]	[illegible]	[illegible]
黄红YR	[illegible]	[illegible]	[illegible]	[illegible]	[illegible]	[illegible]
黄Y	[illegible]	[illegible]	[illegible]	[illegible]	[illegible]	[illegible]
无彩N	[illegible]	[illegible]	[illegible]	[illegible]	[illegible]	[illegible]
蓝B	[illegible]	[illegible]	[illegible]	[illegible]	[illegible]	[illegible]
蓝紫PB	[illegible]	[illegible]	[illegible]	[illegible]	[illegible]	[illegible]
蓝绿BG	[illegible]	[illegible]	[illegible]	[illegible]	[illegible]	[illegible]

色相	建筑辅色调标准色彩选择（中高明度/中低彩度）				
黄绿GY	[illegible]	[illegible]	[illegible]	[illegible]	[illegible]
紫红RP	[illegible]	[illegible]	[illegible]	[illegible]	[illegible]
红R	[illegible]	[illegible]	[illegible]	[illegible]	[illegible]
黄红YR	[illegible]	[illegible]	[illegible]	[illegible]	[illegible]
黄Y	[illegible]	[illegible]	[illegible]	[illegible]	[illegible]
无彩N	[illegible]	[illegible]	[illegible]	[illegible]	[illegible]
蓝B	[illegible]	[illegible]	[illegible]	[illegible]	[illegible]
蓝紫PB	[illegible]	[illegible]	[illegible]	[illegible]	[illegible]
蓝绿BG	[illegible]	[illegible]	[illegible]	[illegible]	[illegible]
紫P	[illegible]	[illegible]	[illegible]	[illegible]	[illegible]
绿G	[illegible]	[illegible]	[illegible]	[illegible]	[illegible]

色相	建筑点缀色标准色彩选择（明度不限/中低彩度）			
黄绿GY	[illegible]	[illegible]	[illegible]	[illegible]
紫红RP	[illegible]	[illegible]	[illegible]	[illegible]
红R	[illegible]	[illegible]	[illegible]	[illegible]
黄红YR	[illegible]	[illegible]	[illegible]	[illegible]
黄Y	[illegible]	[illegible]	[illegible]	[illegible]
无彩N	[illegible]	[illegible]	[illegible]	[illegible]
蓝B	[illegible]	[illegible]	[illegible]	[illegible]
蓝紫PB	[illegible]	[illegible]	[illegible]	[illegible]
蓝绿BG	[illegible]	[illegible]	[illegible]	[illegible]
紫P	[illegible]	[illegible]	[illegible]	[illegible]
绿G	[illegible]	[illegible]	[illegible]	[illegible]

图 4　建筑色彩推荐通用色谱

3.5 色彩规划体系

色彩规划可以采用分类、分段、分层、分级、分区等等管控形式。推荐依据建筑功能对建筑色彩进行控制，控制级别具有一定弹性，并根据控规及相关规划，考虑基地空间发展布局，确定基地内重要标志物及重要形象界面，对重要标志物及重要形象界面进行色彩细化的量化控制，控制级别是需要严格控制。难点在于在整体协调的色谱指导下如何体现片区特色。本规划基地内主要采用分类、分层和分级的管控模式：按建筑功能进行色彩分类控制、滨江界面的分层控制以及重要建筑物的细化管控。

3.6 色彩管理建议

城市色彩规划与城市规划类似，是一个动态规划和管理的过程，受自然因素或人为因素的影响，抑或是社会风尚的改变，都会对城市色彩产生影响，因此不论是建成区、更新区还是新建区都需要分级分层的对城市色彩进行管理和规划，在管控过程中，还需要关注层级优先级问题。在控规阶段涉入，编入技术管理文件是最有效的管控手段。建议规划管理部门为具体地块设计提供色彩管理条件，设计方提供色彩搭配方案，竣工验收检验。

4 研究的适用性和可推广性

色彩规划是营造城市形象与提升城市品质一是行之有效的手段，将色彩规划运用于城市棕地改造，是城市形象工程建设的首要环节，关注建筑色彩与城市文化的互动关系，以城市色彩的塑造为抓手体现文脉的延续性，并在城市存量用地的更新中加以运用，其中，应着重把控城市历史空间的重塑以及城市与生态环境的互动关系。

应对绅士化现象，保障社会公正

——以波士顿科德曼社区为例

张博钰
上海同济城市规划设计研究院

1 绅士化研究及其社会意义

1.1 概念

绅士化（Gentrification）由英国社会学家 Glass 在 1963 年提出，是指在城市更新中出现的，一个旧区从原本聚集低收入人士，到重建后地价及租金上升，引致较高收入人士迁入，并取代原有低收入者。显著特征是对现有旧房屋的修缮和城市中产阶级及以上阶层对低收入阶层的取代，也是阶级差异与社会不平等在居住空间上的体现。

1.2 绅士化带来的社会问题

绅士化确实对社会的发展起到一定的推动作用：①改善了城市建成环境，被绅士化的区域通常一改从前破旧不堪的景象，变成了环境优雅、外观美丽的“高大上”地区；②拉动了城市经济的增长，扩大固定资产的再投资，刺激消费，促进资金流动；③促进城市产业调整，为满足高收入阶层的消费需求，更多相关产业进驻，加快了周边旅游业、服务业等第三产业的发展。

同时，绅士化也带来了一系列不可逆转的负面影响，一方面，社会阶层居住空间分异，贫富差距更加明显，穷人区与富人区也一目了然，违反了城市规划倡导公平效益的准则；另一方面，关系网络破坏，文化脉络切断，不利于社会网络结构的维系和无形文化遗产的传承。（张松，赵民 2010）

在城市更新中，如何保障社会公平？保证住房利益？保留历史建筑呢？应该制定政策，采取措施，提前应对，以减少在经历绅士化过程中受到的负面影响。

2 波士顿科德曼社区的绅士化现象与政策建议

2.1 科德曼社区的绅士化表征和社会问题

波士顿位于美国东北部，在教育领域世界领先，包括哈佛、MIT 在内的 60 多所大学汇聚于此，另外医药和科研领域也闻名世界。根据报道，波士顿已经是全美绅士化最迅速的城市。随着房地产市场的发展，越来越多的人希望在波士顿拥有房产，用于自住或者投资，由此便拉大了房地产的市场需求。

科德曼社区几乎是波士顿仅存的尚未被绅士化的地区之一。位于波士顿的西南方向，拥有六个人口普查区块，占地约 3.2 平方公里，现有居民 3.1 万人（图 1）。

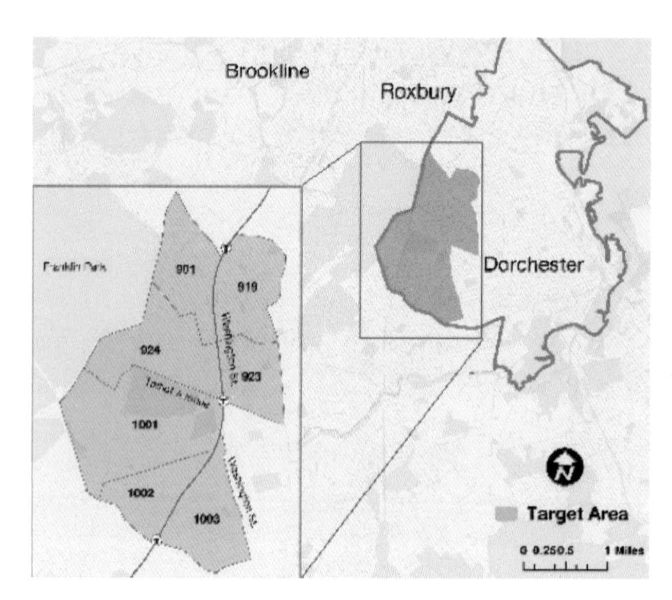

图 1　波士顿科德曼社区研究范围

2.2 判断敏感性——科德曼社区被绅士化的可能性

笔者从美国人口普查网和麻省州政府网上获取数据，从人口、经济、房产、设施四个层面，分成九个因素，分析社区的发展现状，根据现状判断是否敏感。总结得出科德曼社区具有五大现状特征：老龄人口集聚、低收入者集聚、租房者集聚、房屋空置率高、公共设施可达性较好。于是判断，科德曼社区尚未被绅士化，但是目前状况来看非常敏感，将很容易受到绅士化的负面影响。

表 1

四大层面	九个因素	社区现状	敏感性判断	理论出处
人口	年龄结构	老龄人口在增加 增速24.8% 25-44岁人口正在流失	人口老龄化，劳动力流失，社区内部有购房需求量减少，无法带动内部经济壮大提升	Heidkamp and Lucas 2006
	人口素质	高中及以下学历占64% 大学及以上学历占36%	低学历的人与高学历的人相比更容易被取代	Nelson 1988
经济	房贷压力	房贷占收入30%以上的人 55.8%	低收入人群很容易被取代，一旦房租或者税费升高，低收入人群将无力负担	Chapple 2006
	租房压力	房租占收入30%以上的人 60%		
房产	权属情况	租房住的人（租客）占70.5%	租客很容易受到租金影响，房租提高租金，租客很可能被迫离开	Diappi and Bolchi 2006
	居住形式	非家庭（Non-Family）组合居住占30%	没有家庭关系的维系，居住地不稳定，很容易受房价波动影响	Heidkamp and Lucas 2006
	空置情况	空置率11.26%	本社区内供大于求，为购房者 / 投资者提供便利条件	Helms 2003
设施	交通站点	三个交通站点	人们都愿意住处离交通站点近，根据US TOD标准，人们愿意步行到站点的距离是0.5mile	Chapple 2009
	绿地公园	一个较大公园，多处绿地景观	人们偏爱离绿地公园近的房子，方便休憩娱乐，还有利于身体健康	Chapple 2009

2.3 图示敏感性——敏感性在各区域的空间体现

通过制图，可视化的直观的表达科德曼社区各个区域的敏感性程度。采用了判断敏感性中的 9 个致敏因素作为指标，评定这一地区的被绅士化的敏感性程度。利用 GIS，权重计算，将这些因素叠加，呈现出地区敏感性的综合结果。从红色到绿色，敏感性由强到弱，越敏感的地区越容易被绅士化（图 2）。

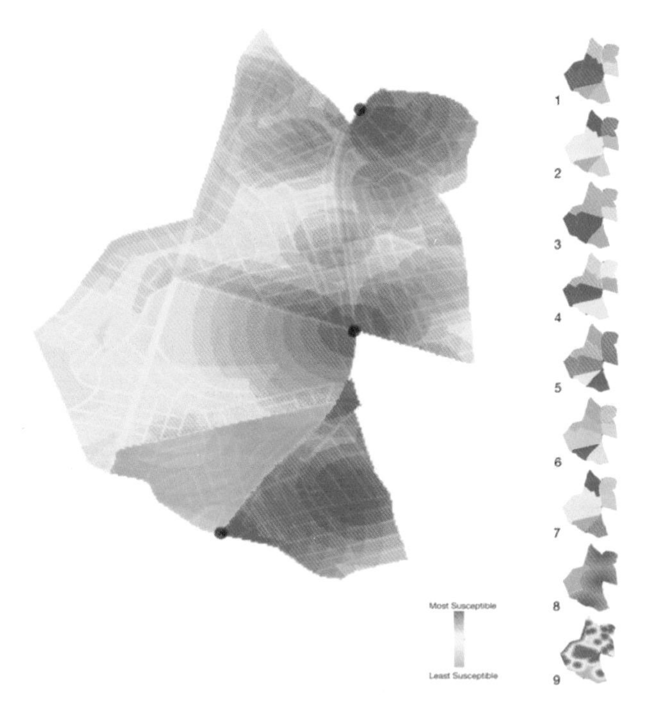

图 2　各区域的敏感度

2.4 应对绅士化——保障现有居民的居住条件

2.4.1 保护租房者的利益

表 2

行动计划	策略建议
保护租房者的利益	Limited Equity Housing Cooperative(LEHC) 房屋福利社 Condo Conversion Limits (CCL) 可售公寓限制
保护低收入人群利益	Workforce Development 劳动力发展提升 Minority Contracting 少数人承包制
保障老年人利益	Elderly Advocacy Programming 保障老年人项目

（1）房屋福利社（Limited Equity Housing Cooperatives，LEHC）

保障公平的房屋福利社是一种盈利或非盈利商业组织。居民拥有所有股权，主导房屋的运营和发展。合作的居民可以一起做决定，拥有民主的控制房产开发的权利。

（2）限制可售公寓（Condo Conversion Limits，CCL）

限制出租房 (Apartment) 转变成用于出售房 (Condo) 的数量。一旦，越多的房屋由出租转变成出售，越多的低收入原住民将被取代，可售公寓的转化量与社区绅士化息息相关。

2.4.2 保护低收入人群利益

（1）提升劳动力水平（Workforce Development）

组织与就业相关的服务和活动，例如：与职业发展相关的培训和咨询；金融服务激励就业，工资收入可赢取积分，从而换取食品券、保健卡等福利；社区提供平台，增加高质量的居民社交互动，促进信息交流与共享。

（2）少数人承包制（Minority Contracting）

社区内部的房产授权给少数居民承包运营，应对房地产发展的同时，满足保障性住房的需求；居民自主管理运营，促进本地创造财富，保证资金不外流，同时可以提高劳动力的积极性；承包人与社区开发组织合作，共创商业信息数据平台。

2.4.3 保障老年人利益

保障老年人项目（Elderly Advocacy Programming），提高大家对老龄化问题的关注度，通过社区推广和金融服务，建立更具弹性的社会资本网络，平衡社会资源。

3 绅士化现象对中国旧城更新的警示

随着我国城市日趋有限的增量空间供给，政府和开发商将更多的投资机会投向了城市存量空间，因而也掀起了我国大规模的城市旧城更新改造，城市化质量提升的结果应该是实现环境、经济和社会的三赢局面，而绅士化在环境、社会与经济的三维关系中体现出冲突性，其中社会阶层冲突最为明显。绅士化是否能够成为城市化质量提升的美好路径？我们应积极探索将参与绅士化运动的低收入居民纳入住房保障体系中的规划对策，将历史文化保护、社会经济发展与和谐住区相结合，实现历史文化空间的全面复兴和城市化的可持续发展。

以文化承扬为核心的老城区有机更新思考

邵　宁
上海同济城市规划设计研究院

1 选题源起

城市是有生命的，古朴的民居、幽深的古巷、老字号店铺、小贩的叫卖声……这些都承载着城市的记忆。文化是城市的灵魂，记录着城市的发展。

（1）近几十年来，城市呈爆炸式发展，以前所未有的速度扩张，整个城市化进程变成了一种非常野蛮，没有文化支撑的城市化。失去文化的城市就犹如行尸走肉般，了无生趣。近年来人们逐渐认识到失去文化的危害性，城市更新已经从“大拆大建式的改造”走向“循序渐进，有机更新”。有机更新中的有机也是基于把城市作为一个动态发展的有机体，以推陈出新之法维护城市生态平衡。但从总体情况来看，城市更新还是基于物质空间的更新，忽略了城市文化(图1)。

图1　城市文化的遗失

（2）历史文化街区是城市文化的集中体现，但从总体情况来看，老城区的保护与复兴更多的还是基于建筑、规划空间领域理解，基于保护老城区有经济回报。老城区最终的存在意义还是在于文化。

（3）文化和城市一样，也是具有生命的。城市内的物质遗产、非物质遗产、环境和人构成了活的城市文化，跟生命体一样，在不断成长和变化着。历史地段文化的发展与其身处的环境、自然条件、经济、技术、历史等都有密切关系。单纯就城市更新中谈的文化保护是孤立的。因此我们希望用一种整体、系统的理论和方法开展研究。把城市文化与其所处的自然环境、技术条件、社会经济、意识形态等看作一个完整的生态系统，运用动态的、连续的观点，把城市文化纳入具体的环境之中加以研究（图2）。

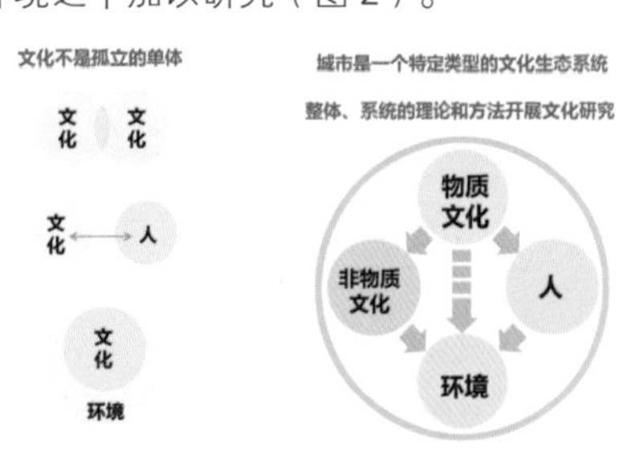

图2　构建城市文化体系

我们提出一个新的文化研究的思维方式：借鉴生态学研究的世界观和方法论研究城市文化，就是把城市文化看作一个完整的生态系统去研究和探寻其内在规律性（图3）。

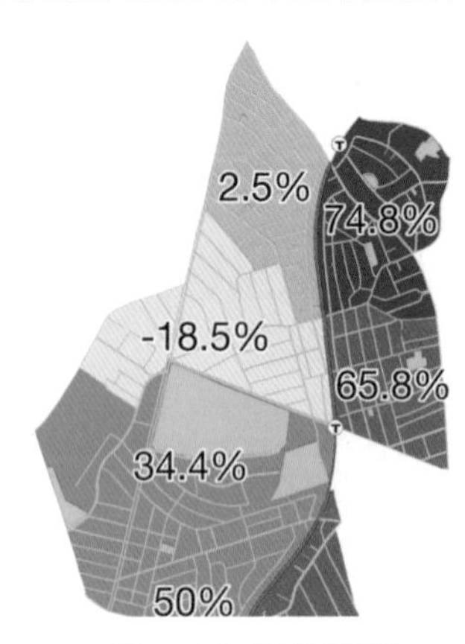

图3　文化研究的新思维

2 主要观点

文化生态是一种研究新视角，是一门交叉学科，将生态学的方法运用于文化学研究的新兴交叉学科，是用人类生存的自然环境和社会环境的各种因素交互作用的生态理论研究文化产生、发展、变异规律的一门社会分支学科。

（1）城市文化的组成因子：

城市本身就是一个文化生态的巨综合系统。把城市文化本身类比于生物体，放到文化交流的动态环境中加以研究，许许多多的城市文化组合在一起，可以看作不同的城市文化群落、城市文化圈，甚至类似生物链的城市文化链。

（2）基于文化生态平衡的规划原则（以高邮盂城驿为例）：文化生态学带来哪些新的认识，让我们以生态学的视角去看待文化，使得我们的老城区的保护工作走上整体的、综合的、系统的、动态的发展轨道。

悠久的运河历史造就了高邮城市浓郁的人文底蕴和丰厚的历史文化遗产。随着城市经济的快速发展，城南文化群落生态系统的保护和发展面临着巨大的压力。如何结合城街区的区位、功能性质及社会经济的发展现状，在文化生态学相关理论指导下对老城区的文化群落生态系统及其环境基质进行合理定位、有效保护和有机更新，并使其效益发挥最大化，是当前面临的最现实问题。

多样性：与生态群落一样，在城市文化群落生态系统中文化生态因子种类越多，多样性就越突出，越有利于增强城市多元文化共存的潜在能力。多样性文化种类的多样性，文化主体的多样性街巷空间与肌理、建筑空间与风格、街区中的非物质文化。文化环境的多样性自然环境和人文环境。

共生性：文化的多样性是文化生态系统生命力和活力的表现。每个文化单位各有自己的位置，彼此相生相克，维持生态平衡。共生性原则主要表现为城市文化群落生态系统中各文化生态因子彼此作用、相互依存的一种状态（图4）。

图4　文化的多样性共生性

系统性、整体性：老城区作为一个完整的文化生态系统，它包含的内容是多层面的。既包括其独有的空间结构、肌理秩序，同时也包括有价值的历史建筑、历史环境，更重的是它还容纳了各种各样的城市生活内容（图5）。

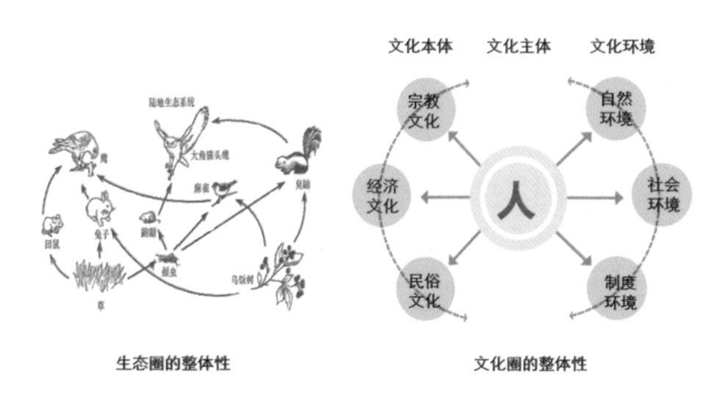

图5　文化的系统性整体性

可持续性：老城区未来生活持续发展和演进。对于游观者来说，所阅读到的是原住民演绎的真实生活场景（图6）。

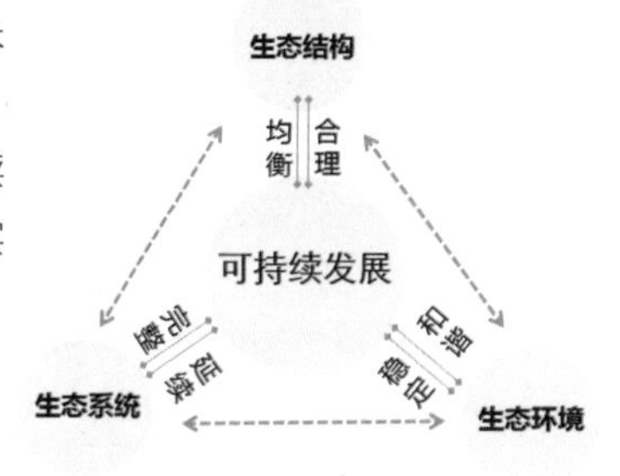

图6　文化的可持续性

3 相关思考

（1）为什么老城区文化保护在遭遇经济利益时总是败下阵来？为什么老城区的保护不能兼顾各个时代的历史积淀？这些都是值得思考的问题。其中一个重要的原因就是文化没有得到正确的认识。历史学家、社会学家、建筑师和城市规划师看到的文化更多的是一种学术价值；开发商所看到的文化是其可能带来的经济价值；居民所看到的文化是其将会带来的物质条件的改善。其实，不同角色眼中所看到的不同价值之间并不冲突，老城区本来就是一个多元价值综合体。但是单从其中的一个方面来谈老城区保护与复兴，就会导致文化发展的失衡。

（2）实际上历史地段是一个展示着社会的、经济的、地理的、人口的等诸多特征的复杂系统，历史地段文化发展与具体环境、自然条件、经济、技术、历史都有着密切的关系。物质文化与非物质文化与环境和生活在其中的人共同构成了“活着”的文化，它在不断的成长和变化着，单纯地就文化论文化，是孤立的、片面的。从文化生态学视角，从一个更为宏观、系统的角度对历史地段的保护与复兴进行研究。

（3）不同文化类型在竞争和共生中相互消长，产生不同的社会文化，都有其存在价值，城市文化的单一和粗陋会导致文化危机甚至经济滞后。在老城区保护与更新的过程中，应努力维系社会文化物种的多样性，并为其留足空间份额；延续街区生活的原真性，在文化心理上保持人们对传统老城区的认同感；鼓励原住人口的自发性参与，并切实改善他们的生存状况；尊重原有文化习俗，以多元的包容态度，克服文化生态危机，促进社会文明的进步，从而实现本土与外来文化、传统与新兴文化之间共存共荣的发展，保障老城区文化生态系统的良性循环。

社区更新

——从鞍山四村社区生活经历谈起

武思园
上海同济城市规划设计研究院

引言

我演讲的题目是社区更新——从鞍山四村的生活经历谈起，那么就来说说我每天都要经过的街道和路过的服务设施。我住的小区在抚顺路，基本上位于鞍山四村的中部，在抚顺路和鞍山路的交汇处是水果店、便利店以及社区活动中心，沿着鞍山路有幼儿园、农贸市场和超市，靠近彰武路有药店和邮局，公交车站和地铁站。这些都是我上班路上随手拍摄的，在这十分钟的路程里，几乎可以路过《居住区规划设计规范》中的所有有配套设施类型。以我在鞍山四村社区居住半年多的时间来说，在这里生活是一个不错的体验。

1 鞍山四村现在什么样

但是鞍山四村在建设之初并非是此番面貌。鞍山四村建造于上世纪五六十年代，煤卫合用，面积小、结构差、环境糟、配套少是改造前的突出问题。

“鞍山四村旧区改造”项目获建设部“2007 年中国人居环境范例奖”。2009 年，鞍山四村被联合国授予“中国人居环境范例奖”。如今的鞍山四村已成为中外国家、地方以及部门领导，还有相关专业人员参观学习的基地，俨然成为社区更新改造的典范。可以说，曾经的“下只角”变成“不错的生活体验”已经成为共识！

2 鞍山四村经历了什么

那么鞍山四村是经历了什么，变成今天的样子（图 1）。

图 1　鞍山四村位置示意图

图 2　改造中的鞍山四村

2003—2008 年期间，鞍山四村更新改造工作由上海市及杨浦区两级政府共同负责，分 3 期先后改造房屋 38 栋，1998 户居民受益。具体工作分为三大部分，包括：“平改坡”工程，将平屋顶改建为坡屋顶，以改善长期困扰居民的屋面渗漏问题；“成套改造”工程，改变建筑结构变厨、卫合用为每户独用使住宅成套，并扩大住宅套内面积；“住区整治改善”工程，改善住区的绿化环境、公共设施及基础设施等（图 2）。

此前，鞍山四村的更新被认为是“渐进式“更新的代表，那么与之相对应的是“推到重建“更新模式。推到重建式更新基本为居民外迁，建筑拆除新建；以房地产开发形式实施旧区改造，充分利用土地的级差地租效应，运用有效的规划引导和调控手段，通过向外资房地产开发企业进行土地使用权的有偿转让，借助外资缓解旧区改造资金短缺的长期矛盾。

往往，这两种模型被认为更新方式的对立面。但是他们也不乏共同之初。比如，都是政府主导并参与实施的整个过程；都属于大规模更新，声势浩大的场景总让人联想到某个年代的政治运动；改造内容和改造方式执行标准化的模式，意味着一刀切和平均化，抹杀了内在需求的多样性。

那么，在新常态的背景下，哪一种方式是更为适宜的方式呢？

3 鞍山四村未来是什么样

首先，应该明确新常态下社区更新的愿景。当我们的社会发展到一定阶段，我们的基本生活得到满足，我们便有了新的欲望和追求，也就从“还不错的生活体验”转变为对“理想社区”的期望。

那么，从不错的生活体验到理想社区还有多少距离？这得先从认识理想社区的模样开始。我理想中的社区：这里有我志同道合的朋友；下班或者周末我们会在家附近的咖啡厅小聚；我们周围经常会有一些新奇的事物；并且我们可以将兴趣、爱好转化为某种工作服务于我们生活的社区。

但是，除了我之外，每个人心目中都有理想社区的模样。社区的老人可能想要电梯，跑步爱好者可能想要塑胶跑道，热爱跳舞的大妈可能想要广场。可见，对于理想社区的需求千差万别。那么，这种多样化的诉求如何在未来社区更新中得到实现，或许可以从新加坡的经验得到启示。

新加坡的社区规划与管理已经形成了一套从公众参与到社区改造工作的循环系统。公众的需求从就业到家庭，从衣食到住行的方方面面，通过媒介得到收集和整理，并反馈给多层次的服务主体。这其中重要的经验，包括“一个平台、两个组织和多个层次的服务主体”（图3）。

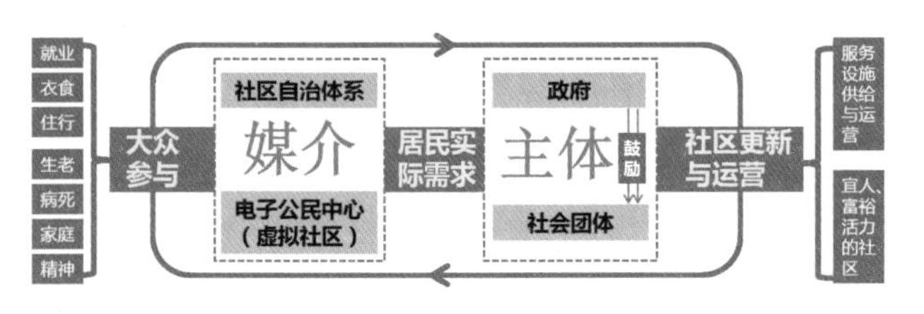

图3　新加坡社区更新模式图

“一个平台”即“电子公民中心”，一个虚拟的社区。居民通过网络实时的表达自己对于社区的意见和需求。举个例子，如果社区的居民在小区发现有公共设施需要维修，或者在任何一个角落看到垃圾未及时清扫，都可以随手拍照片并附上简单说明，然后通过专门的社区管理手机客户端或电子邮箱等方式发给责任部门，最多一两天，问题就会得到妥善解决。可见这个虚拟社区的时效性和便利性。此外，公众提出的需求通过大数据的收集和整理，成为日后社区更新的重要参考（图4）。

“两个组织”即政府组织和非政府组织，非政府组织也就是社区自治体系。社区自治组织是虚拟社区出现之前，主要承担收集和整理基层需求的机构。这种线上和线下双向互动的方式，最大化的使公众参与到社区事务当中，成为家园的建设者，从而培育社区成员共同的价值观，和邻里守望相助的文化精神。

“多个层次的服务主体”，则是新加坡政府充分激活社会活力，使社会具备自我运转的功能的结果。具体的做法是：创新公共服务的方式方法，采取市场化的运作方式，引导、协调、鼓励各类企业进入社区，承担、兴办社区服务项目，逐步形成社会福利服务、社区互助服务和市场有偿服务相结合的多层次的社区服务网络体系。

可以看出，对于理想社区实现的重要举措是完善和培养公共参与的机制和意识。所以说，不止是实现物质空间的需求，更重要是重塑一种社区文化与精神。因此，从不错的生活体验到理想社区距离等于物质空间规划到营建精神家园的距离。

那么，实现精神家园需要要完成三个转变：从政府主导到政府引导、多方参与；从大规模运动到微小型手术；标准化到精细化、定制化。

图4　社区更新理念转变示意图

新加坡经验对于社区更新的启示：

（1）社区更新参与主体更加社会化和多元化

政府不再大包大揽，通过制定一系列地区促进法以及鼓励性税收政策，从而使以私人投资为主、多种参与主体的“社会化城市更新”逐渐发展成熟。

（2）由大规模少次数的规划到小规模、多样性和循序渐进的更新模式

现阶段，以改善基本居住条件为目标的改造，为了节省资金，为了尽快解决居民基本的居住问题，政府采用的是统一化的整体改造，但损失的是居民需求的多样性，因此，结合体制改革和法制化建设，未来旧住区更新应逐步向小规模、多样化、循序渐进的改造模式转变。加之宏观经济的下行和多元化私人资本的参与，小规模和多样化也是历史的必然。

（3）通过网络平台搜集需求信息，培育参与意识和精神家园

网络平台作为一个开放的平台，公平的面向每一个居民。可以通过网络搜集更为广泛的信息，或者说更接近真实和多样化的信息。网络具有天然的社区性，平台的建构应该利充分利用网络社区，并积极延伸到现实社区中，实现现实社区中的居住个体到团体的转变。将社区从物质空间改造转变公众共建的精神家园。

结语

基于对理想社区多样化需求的预期，微小型、定制化的社区更新，是未来我国城市更新的一个发展趋势。公众参与的社区更新能够实现改善城市空间品质、提高居民生活质量等多重目标，同时也有利于培育共同价值观和营建精神家园。

退而结网：城市更新规划编制再思考

房静坤
上海同济城市规划设计研究院

1 现状：资本驱/推动下的城市更新规划编制逻辑

我国目前绝大多数城市更新都是在资本驱动或推动下完成的。在这一背景下发展起来的城市更新规划，实质是投资者与其他利益相关者之间博弈的工具。其中博弈的重点是开发强度的控制和公共配套设施的配置。由于强调空间利益的再分配，博弈的结果，也就是城市更新规划的表现形式，往往最终落脚于蓝图式的空间方案。

2 变局：经济新常态下现有城市更新规划局限

利益博弈式更新规划在投资驱/推动的更新项目中所起到的利益调控作用毋庸置疑。但随着经济环境的变化，规划工作者惯常采用的规划编制手段和方法可能无法满足未来城市更新需求。

经济新常态的一项重要内涵是经济发展动力从要素驱动、投资驱动转向创新驱动。具体到城市更新领域，以往投资的两大来源——政府投资与市场投资，在未来都将呈现不同程度的缩减。政府投资方面，随着财政累计增长的持续下降，由政府投资主导的大型更新项目难以为继；市场投资方面，随着近年来市场投资重点转向，房地产投资增速放缓，城市更新融资将更为困难（图1）。未来可以预见的是会出现越来越多有更新需求但缺少投资驱动、推动的城市区域。

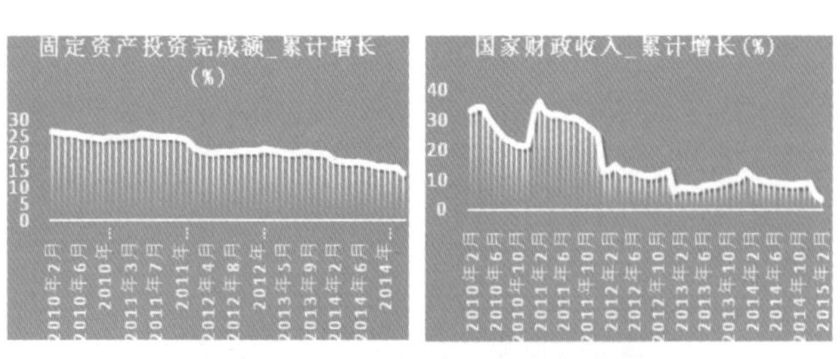

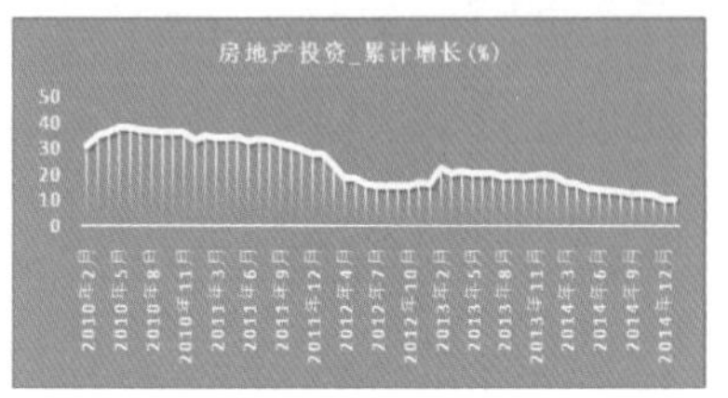

图1　经济新常态下的政府投资与市场投资变动

失去投资的城市更新无利可得，博弈也就无从谈起，相应地，博弈式规划所强调的空间方案也就只能成为一纸难以实现的永远的“蓝图”。因此，我们有必要探索在缺少投资推动或者驱动的时候，城市更新规划编制的新思路。

3 探索：基于私人投资引导的城市更新规划编制

针对上述问题，规划界已有诸多讨论，自下而上、社会治理、渐进更新等理念也日渐深入人心。但从规划实践的角度看，目前这些理念大多还停留在理论探讨的层面，对实际工作指导不够。

理论之外，规划工作者还需从现实中寻求答案。近年来田子坊、曾厝垵等自下而上的更新案例向我们说明了不依靠政府和开发商的大规模投资，通过私人小规模投资的渐进式更新在中国是可行的。同时，由于规划在更新过程中的缺位或者滞后，这些自发进行的更新实践目前都存在不同程度的空间失序、同质化经营等问题。

现实案例带来的启发是，降低城市更新的私人投资门槛，通过规划对私人投资进行引导，或是破解缺少大规模投资驱动的城市更新困境的一种思路。根据这一启发，笔者试图通过解读美国加州Downtown Redwood City的城市更新规划，进一步探讨基于私人投资引导的城市更新规划的编制方法。

Redwood City 市中心在20世纪初发展为区域中心之一，进入20世纪60年代，随着郊区化的发展而日渐衰落。20世纪90年代开始，市政府不断尝试对Downtown进行复兴，但收效甚微。2003年，在缺少私人投资且政府资金匮乏的条件下，Downtown城市更新规划开始编制，首要目的就是吸引私人投资，并对潜在的私人投资项目进行管控。从目前成果以及各方评价看，本次规划取得了巨大成功。规划生效后的两年内，市政府收到的私人住宅投资申请量超过了过去五十年的申请量总和；办公空置率规划实施四年内从12.5%迅速下降到4.4%。

规划成功的原因可以归结为其在实现核心目标即引导私人投资方面织好了三张网：织人心之网以扫清投资障碍；织差异之网以迎合投资需求；织制度之网以明确投资要求。首先，人心之网主要指规划过程中政府、规划师与公众充分的互动，双方就未来投资项目的内容与空间形态达成一致。这种事先结成的政府与公众之间的联盟实际上为潜在投资者扫清了诸多障碍。其次，差异之网主要指规划明确提出了市中心未来的发展方向：借美国当下回归城市中心的风潮，强调高密度、紧凑、便利的市区特色。这一发展方向使得许多在周边区域不受欢迎的高强度开发项目在 Redwood Downtown 是被许可的。最后，规划从投资总量、投资功能、空间形态、审批流程等方面对潜在投资项目作出了详尽的制度设计。这一方面使投资者能够以最高效率完成项目审核，另一方面也对投资进行了数量和质量的控制，避免出现投资过量、空间失序、功能同质等问题。

4 结语：两种规划模式并行的中国城市更新展望

笔者认为，基于私人投资引导的城市更新规划在缺少重大投资驱/推动情况下，值得被进一步研究和实践。这种缺少重大资本（项目）推动的城市更新对规划带来的现实压力相对较小，反而可能成为规划师实现规划理想的有利机会。但追求理想的并不意味着对当前主流的投资驱动、推动下的利益博弈式规划的摒弃。事实上，利益博弈式规划在有资金支撑的前提下，能够更有效率地实现空间利益再分配，也是长期以来中国效率的特色所在。未来的中国城市更新需要上述两种规划模式的共同助力（图 2）。

	利益博弈式	退而结网式
规划动因	资本驱/推动	内部需求驱动
规划目的	空间利益再分配	对内整合更新资本 对外吸引潜在投资
编制重点	开发强度 空间重构	设定未来投资方向与底线
公众参与	利益博弈的过程	共同愿景的确立 潜在投资障碍的扫清
设计表达	分阶段及最终状态的呈现	依据愿景所确立的理想空间设计理念
实施方式	项目管理	政策执行
	特色优势 （中国效率）	新的机会 （实现规划理想）

图 2　城市更新规划的两种模式

创新论坛

研究方法与技术创新

观点聚焦

1. 关于大数据应用

（1）上海复旦规划建筑设计研究院汤舸通过分析上海市大数据分析，提出人口疏解，让城市更拥堵。根据人口的数据分析，上海严格控制市中心人口数量，会导致非常严重的老龄化问题，会带来劳动力不足造成的养老成本不够，社会成本不够的问题。根据上海市通勤出行数据的分析，研究严格限制市中心的居住用地出让和住宅建设后，将新增人口与市中心人口迁出中心城区，由于市场规律，高端服务业无法离开市中心，生产性服务业的就业岗位高度聚集在市中心，结果使上海市的交通越来越拥堵。人口疏解让出行距离变得更长。

（2）同济大学建筑与城市规划学院朱玮认为“大数据”是当下城市规划的热点，但是我们应该理性地认识大数据与城市规划的作用，通过3W模型从城市发展状态、把握城市发展规律、预估城市发展趋势三个方面来具体阐述大数据对城市规划的作用。数据不在大小，关键是适用，在何种程度上反映研究的问题、概念，符合科学的采样实践，都要首先判断清楚；研究者需要对数据缺陷带来的后果进行估计和阐明。通过如此的实践，可以逐步建立一套全方位覆盖的城市发展状态指标体系，来统筹大数据资源的储备和开发。

（3）天津大学建筑学院张赫对于填海造地规划管控进行了研究，通过背景、政策、方法的总结，分析和构建填海造地规模需求、供给系统，根据数据的分析，运用系统动力学方法进行综合平衡，建立规模评定系统，并在此基础上建立定量的方程关系，构建填海造地规模评定应用系统。

同济大学建筑与城市规划学院宋小冬教授提出现在的大数据形势，很多的原因是数据饥渴造成的，传统的数据、精确调查数据和我们带有随机性质的数据、广泛的数据，多途径我们都可以来使用，相互的取长补短，是良性的选择。

同济大学建筑与城市规划学院钮心毅教授认为，无论是增强设计还是大数据、首先要知道以后最大的困扰不是说没数据，是数据从哪里来，如何打破不能拿到数据的壁垒，如何让有数据的机构，为我们规划行业形成一个良好的数据供应机制，或者我们怎么能够有效的利用他们提供的数据，这个机制可能是比谈方法技术更有益。在现在的理性认识的数据时代，数据大了不等于没问题了，数据大了研究方法一定要好好设计。

清华大学建筑学院顾朝林教授提出，大数据应用的过程中，需要了解历史，实际上城市规划在20世纪80年代、90年代还是要强调数据的，90年代以后的20年，工作量太多，并没有规划没有建立在数据上面。在数据应用和统计上面，许多不需要我们去做，例如说要了解统计学，可以利用概略论讲解，用到这些数据就可以保证质量，可以在教育过程中开设相关课程。

日本金泽大学沈振江教授提出大数据主要的特点是不同的渠道所带来的，有一定的局限性。大数据也可以带来一些商机，解决城市空间的问题，例如波士顿的停车问题。

同济大学建筑与城市规划学院潘海啸教授提出城市规划最基本的作用就是如何管理空间和空间使用的有效性问题，如果是空间使用的有效性，大数据也好，小数据也好，在于如何找到有用的数据。

2. 关于规划模式与技术创新

北京市城市规划设计研究院龙瀛提出在新的数据环境下，诸多的数据和研究成果应该更多的反哺规划设计，提出数据增强设计（Data Augmented Design，DAD）。DAD 是通过定量城市分析驱动的规划设计方法，通过数据分析、建模、预测等手段，为规划设计的全过程提供调研、分析、方案设计、评价、追踪等支持工具。以数据实证提高设计的科学性，并激发规划设计人员的创造力。DAD 作为基于定量城市分析的实证性空间干预，可以影响规划设计实践的相关利益主体的工作模式，包括规划设计师、规划管理部门以及公众。

宋小冬教授提出数据增强设计还只是刚刚开始，要不断的利用新的技术、新的条件来改进我们的规划。

上海同济城市规划设计研究院顾玄渊谈及如何使用好总体规划，如何将总体规划的核心内容在管理和实施的过程中予以层层落实时，创造性地提出总规“使用手册”。“使用手册”填补规划编制与规划管理之间的规划实施环节，是对总体规划成果的补充，也是对城镇精细化管理的在地思考，提出了针对城市管理主体、下位规划编制主体、专业规划编制主体、市民大众、总体规划实施主体五个维度的“使用手册”。

钮心毅教授提出总体规划手册是总体规划应该做的工作，需要让更多的人员能够更好的使用，都能看懂。

3. 关于新技术产品应用

武汉市规划编制研究和展示中心黄玮介绍了一种基于互联网思维的公众参与新模式——“众规武汉”在线规划平台。为了使城市规划更多地体现和满足公众意愿，提高规划编制的公众性、社会性，促进规划工作的开放性，武汉市国土规划局在全国第一个研究提出“众规”概念，并以互联网、大数据利用为核心，构建了“众规武汉”公众规划平台，开通了微信公众号，开展公众规划，众筹市民智慧。众规平台创新了城乡规划公众参与的工作模式，使公众参与的广度、深度和开放度更强。增强了规划的科学性，更能体现以人为本的规划理念。以武汉东湖绿道规划为例，具体讲述了规划项目如何在众规武汉的在线平台实现公众参与。东湖绿道项目取得较好的社会反响，“众规武汉”得到了国家主流新闻媒体和专业主管部门的关注。城市规划在转变，需要规划人员逐步转变思路，变埋头做规划为与社会交流规划、在线互动规划。

钮心毅教授提出众规武汉做的工作也是非常好的探索，尤其是你们选绿道做探索也是非常好的着眼点，不要担心参与的人少，没有涉及到老百姓的切身利益，从切中利益小的一方试点可以做下去。

潘海啸教授认为新技术产品创新是需要解决原来方法解决不了的事情，应该选择更有效的方法，例如丹麦一个国家的公众咨询项目，是用计算机跟人结合起来做的。在有了各种答案以后，可以进行集中组织讨论会，通过互动，确定选择不同的答案后的不同结果，通过此种公众参与确定最终的结果。

数据增强设计：城市规划与设计的新方法论

龙 瀛
北京市城市规划设计研究院

新数据环境下的规划与设计强调空间干预中所涉及的阐释（discourse）、内容传播（story—telling）以及社会主体的复杂性（complexity of social agents）。

Massey Malpas:“城市的复杂性”并不是一种对城市空间的补充的概念化的解释；而是一种对于空间的修辞以及想象。因为它“城市的复杂性”真实地形成了空间政策与设计的核心。新数据环境可以让规划设计考虑一些原来没有考虑的问题。

1 背景

信息通讯技术的发展以及政务公开的推进使大量数据如雨后春笋般涌现，手机信令、公共交通刷卡记录等大数据和来自商业网站和政府网站的开放数据共同促进了“新数据环境”的形成，所产生的微观个体（社会层面和物理空间层面）数据，与“以人为本”的新型城镇化不谋而合，对存量规划、收缩城市、公共参与等热点问题具有支撑作用。

数据增强设计（DAD）是以定量城市分析为驱动的规划设计方法，通过数据分析、建模、预测等手段，为规划设计的全过程提供调研、分析、方案设计、评价、追踪等支持工具，以数据实证提高设计的科学性，并激发规划设计人员的创造力（下页简附 DAD 与传统规划设计的多方面对比）。DAD 利用简单直接的方法，充分利用传统数据和新数据，强化规划设计中方案生成或评估的某个环节，易于推广到大量场地，同时兼顾场地的独特性（表 1）。

传统的规划设计	数据增强设计DAD
个人知识以及经验	个人知识经验结合实证定量分析
对预期实施效果不明确	了解预期效果成为可能
偏主观	主客观结合、相互支撑
数据使用少	大量依赖数据
案例by案例	适合推广到大场景
人群更均质化	异质需求和行为
操作实体较为单一（空间）	操作实体多样
项目动机一般为空间开发	项目动机为改良城市质量
不利于沟通与公众参与	利于公众理解与参与
追求概括性（参照规范）	兼具通用性以及特殊性
自上而下	自上而下与自下而上结合
弹性不足	弹性规划
图纸+文本	图纸+文本+数据报告+效应评估
尺度差异	尺度整合

表 1 传统的规划设计 vs DAD

2 新数据环境（图 1）

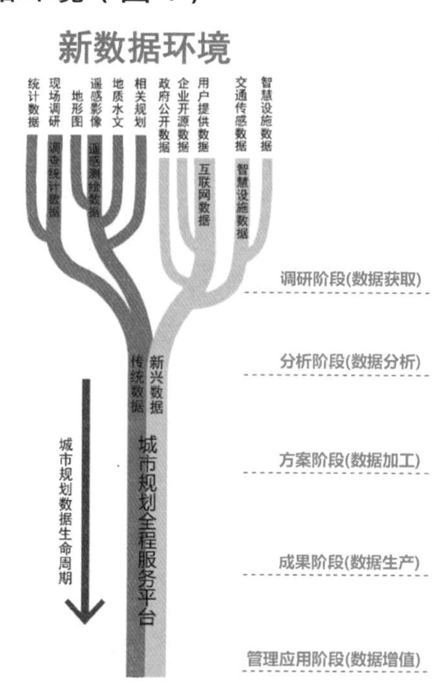

图 1 新数据环境示意（来源：王鹏 清华同衡）

3 DAD 定位

DAD 的定位是现有规划设计体系（标准、法律、法规和规范等）下的一种新的规划设计方法论：它不是艺术设计的背叛者，而是强调定量分析的启发式作用的一种设计方法，致力于减轻设计师的负担而使其专注于创造本身，同时增强设计结果的可预测性和可评估性，我们认为 DAD 属于继计算机辅助设计（Computer Aided Design，CAD）、地理信息系统（Geographical Information System，GIS）和规划支持系统（Planning Support System，PSS）之后的一种新的规划设计支持形式。

4 数据增强设计的定义与体系

4.1 DAD 的理念维度

我们认为 DAD 会首先增强人们对城市实体的认识和迁移。具体而言，数据将增强另一种对城市实体的理解：即实体的关系被理解为真实人活动的发生器，城市实体的认识将被转移到了全新的数据语言来理解、表现。形式和功能不再受到一种广义哲学式的母体解读而回归到一种个特定文脉的理解上，而最终通过数据构建一种精确的关系。通俗的讲，我们将看的见更多更复杂得多的但可解释的空间实体的意义。所以 DAD 实际上增强了我们观察和理解城市的角度。

4.2 DAD 的实践维度

在实践层面，DAD 的核心观点可以被理解成：城市中的各种实体被抽象成为空间数据体系，通过定量模型，结合大量异构城市数据和模型，运用日益增强的计算机运算能力，建立基于城市实体认知和其复杂效应之间的数据关系，并运用这种数据关系来设计、调整以及评价城市设计提案。

4.3 DAD 的设计方法

利用空间分析、抽象要素、大模型、数据处理等方法，将所有规划设计涉及的各种要素以及各种社会、经济以及环境的空间效应，从定量分析指向具有实证基础的个性的具体的方案，辅之以定量论证以及公众参与等决策机制最终形成规划设计干预的成果。

4.4 DAD 的特点

（1）可适应性：直接面向规划设计实践。

（2）多维度：一种将空间属性与社会经济数据结合的模型。从物质空间回归社会空间，通过社交网络、兴趣点、人类活动和移动等数据以及定量评价方法作为连接。

（3）感知维度：对应于设计中讲的“场所精神”，“借助新的数据和方法实现望山见水记乡愁”。

（4）精细化：强调对背景的精准理解，充分考虑人群和环境的细分，分析现有规律，并建立不同的组合模式，为提供专项规划设计提供支持。

（5）因地制宜：通过致力于了解环境与人们活动的定量关系来创造更好的个人和环境的关系。

（6）虚拟世界与现实世界结合：多角度了解场地的核心问题。

（7）集智：众包众规，网络化的公众参与。

（8）设计方法工具化：设计的方法将会在模型工具中得以体现，定量关系成为设计原点。

（9）设计任务量化：基准效应将成为设计任务目标。

（10）可追溯、可评估：后续的效应将不断强化或者纠正定量设计的模型以及评价方法。

5 案例实践

（1）已有城市增长边界 UGB（对应中国的规划建设用地边界）的评价工作，主要采用遥感数据从物理空间进行评价（多个研究发现中国城市的 UGB 外的不可忽视的开发比例）。

基于大量的人类活动和移动大数据，可以从社会视角评价北京的 UGB，比如基于大量的出租车轨迹、公交刷卡记录、位置微博 / 照片等，我们发现 95% 以上的人类活动和移动位于规划边界内。

除了较为经典的人类活动和移动与 UGB 的一致性评价外，我们还开展了：评价各个组团的人类活动强度与规划人口的关系（相关性较低）、评价各个功能组团之间的联系（单中心城市结构、顺义副中心而不是通州副中心）。

本研究所建立的方法，可以在大数据时代用于城市增长边界的评价（图 2）。

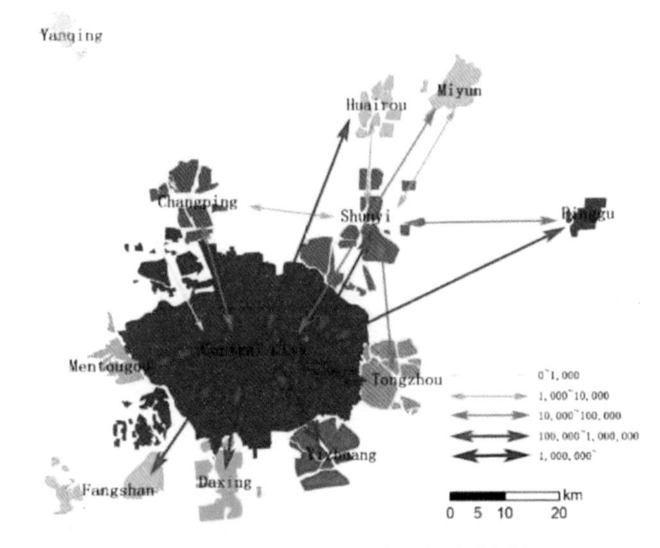

图 2　基于人类活动和移动数据的城市增长边界实施评价

（2）地块尺度考虑了存量（再开发）和增量（扩张）开发的城市模型（图3—图4）。

基于大量的历史规划许可数据进行模型参数的识别。

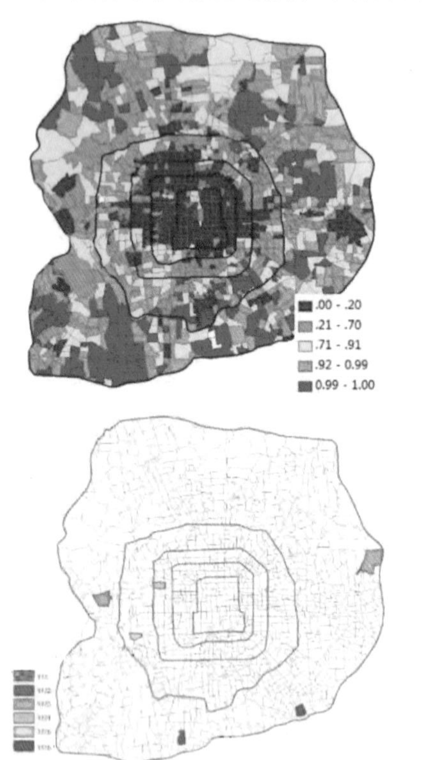

图3　北京六环内各TAZ增量开发比例

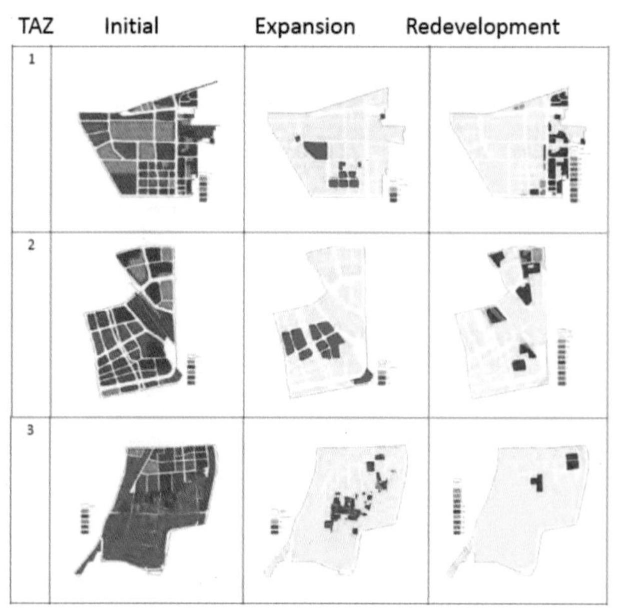

图4　各TAZ增量和存量模拟开发结果

6 结论

经过对已有定量城市研究的国际国内研究进展进行分析（包括我与合作者的大量成果），我们发现，已有的研究多针对城市系统的现状评价和问题识别，而少有面向未来的研究。新数据环境下开展的诸多研究的成果，需要适时反哺面向未来的规划设计。以往的规划支持系统并没有有效地支持规划设计，为此我与七位合作者提出了数据增强设计（Data Augmented Design、DAD）这一规划设计新方法论。

理性认识大数据对城市规划的作用

朱 玮
同济大学建筑与城市规划学院

“大数据”成为当下城市规划的热点，主要有两点原因：一是大数据在电子商务、社交网络等领域的成功应用，给人们生活方式带来的冲击，令规划师受到鼓舞和启发；二是城市规划传统上由于不怎么依赖数据，常被诟病为太软、不实、不科学，大数据无疑能够补上这块短板。

但正因为多数规划师很少用数据做规划，对数据的特性、于城市规划的作用缺少经验，对规划行业前景的危机感，更加剧了这股规划大数据热潮的跟风、非理性成分。大数据对于科学的城市规划是必要的，但远非充分条件。理性地认识大数据对于城市规划的作用，可以从规划的工作内容来看。套用经典的What（是什么）—Why（为什么）—How（怎么做）模型，规划工作即包含了解城市发展状态、把握城市发展规律、预估城市发展趋势三个步骤。

1 大数据的概念特征

大数据的概念至今没有明确统一的界定，其公认的两个特征是“规模大、来源多”。多数据来源对于了解城市的发展状态具有革命性的意义，这是大数据之于规划的最大价值所在。传统的规划实践中，规划师通过土地使用调查、年鉴查阅、部门访谈等手段来了解城市，但这些数据大多是二手的，多次处理影响其原真性，只能间接地反映城市状态。而大数据是一手信息，类似手机信令数据、浮动车数据、公交刷卡数据、家庭或单位用电数据，直接、不受干扰地反映个体以及城市的运行动态，从不同的视角对城市进行监测，得到比用传统方法更加完整可靠的城市全景图。高质量的观察是任何科学实践的第一步，大数据以其多源、直接的特性可为规划现状调查、实施评估等工作提供坚实基础。

2 大数据的作用

对于把握城市发展规律，大数据的作用则有限得多，因为把握规律的实质是理解因果关系。这对于社会影响大、牵涉面广的城市规划来说尤为重要，而目前的大数据分析方法都只能揭示相关关系。有人说大数据时代，相关关系就够用了。对于某些行业，如果基于简单相关关系的实践风险小、见效快、容易检验，这么做是可以的。但城市规划的特点与其完全相反，令政府面对基于相关关系的规划或政策都必须极为慎重。不过，大数据相关关系挖掘对于时效性更强的城市管理，倒有着广阔的应用前景。

其次，把握城市发展规律、即便只是相关关系也不需要海量数据。当下对数据规模的痴迷，表现在类似“Bigger than big”（比大更大）的流行词，是病态。社会现象复杂多样，但整体的规律性随着案例的增加而收敛稳定，统计学的重要基础“大数定理”证明了这一点，为何不站在巨人的肩膀上呢？遵循正确的操作方法，小数据分析可以得到足够接近总体的结果；还免去大量的重复计算、时间和精力投入，无需处理大数据的设备和专业人员，这岂不是更低碳？况且在大数据资源稀缺的情况下，小数据仍是主流。

3 结论

对城市发展趋势的预估则建立在前两个步骤之上，目标是解决问题。数据导向，而非问题导向也是当前规划大数据实践的一大问题。可能是长期以来的“数据饥饿”导致研究者拿来就用，却疏于对研究问题和意义的缜密思考。“问题—方法—数据—规律—规划”才是有效率的规划研究方式；开始就想好研究结果的规划应用出口，才能实现“精确打击”。数据不在大小，关键是适用，在何种程度上反映研究的问题、概念，符合科学的采样实践，都要首先判断清楚；研究者需要对数据缺陷带来的后果进行估计和阐明。通过如此的实践，可以逐步建立一套全方位覆盖的城市发展状态指标体系，来统筹大数据资源的储备和开发。

有人说规划师的“狼来了”，数据精英们将切走他们的蛋糕。我相信会切掉一小块，因为好的规划很大程度上取决于对城市设身处地的理解，跟人打交道，对地方问题的浸淫式思考，而不只是坐在电脑后面看数字和图表。不过，规划师多交精通大数据分析的朋友，无疑是好的。

人口疏解，让城市更拥堵

汤 舸
上海复旦规划建筑设计研究院

1 上海市人口疏解效果

上世纪末，上海市政府开始重视市中心人口过多和交通拥挤问题，当时一系列人口疏解政策出台，其中主要包括这几项：

（1）严格限制市中心的居住用地出让和住宅建设；

（2）对市中心进行大规模旧城改造，把旧区居民拆离市中心；

（3）在近远郊各处兴建大型居住社区，以承接新增人口与市中心迁出人口；

（4）在郊区建设独立新城，增加就业岗位。

在全市人口高速增长近30%的压力下（2000—2010年），在城市近郊及新城人口大幅增长的情况下，市中心（除浦东外的内环线以内区域）人口数量总体均出现了下降（图1）。

图1　上海市五普到六普各个街镇的人口数量变化图

2 上海市交通拥堵情况变化

《全国50城市上班族通勤调查》报道提到：2014年上海以平均通勤距离18.82公里居全国第二（北京以19.2公里居首），平均耗时51分钟。从2006到2014年，上海人均通勤时间增长了42%，道路交通平均车速下降了13%。

2.1 上海市轨交出行情况

通过分析OD分布规律可得每两站点间的关联度，相互来往人数越多（颜色越红），表明关联度越高。从上图可知，联度最强的指向就是市中心；即无论人们在哪个站点上地铁，大部分出行目的地都是市中心（图2）。

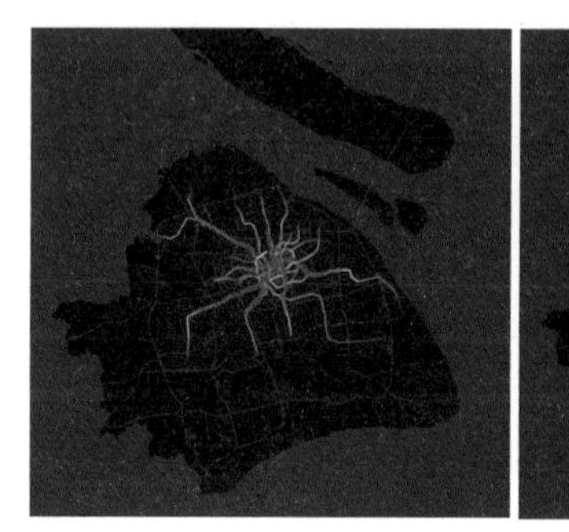

图2　上海轨道交通出行分析

2.2 宝山区轨交客流去向

以宝山区为例，根据轨交刷卡数据，区内工作日早高峰内乘地铁平均流出19万人（据轨交分担比，估算出宝山区有100万人外出工作）。而据全市所有站点的OD分布，宝山区人口前三个主要出行目的地为黄埔、徐汇、浦东，三者之和共计54%，市中心八区和浦东之和达到了81%（图3）。

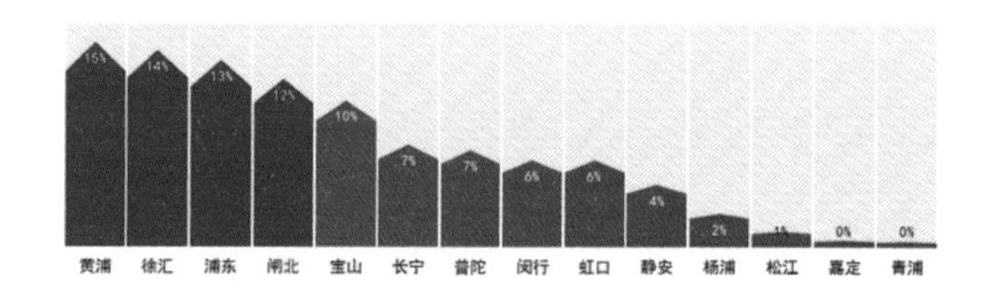

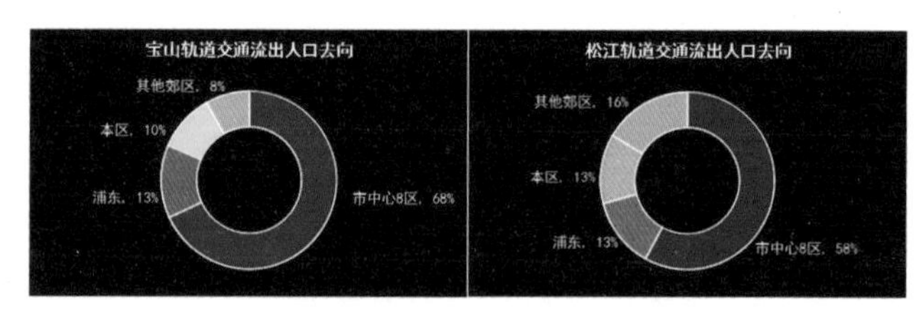

图3　宝山轨道交通流出人口去向

2.3 就业岗位分布

在高端就业岗位仍集聚在市中心的情况下，即使市中心人口数量减少、密度降低，人口得到了疏解，但被疏解的群体仍需要每天通勤至市中心工作。因此，疏解人口本身只会大幅度增加居民的出行距离，从而加剧城市的拥堵程度（图 4）。

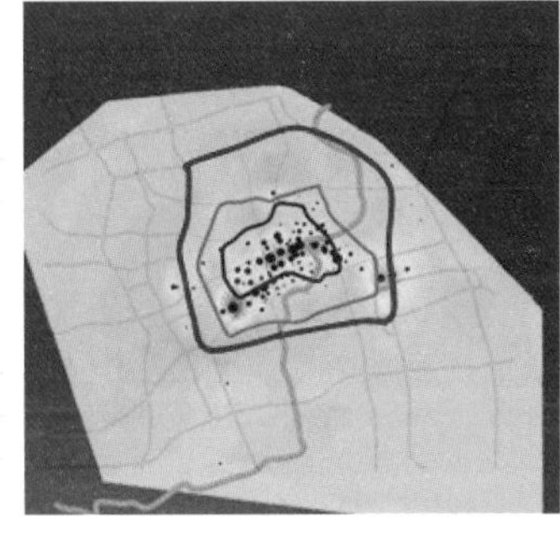

图 4　上海市生产性服务业就业岗位分布

2.4 就业密度分布

金融行业高度集聚在市中心 3km 处，其次是文创 8km，再次是科技 12km。从规律上看，未来上海核心发展的这三大产业都不支持在城市外围集聚。向郊区新城疏散就业岗位，本质上是逆市场规律而行（图 5）。

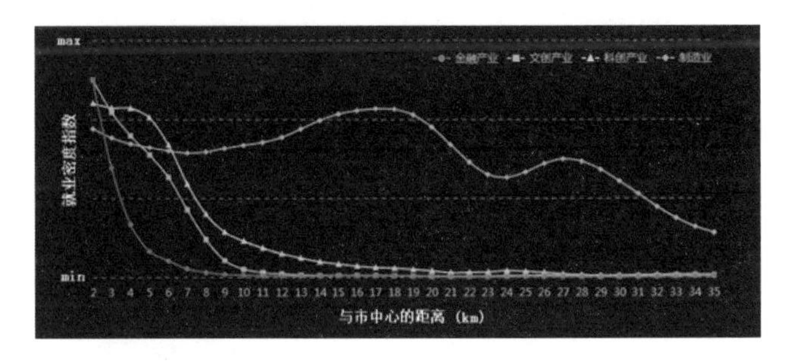

图 5　上海四个主要产业部门就业密度在空间上的分布特征图

3 结论

市场规律和国际城市经验都表明：一个以服务业为主的国际大都市将不可避免地仍会保持其市中心就业岗位的高速增长和持续集中。即使是被学界认可新城战略成功的东京，过去十几年中的岗位空间集聚度仍在不断加强，岗位总体仍呈空间极化趋势（图 6）。

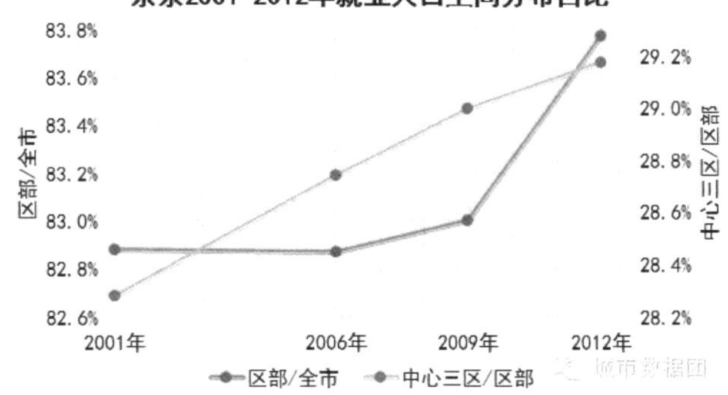

图 6　东京 2001—2012 年就业人口空间分布占比图

但上海市政府又是否能来减少市中心的就业岗位数量呢？此问题无法回答。但仅 2013 年间上海中心城区便有约 1000 万平方米的办公商业建筑竣工；中心城区还有约 100 平方公里的工业地块待更新为办公和商业功能；市中心还有繁重的旧城改造工作（仅虹口区就有 500 万平方米的拆迁量），拆二代们正等着这些旧区变成更有价值的商业开发……

这一切，都会让上海的市中心变得更有活力，也会给上海的市中心带来更多的就业岗位。

上海就是这样一个城市。在这样的城市里，如依然严守人口疏解政策，严格控制市中心人口，使郊区（包括新城）人口不断增长，我们不会得到传说中的“田园城市”。只会得到一个通勤距离越来越长的城市；一个综合交通不堪重负的城市；一个无论你修多少地铁到郊区早高峰时永远都是一边挤不上一边是空车厢的城市。一个越来越拥堵的城市。

因此大城市疏解人口能缓解拥堵吗？不，人口疏解，让城市更拥堵。

互联网思维的公众参与新模式

——“众规武汉”在线规划平台

黄 玮
武汉市规划编制研究和展示中心

1 “众规”是什么？

如同“众筹”，“众规”就是邀请众人规划，而不同于的是“众筹”是筹集资金，“众规”是筹集智慧，以及市民对城市规划的意见表达。

为了使城市规划更多地体现和满足公众意愿，提高规划编制的公众性、社会性，促进规划工作的开放性，武汉市国土资源和规划局在全国首先研究提出“众规”概念，并以互联网、大数据利用为核心，建立了“众规武汉”工作平台，开通了公众微信号。平台基于“众筹”理念，在城市规划建设领域，搭建一个由社会大众和专业机构共同参与的大众规划平台，实现规划编制工作过程中的透明化、可参与化（图1）。

“众规”的对象为两个：一是面向普通大众，主要筹集民意。通过平台，筹集公众、利益相关人员等，汇集形成“众意”；二是面向专业人士，主要筹集智慧。通过平台，筹集策划、营销、设计、建设、环境等各与规划行业相关的专业人士，汇集形成“众智”。

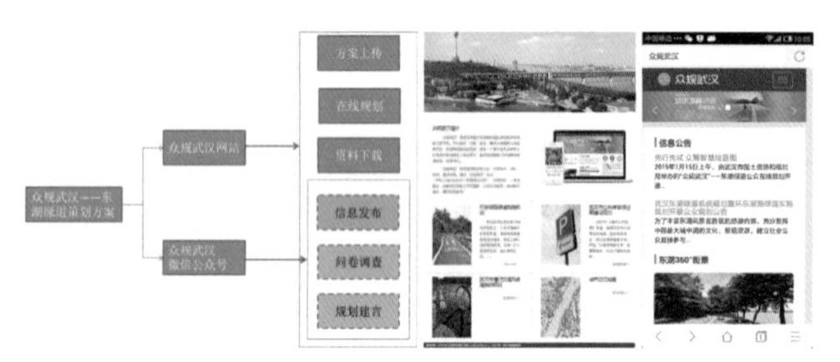

图1 “众规武汉”平台技术框架和网站（http://zg.wpdi.cn）微信

2 众规平台的意义

（1）创新了城乡规划公众参与的工作模式。以往的公众参与主要是规划编制前期的现场调研和民意征集，以及法定规划的批前公示等，众规平台是一个公众与规划面对面的亲民、便民、利民的平台。

（2）公众参与的广度、深度和开放度更强。规划工作直接面向社会公众，不限职业、学历、资质等均可参加。以众规平台为依托，“一张底图，众人规划”，实现公众与专业机构共同做规划。

（3）更能体现以人为本的规划理念。使城市规划尽可能地体现和表达公众的意志，使得规划方案更科学，更贴合广大市民的需求，让规划成为全民的规划，让城市成为大家的城市。

3 试点项目：东湖绿道规划

3.1 工作目标

（1）发挥东湖风景区的文化景观优势，推动东湖绿道建设，丰富东湖旅游内容，激发东湖活力。

（2）利用互联网和大数据技术，进一步提升规划编制的科学性、高效性。

（3）直接面向社会公众或技术团队征集，不限职业、学历、资质等，均可参加规划策划和方案设计，体现规划编制的公众性、社会性和规划工作的开放性。

（4）建立全国第一个“众规平台”，以东湖绿道项目为试点，启动首次众规工作，为平台的优化、完善和维护提供经验（图2）。

图2 “众规武汉”平台第一个项目：东湖绿道规划

3.2 工作阶段

（1）问卷调查：2015年1月8日至1月20日，公众开始“众规平台”注册，参与相关问卷调查和建议；

（2）概念方案征集：1月15日至1月30日，公众在平台上在线完成线路方案和相关设施布点；征集内容是：东湖绿道线网规划，包括绿道线路走向、入口建议，与周边区域道路连接方案，附属的停车、驿站、商服、自行车租赁等设施布点。

（3）节点设计方案征集：1月25日至2月5日，公众可以在平台上上传节点设计方案；征集内容是：环东湖路绿道主要节点景观、驿站以及相关附属设施的设计方案（图3）。

图 3　工作阶段平台

3.3 公众参与

“众规武汉”得到公众认可，积极踊跃参加。平台访问量日均 360 人次，微信访问量日均 100 人次，公众通过平台提供了 1 033 个规划方案草图。百度搜索“众规”词条一度达到 700 万个，“众规”的网络关注度非常高（图 4）。“众规武汉”东湖绿道公众规划工作也充分体现了人人参与规划、人人参与建设、人人享用城市的市民精神，征集的调查问卷和在线规划结果也基本上体现和表达了公众的意志，其中“在线规划”则采用计算机分析处理的方式，对所有方案进行叠加汇交，得出最具代表“公众理想”的方案（图 5），为东湖绿道规划后期技术深化提供了有益的帮助。

图 4　东湖绿道规划公告和公众在线开通仪式

图 5　东湖绿道线网和附属设施布局公众理想方案

3.4 社会反响

“众规武汉”得到了国家主流新闻媒体和专业主管部门的关注。《瞭望东方周刊》、“澎湃新闻”分别是以特约长篇专栏文章予以报道，称武汉的“众规”是“国内第一个由政府部门推动的规划互动公众参与平台”，是“实践互联网思维的突破”，“武汉市首创的众规是公众参与城市规划的一次新探索”。中国城市规划学会秘书长石楠盛赞“从总规到众规，了不起的一步。”

3.5 总结与思考

（1）“众规”东湖绿道是一次新的尝试，完成了目前的在线规划内容，仍然存在很多不足，如技术成熟度和稳定性上仍然有待提高，图纸可视性不强，技术门槛较高，参与面不够广等。

（2）“众规”东湖绿道改变了规划项目的组织方式，需要规划人员转变思路，变埋头做规划为与社会交流规划、在线互动规划。

（3）公众是一个模糊的概念，应进一步明确东湖绿道项目的相关利益群体，有针对性地征求他们的意见，对公众意见要积极给予回应，否则市民就会失去提议的热情。如何采纳众规信息并转化为政策和行动是网络公众参与良性发展的重要支持。

4 “众规武汉”以后怎么做？

（1）分步骤、分阶段、有重点地在众规平台策划推出其他合适的项目，如中微观实施性规划或行动规划、特色基础调查研究等基于个人认知和体验的项目等，将城市规划的互联网思维常态化。

（2）推广复制众规平台。公众参与是城乡规划转型的重要趋势之一，通过“众规武汉”创新规划工作模式，为其它类似平台的建设提供宝贵经验。

（3）继续完善“众规武汉”平台建设。“众规”不应简单的面对普通群众，更要建立规划数据实验室，开放部分规划数据，面向全球，请国际专业学者研究解答问题，这需要有具有强大功能的计算平台支持复杂的数据处理。

新的互联网大数据时代已经到来，这对规划人员提出了新的课题，需要我们转变传统的工作观念，更多去关注、倾听社会各界对城市发展的思考和意见，在规划编制和管理中予以考虑和落实。

海洋建设管理新常态与多模型构建引导下的填海造地规模研究

张　赫
天津大学建筑学院

1 选题意义

1.1 研究出发点与背景

对于填海造地规划管控的制定还存在很多不完善的方面，其中的首要，也是前提性研究，就是对填海造地规模的合理确定及管控。

（1）现实背景——合理应对填海造地的快速发展与管理失控的需要。

（2）政策背景——建立基于国家战略的海洋综合管理机制的需要。

（3）技术背景——有效解决技术手段单一的现实操作困境的需要。

1.2 研究目的与意义

填海造地合理规模研究的实现将改善对于海域利用测评的技术手段，该研究还能在空间建设规划和上级主管部门决策方面促进海洋综合管理和海岸带地区城镇化的实现（图 1）。

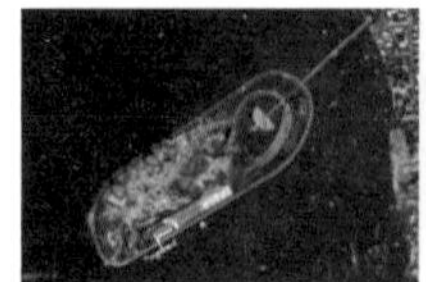

中国三亚凤凰岛　　卡达尔多哈珍珠岛　　阿联酋迪拜棕榈岛

图 1　填海规划项目

2 研究基础

2.1 现行法规政策规定的填海造地规模确定方法

现行法规政策中，有对填海规模的限制规定，实行的是依托重大项目的分级分类年度计划指标管理体制，依照前一年的情况，确定后一年的指标。

2.2 既有研究总结与借鉴

参考城市土地利用规模（尤其是建设用地规模）的研究，承载力研究等相关领域，控制指标的制定，主要通过三类方法：分类预测法、定额指标法和数学模型预测法。

3 研究框架

通过背景、政策、方法的总结，分析和构建填海造地规模需求、供给系统，运用系统动力学方法进行综合平衡，建立规模评定系统，并在此基础上建立定量的方程关系，构建填海造地规模评定应用系统。

4 核心内容

4.1 填海造地规模需求系统

（1）填海造地的双重效益；

（2）填海造地的驱动因素；

（3）填海造地需求的评估指标；

（4）填海造地需求的效益指标；

（5）国外代表性地区历史回顾性研究与需求规律总结。

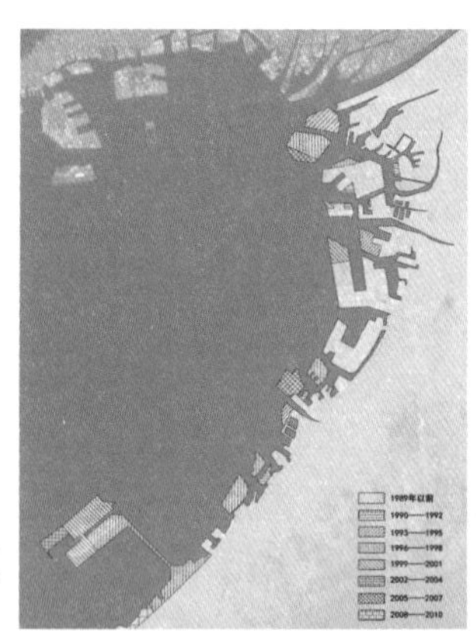

时期	新增填海造地规模 单位：ha	填海造地累积总量 单位：ha	填海造地规模增长率 单位：‰
1989	2891	2891	-
1992	39	2930	1.35
1995	300	3230	10.24
1998	420	3650	13.00
2001	230	3880	6.30
2004	10	3890	0.26
2007	20	3910	0.51
2010	22	3932	0.56

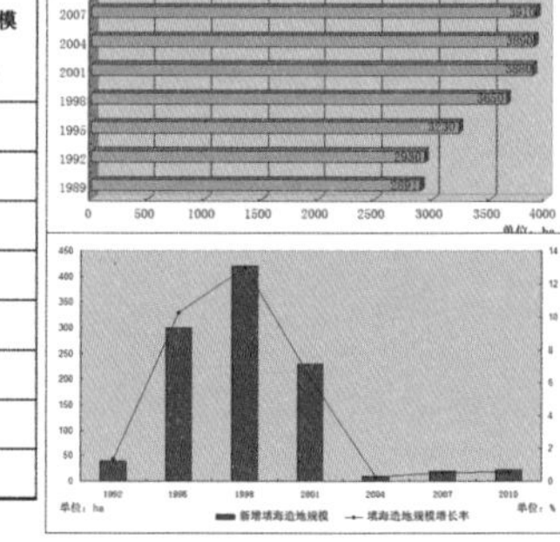

图 2　大阪填海造地历史进程

综合分析，在各个填海造地需求指标中，人均 GDP、GDP 总量、货物吞吐量、填海区域离城市中心区平均距离，四项指标与填海造地规模高度相关；不动产平均价值、人口密度，两项指标与填海造地规模在一定程度上相关；自然人工岸线比指标与填海造地规模存在相关性，但是受到外部环境政策的影响较大；重要法规标准颁布时间则是填海造地规模的重要限制性因素（图 2）。

4.2 填海造地规模供给系统

（1）填海造地供给的主要影响因素；

（2）填海造地供给规模评价的指标体系；

（3）指标的标准化与赋值；

（4）基于状态空间法的填海造地供给规模数理测评；

（5）不同状态空间模型的意义与决策分析。

4.3 填海造地规模评定系统

（1）系统动力学模型简述与应用特征；

（2）系统动力学模型的构建；

（3）填海造地规模评定的系统动力学模型；

（4）基于天津市滨海新区填海造地规模模拟分析的实证研究；

（5）天津市滨海新区填海造地规模评定实证系统初步模拟分析结论。

5 主要结论

表 1 天津滨海新区填海方案比较

方案	GDP综合增长率（%）	人口综合增长率（%）	减灾防灾投入增长率（%）	海洋环境整治投入增长率（%）	方案描述
方案1	23.79	4.5	8.5	8	高速需求一般供给方案
方案2	23.79	4.5	15	15	高速需求中等供给方案
方案3	23.79	4.5	25	25	高速需求高等供给方案
方案4	20	4	8.5	8	中高速需求一般供给方案
方案5	17	3	15	15	中速需求中等供给方案
方案6	13.5	2.5	20	20	中低速需求高等供给方案
方案7	10	2	15	15	较低速需求中等供给方案
方案8	7.5	1.5	10	10	低速需求一般供给方案

填海造地规模评定实证应用——天津市滨海新区填海造地进程的多方案比选（表 1）分析结论：

方案 1、方案 2、方案 3 的比较：从模拟的结果可知，单纯提升填海造地的供给能力，仍然不能满足高速发展的建设需求。因此，对于天津市滨海新区，在海岸线相对较短，绝对浅海区面积难以扩展的现实条件下，仅仅依靠环境改善投入，是难以实现填海造地的可持续发展的。

方案 2、方案 5、方案 7 的比较：在基本保持填海造地的供给能力的同时，中高速增长方案不能满足填海造地可持续发展的要求，但是较低速增长方案则可以满足。由此可见，在供给能力受限的情况下，填海造地需求对于实际操作和可持续发展的灵敏度和贡献度更大。

方案 3、方案 4、方案 5、方案 6 的比较：此四个方案中，GDP 综合增长率基本保持了 3%~3.5% 的匀速下降，而人口综合增长率，则出现了 0.5% 和 1% 两种不同等级的下降。通过对比四个方案，可以看出人口综合增长率的突出变化，不但明显的降低了填海造地的需求而且有效提高了填海造地供给能力，而其是直接决定填海造地可持续发展的重要指标（图 3）。

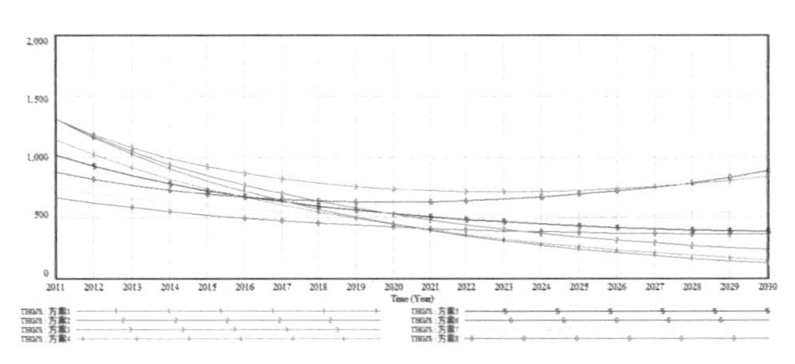

图 3　填海造地供给总量 THGJS

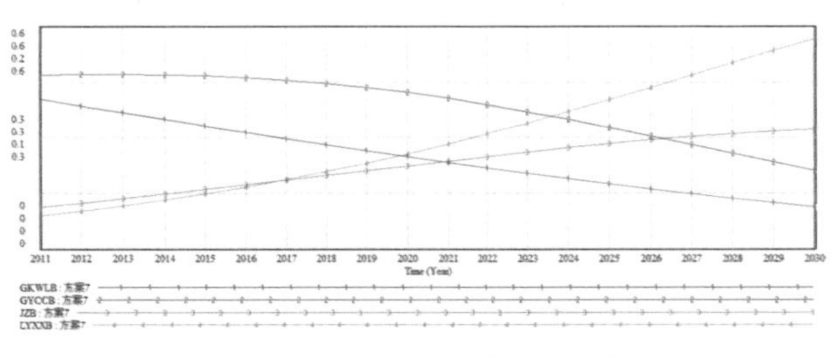

图 4　方案 7 不同功能类型填海造地规模比例

根据模拟的最优方案 7，天津市滨海新区未来在 2011—2015 年的近期五年内，填海造地总规模为 131.0776 平方公里；到预测中期 2020 年末，累积填海造地总规模为 522.747 平方公里；到预测远期 2030 年末，共完成工业仓储用地填海造地 412.376 平方公里、港口物流用地填海造地 222.052 平方公里、居住用地填海造地 209.796 平方公里、旅游休闲用地填海造地 1 108.34 平方公里，共计 1 952.564 平方公里。剩余可供给海域面积 555.634 平方公里（图 4）。

总规“使用手册”

——服务于实施的规划思考

顾玄渊
上海同济城市规划设计研究院

1 城市总体规划编制中的困惑

城市总体规划作为法定规划，是城市进行城乡规划管理的主要依据。然而，总体规划因为从编制到获批的时间较长，与城市当下发展的实际情况具有一定的差异；同时，总规涉及城市各个职能部门的相关内容，在协调中往往存在一些未尽事宜。因此总体规划在编制完成之时，就是城市各相关部门、各专业规划、各项目安排陷入混战之始。如何使用好总体规划，如何将总体规划的核心内容在管理和实施的过程中予以层层落实，既是对政府管理协调水平的考验，也对总规编制人员对未来总规使用中的情况预判提出了更高的要求。

2 总体规划为什么需要“使用手册”

2.1 “使用手册”的意义

总体规划是城市各项规划建设的最重要的依据，但其同时也是一个较为专业的技术成果，因此如何依据总体规划，在哪些方面依据总体规划，总体规划依据到什么程度，既有较强的专业性背景，又有个体差异的实际情况。因此总体规划需要一个针对用户的“使用手册”，既有利于更好地落实总体规划，提高总体规划的使用效率，又能够补充总体规划的不足，提供总体规划与各专业部门规划及下位规划提供衔接的纽带。

2.2 “使用手册”与总体规划的关系

总体规划成果中的说明书，主要用于解释总规法定成果的形成原因，也有部分涉及对法定成果的补充说明。但主要是支撑法定成果的更宏大的背景分析、详细的调研分析、科学论证过程和具体阐述。基本上还是延续的城市规划的编制逻辑，并没有跳出规划的视角，以城市管理的统筹思路来看待总体规划的使用问题。

总体规划中的实施策略内容，一般具有对下位规划、相关部门规划和建设项目及时序的指导意见，但受其战略性和纲领性所限，难以涉及具体的指导要求，也不适合做过于强硬的规定，因此这些内容对总规的管理实施仅仅起到原则性的纲领的作用，难以具体指导管理实施工作。

2.3 “使用手册”是对城镇精细化管理的在地思考

十八届三中全会以来，中央释放“多规合一”的强烈信号，旨在加强城镇化管理创新和机制建设。我们都知道城市发展三分靠规划，七分靠管理，总体规划的管理与实施，对城市发展发挥的作用越来越大。要提高城镇规划的管理实施水平，既需要在总规编制当中补充管理技术的创新，更需要为后续的城市管理实际搭建好衔接平台，为城市管理水平的升级，实现城市的精细化管理建立基础。“落实国家新型城镇化规划，促进城乡经济社会一体化发展”并不是一句空话，而是我们在总规编制的同时，以及总规编制完成后对总体规划如何使用的现实思考。例如，在上海总规 2040 的前期研究中就曾提出“1+3”的内容体系。这一设想是针对特大城市在管理实施上的复杂性，将总体规划细分出战略性成果与实施性成果这两个层次的规划编制创新。

3 晋江总规的后续“使用手册”

对于像晋江这样处于快速城镇化过程中的县级市，还处于从讲究人际关系的血缘社会向现代社会的过渡期中，广泛存在管理水平不足、人员素质参差不齐的问题，对总体规划的严肃性以及后续管理实施的方法技术，都缺乏认识。为了让不同的“用户”更好的理解并使用总体规划，我们为其制定了“1+5”的内容体系，在总体规划获批之后，编制了 5 种总规“使用手册”，逐一解决规划管理与实施的现实问题（图 1）。

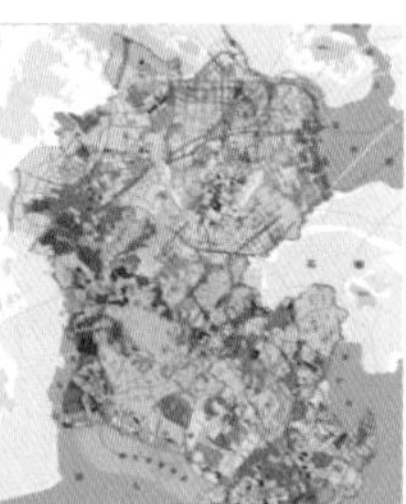
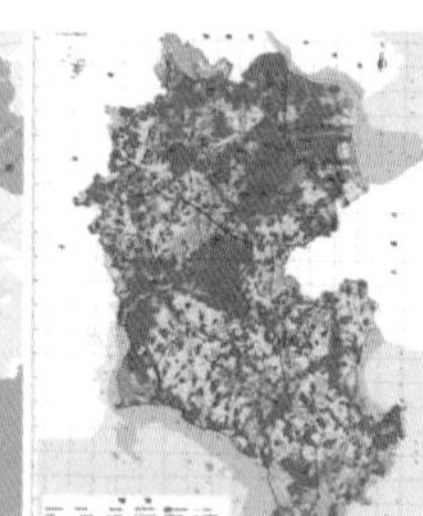

图 1　产业部门规划，规划部门规划，国土部门规划

3.1 针对总体规划实施主体的“使用手册”——行动规划

（1）梳理不同层级、不同类型规划项目的关系；

（2）为不同类型的责任部门制定重点不同的工作计划；

（3）项目流程控制。

3.2 针对下位规划编制主体的“使用手册”——单元编码规划

（1）新城区大，旧城区小；

（2）单一功能区大，混合功能区小；

（3）外围片区大，中心城区小（图2）。

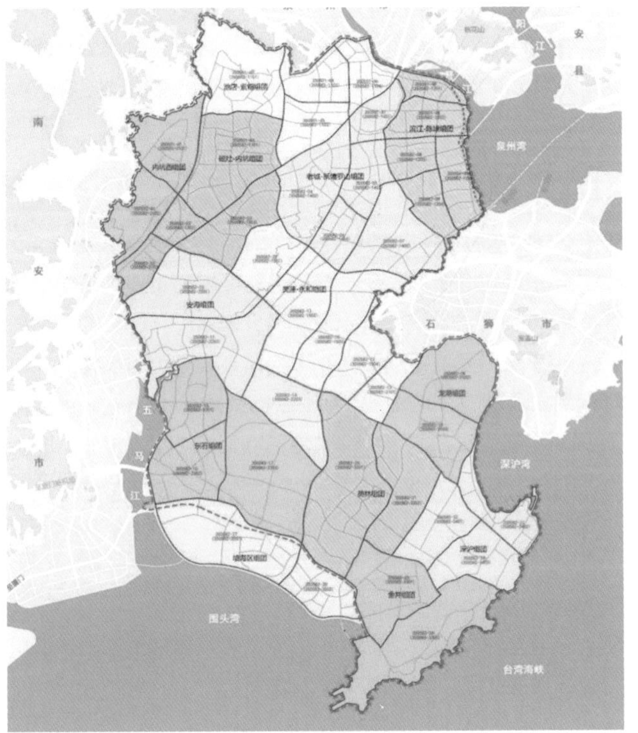

图2　单元编码规划

3.3 针对专业规划编制主体的“使用手册”——公服设施规划

建立7大类，4层级，具有不同侧重点的公服设施体系（表1）。

设施分级	设施服务人口规模	公共服务设施分类													
		文化设施		教育设施		体育设施		医疗卫生设施		社会福利设施		行政办公设施		商业及其他服务设施	
		内容	要求	内容	要求	内容	要求	内容	要求	内容	要求	内容	要求	内容	要求
市级/城区级	50-238万人	展览馆 图书馆 文化馆 博物馆 青少年宫 老年活动中心	定位置、定规模	高等学校 职业学校 特殊学校	定位置、定规模	市级/城区级体育馆 市级/城区级体育场 游泳馆	定位置、定规模	市级/城区级综合医院 专科医院 预防保健机构 急救中心	定位置、定规模	残疾人康复中心	定位置、定规模	市级/城区级行政服务机构	定位置、定规模	市级/城区级商业金融中心	定位置、定标准
街道/镇级	20-50万人	综合文化活动中心 图书室	定位置、定规模	十二年制学校 完全中学 高中 初中 九年制学校 小学	定位置、定规模	街道级体育馆 街道级体育场	定位置、定规模	街道级综合医院 急救分中心	定位置、定规模	街道级敬老院	定位置、定规模	街道办事处 税务所 工商管理所 派出所	定位置、定规模	街道商业中心， 邮政设施主要营业网点	定标准
虚拟街道级（居住区）	3-12万人	综合文化活动中心 文化广场	定标准	—		社区综合体育活动中心 运动场	定标准	社区卫生服务中心	定标准	老年人服务中心	定标准	社区（街道）事务受理服务中心 派出所	定标准	邮政设施主要营业网点 配套超市	定标准
社区级	0.3-1.2万人	—		托幼	定标准	室外活动场地	定标准	社区卫生服务站	定标准	社区托老及日间照顾设施	定标准	社区服务中心	定标准	—	

表1　公共设施体系

3.4 针对市民大众的“使用手册”——宣传手册(图3)

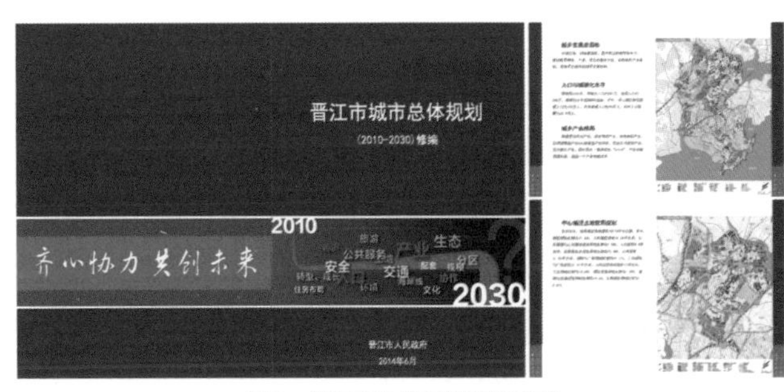

图3　晋江市总体规划宣传手册

3.5 针对城市管理主体的“使用手册”——发展战略研究（图4）

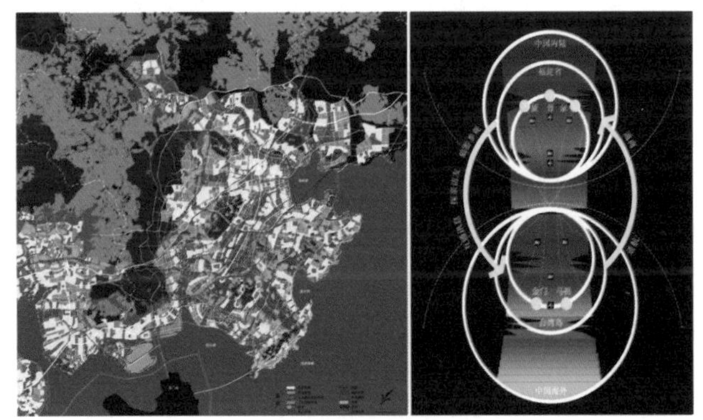

图4　发展战略规划

4 结语

当前的总体规划编制时间较长，时效性不足；作为法定成果，措辞拘谨，机动性不足。因此有必要通过“使用手册”的方式对其进行补充完善。简单粗暴的“一刀切”式管理在多元化发展的大趋势中，往往出现不接地气的情况，因此强调精细化管理的在地思考就显得非常必要。规划编制的好不好固然重要，但是在管理实施中好不好用则更加重要。

新型城镇化下城市总体规划各类人均用地的科学确定

——以四川省武胜、营山、大英县城总规为例

陶 蓓
四川省城乡规划设计研究院

1 前言

（1）《国家新型城镇化规划（2014—2020）》中提到主要依靠土地等资源粗放消耗推动城镇化快速发展的模式不可持续。我国城镇化发展由速度型向质量型转型势在必行。

（2）现实问题是在城市总体规划编制中，当地政府总是过度要求城市建设用地规模。建设用地就是能立马变现的金子，在控规编制中过度追求积率。容积率越高每亩产生的经济价值越高。这样的后果是同一区域，控规人口规模远远大于总规人口规模。这样就会出现一个个空城鬼城，资源极度浪费。是新型城镇化严格杜绝禁止的。

（3）规划人应对措施：守住底线，科学规划。

2 总规中建设用地规模的确定因素

2.1 武胜营山大英基本情况介绍

三个县城均位于四川省东部区域。经济社会产业都较为相似，其经济和城镇化率的增长都较多的来源于县域内部资源的挖掘。对这三个县在总规编制过程中的目标年总人口、城镇化率、县城首位度、人均建设用地面积、人均居住用地面积以及城市性质进行分析。

2.2 城市建设用地规模

（1）从当地政府层面和国家层面分析城市建设用地规模的重要性。

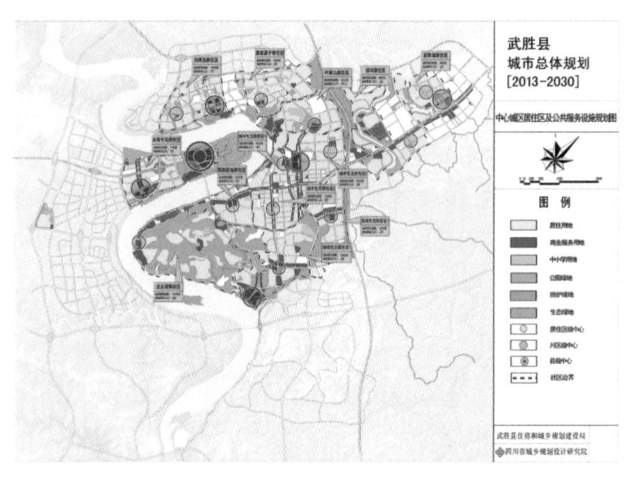

图1　中心城各功能分区人口分配图

（2）详细介绍城市建设用地规模在城市总规层面的制定过程。第一步预测目标年县域总人口和城镇化率得出县域总的城镇人口；第二步将城镇人口分配到各个乡镇，得出县城总人口规模；第三步确定的人均建设用地指标，得出城市建设用地规模（图1）。

（3）分别对于城市建设用地规模制定相关因素进行阐述，主要包括县域总人口、城镇化率、县城首位度人均建设用地指标，并着重阐述人均建设用地指标的重要性。

3 各类人均用地指标解析

3.1 人均建设用地指标

通过规范分析以上三县城的人均城市建设用地规模取值区间为75.0平方米/人至105.0平方米/人（幅度较大）。

《国家新型城镇化规划》人均城市建设用地严格控制在100平方米以内，建成区人口密度逐步提高。

在编制过程，人均建设用地指标普遍一度在95~100平方米/人之间，也就是取值区间的高限值，尽量争取较多的建设用地。

3.2 人均居住用地指标

人均居住用地用指标：规范规定人均居住用地的建设用地指标取值在23~36平方米/人之间。

3.3 工业用地

规范中规定工业用地占城市建设用地的比例15%~30%，在新型城镇化下也不尽合理，不应设置下限值。工业化已不是新型城镇化的最重要的推力。

一直以来工业化被认为是城镇化的核心动力。中国的第一产业面临着严重困扰。一方面产能过剩，资源浪费，生态恶化；另一方面各个区域一产业规划非常的均质化。国家也取消了对各地政府GDP的考核制度，在这种情况下是否每个县城都需要放工业用地，那么多的工业用地值得商榷。

武胜总体规划最后的审批版本就打破传统，取消了城西的所有工业用地，工业用地占的比例仅有4.19%。

3.4 控规对总规指标的落实情况

（1）容积率

按照一般习惯和对土地集约的考虑，川东各县城的居住用地的容积率一般值规划为 1.8~2.2，重点地段的容积率给到 3.0 甚至更高。

控规中人口规模确定一般有两种方式。一是来源于总规的指导；二是通过居住用地面积乘以容积率来测算总的住宅建筑面积，按人均住宅面积 35~40 平方米 / 人来确定人口规模。

（2）案例

以武胜北区控规为例，其居住用地的基准容积率为 2.2，通过住宅建筑面积的测算人口有 15 万之多，而在总规中指导的人口为 8 万人（该总规指报四川省建设厅专家评审版）。同一区域控规人口比总规人口多近一倍之多。经控规校核这个几个县城的人均居住用地实际不足规范的低值（图 2、图 3）。

	现状					2030年				
	县域总人口（万人）	县城首位度	城镇化率	县城人口规模（万人）	人均建设用地（平方米）	县域总人口（万人）	县城首位度	城镇化率	人口规模（万人）	人均建设用地（平方米）
武胜	84.79	0.45	31.80%	12.3	66.32	88	0.62	54.3%	30	85.18
营山	94.43	0.48	28.30%	12.8	73.33	98	0.54	63%	34	99.3
大英	55.45	0.71	31.40%	12.5	93.8	65	0.8	61%-64%	32	99.43

图 2 武胜、营山、大英相关数据一览表

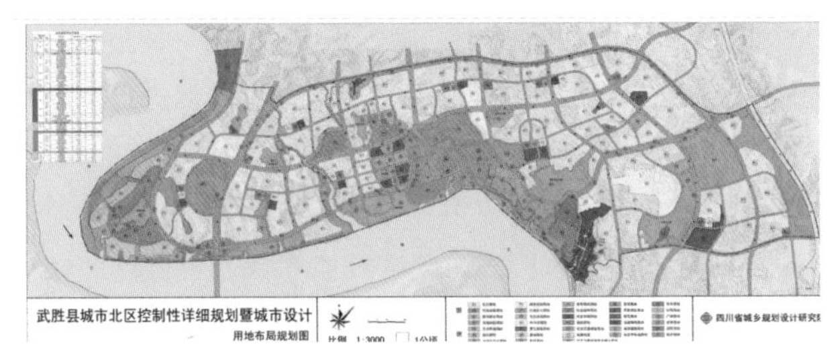

图 3　武胜北区控规

3.5 如何科学确定人均用地指标

总规层面：合理确定城镇化率；合理降低县城的首位度给予乡镇发展机会；降低人均建设用地指标。

控规层面：科学确定容积率应在土地财政和城市空间形态控制中找到平衡点。一般来说 1.8~2.2 的基准容积率是那个平衡点。

4 结论

科学合理确定总规中的人均用地指标体现新型城镇化的新要求能在源头上为城市发展提供合理的空间，避免资源浪费。

符合川东各县城发展实际的人均用地指标如下：人均建设用地指标：85 平方米 / 人甚至更低一些的取值；人均居住用地指标，最好不突破 25 平方米 / 人，更不应大于 30 平方米 / 人；工业用地占城市建设用地的比例不做下限规定。

上海人口发展的弹性规划应对方法探讨

周文娜
上海市城市规划设计研究院

1 背景

（1）规划的困境

现状发展与人口预测的差距：现状人口远超总体规划预测人口总量；中心城人均建设用地比当年倒退（图1）。

图1　人口的现状特征分析

（2）规划的出路

国家提出“严格控制特大城市人口规模”的要求，新一轮总体规划对城市人口既要有积极调控人口的综合性政策，也要汲取前车之鉴，需要突出弹性的城市应对思路，这才将是上海应对充满变数的人口增长的唯一出路。

（3）基本思路

把握三个关键问题。严控与发展的关系；总量与结构的关系；静态与动态的关系。

2 严控与发展：新背景要求下的人口目标

以多种方法、综合各专家意见，2040 年人口发展基本趋势为 3000 万，基本接近土地可承载的极限规模。面临增速趋缓、高龄少子化、结构多元化三大结构发展趋势。

2.1 规划考虑的两个参数

总量严控。贯彻国家宏观调控要求，按照宜居城市标准，将常住人口规模的上限确定为 2 480 万，作为规划调控目标。用地坚持土地利用总体规划的 3 200 平方公里不动摇。

适度弹性。综合考虑旅游、商务和跨行政区通勤等因素，在规划期末常住人口总量基础上，考虑 20%~30% 的弹性预留，作为公共绿地、公共服务设施、基础设施供给和产业调整的重要依据。

2.2 弹性控制层级

新一轮总体规划要考虑在市域范围内全口径服务人口的需求。包括常住人口（户籍及外来）、流动人口（半年以下暂住人口，以来沪旅游及跨界流动等）的人口。按照不同设施的类型和属性，考虑弹性预留的级别，分为强、中、弱三个层级的弹性控制指导。

2.3 人口发展导向

以功能产业调整优化人口结构、以适宜的人口密度优化人口分布、以严控用地供给强化人口调控目标。

3 总量与结构：人口结构的空间政策指引

3.1 寻找人口问题的核心要素

人口问题是复杂性问题。仅从基本构成来说，城市夜晚居住人口和白天工作人口是城市人口的主体。因此，就业与居住是应对人口问题需要把握的最核心要素。

认清人口、就业与住房的关系，合理的人口规模和人口结构目标，带来对住房的需求。而就业是带动人口结构调整和布局优化的关键动因。

3.2 技术路线

通过人口现状特征分析，得到人口空间引导政策分区以及优化方向。通过就业中心的建设引导策略，促进人口空间的优化。

（1）人口现状特征分析

通过输入变量 – 因子生态分析 – 聚类分析的过程，分析上海市常住人口社会空间结构主要问题特征，并作为政策区划示的基本参考。通过技术方法模型，形成三个主因子和四类社会区。

（2）人口分布优化目标

基于现状结构特征，叠加人口密度等规模目标，形成人口控制区、适度发展区、人口导入区以及内部人口结构的空间分布优化目标。

3.3 以就业岗位的优化带动人口分布优化

通过手机信令、三经普等数据，发现中心城高密度的人口集聚与就业岗位的高度集中密切相关。通过对现有就业中心情况的评价，以及未来发展的潜力和需求考虑，分类指导就业中心的发展（图2）。

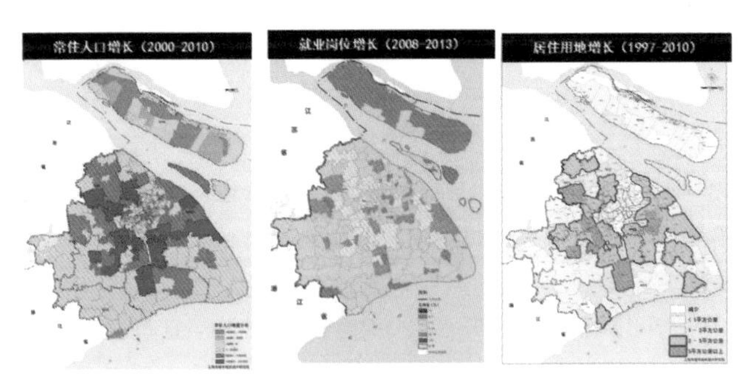

图2　人口规划分析

4 静态与动态：多情景分析下的策略应对

4.1 考虑城市发展不确定性的规划编制流程

传统的预测技术是在系统环境不变情况下，以过去推断未来，所以未来的路径是历史和现状的延伸，是既定的。因此，未来城市发展的过程及其结果应该只有一种结局。而在城市发展环境变化的背景下，传统的预测技术因不能解释处于不确定环境中的系统长期发展的多种可能性而受到极大的挑战。因为当城市组织系统所处的环境发生变化时，发展的路径可能发生极大的变化，致使原来的预测结果失效。

多情景规划具体指在基本发展趋势之外，针对其他可能产生的极限情景，制定公共设施、基础设施等应对措施，形成规划预案。建立"监测－评估－调整"机制，通过监测人口增速、人口结构变化，评估建设用地供应、住房供应、公共设施配置、市政交通保障等方面的匹配度，形成对策清单，适时启动应对机制，及时做出政策调整。

4.2 关键监测指标

影响因素和驱动力是影响城市发展目标实现的重要变量。确定城市发展的驱动力与关键因素是情景规划的核心，需要周密的文献调查、系统思考以及与各种专家学者的访谈。城市空间发展的组织与演进过程受到诸多因素的影响，按照确定性状况的差异，因素可以分为确定的因素与不确定的因素。这两部分都是未来发展的重要组成，其中确定的因素代表了系统发展的稳定性组成，而不确定性因素最终决定了系统的变化和不同的情景。

4.3 多情景模拟

从未来上海经济增长与产业结构调整的角度对城市就业人口规模进行情景分析。基本有三类情景考虑。

4.4 多情景应对框架

从人口与就业、居住、产业、公共服务、市政、城市更新等多方面考虑多情景对策清单框架（图3）。

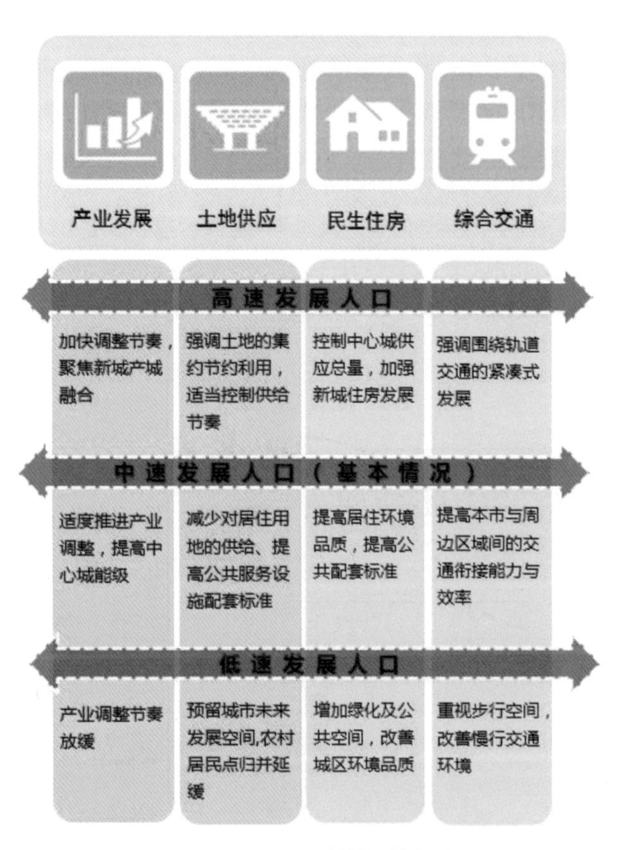

图3　人口发展多种情景的策略框架

适应城乡规划转型的技术分析模型：时空链网分析法初探

陆　学
陕西省城乡规划设计研究院

1 新常态 • 新问题

政界、规划界、学术界对新常态下城乡规划转型的方向和要求展开了广泛而深入的讨论。当前最为紧迫的是：转型的实施路径、技术方法和配套制度设计。

可持续发展、气候变化、水资源短缺、生物多样性破坏、生态系统服务价值挖潜等全球共性问题，产能过剩、三农问题、半城镇化、乡村病等中国特性问题，交织在新常态这一特殊历史时期，使得新型城镇化要解决的不是局部的个别问题，而是全局的系统问题，具体而言，是城乡生态系统演进的整体结构调整问题。在传统工业化推动城镇化越过50%“半城市化”节点后，大量历史遗留问题不断突显，并对新阶段城镇化(新型城镇化)推进产生严重制约。新常态下，城乡规划要解决的问题从“单一”向“综合”演变，系统地“解决历史遗留问题和规避潜在风险问题”成为新型城镇化推进的重要内容和组成部分，并且在相当长一段时间内是各界关注的“焦点”。与此同时，空间的社会转向、生态转向及其实践诉求日益增强，地方政府对城乡规划提供系统性解决方案的诉求和期望迅速升温，但规划技术指导标准仍以单一的“人均用地”为核心。简而言之，理论研究和实践操作，共同呼唤适应城乡规划转型的系统分析框架（图1）。

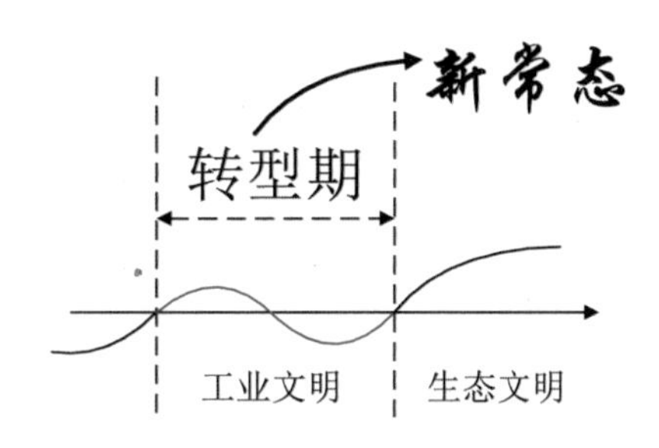

图1　新常态转型示意

然而，旧常态下形成的规划理念、方法和技术，十年前可能受欢迎，但今天已经不足以应对新常态下的新情况，无法满足城乡规划转型呼唤系统分析框架的需求。

2 问题根因与破题思路

“速度城镇化”引发的气候变化、资源耗竭、环境恶化、生态破坏、社会不公等系列问题，与政府层面“高大上”的战略取向和市场层面“短平快”的价值取向有着密切联系。这种两种取向催生并强化了城乡规划的传统分析范式，可以概括为“人口—用地—设施”的单向线性分析模式。

常态下，城乡规划是多视角、多层次、多主体、多要素的反复平衡过程。然而，“人口—用地—设施”的单向线性分析范式，表现出分析范式标准化、工作方式机械化、规划内容割裂化等“三化”特征，无法将“五位一体”的相关内容整合到统一的分析框架中，非法定成果图纸急需补充，但现实并不乐观。

因此，城乡规划转型最关键的理念方法创新是“人口—用地—设施”单向线性分析模式的打破以及适应新常态的新模式的建立。

3 模型建立

新模式的建立必须从城乡生态系统的角度去审视，运用辩证唯物主义研究方法，可以把城乡生态系统解构成“人、地、城”三个子系统。其中，“人”指人类及其活动；“地”指资源环境及生态系统；“城”指人类聚居地，如城市或农村。

在遵循“任何现象都发生在特定时空；距离对事物关系产生影响（距离衰减）；时间对事物关系产生影响（时滞效应）；人具有自然和社会双重属性”四个基本假定的前提下，基于城乡生态系统的解构分析，提出时空链网分析法，以适应新常态下城乡规划的转型发展。

时空链网分析法指城乡规划分析范式从“人口—用地—设施”的单向线性模式转向“要素—关系—链网”的多维链网模式，主要包含四个维度，即要素群（人、地、城）、时间轴、空间轴、生态链网，具有分析范式系统化、工作方式灵活化、规划内容网络化的新“三化”特征。

时空链网分析法主体内容可概括为“344模型”，即解析人、地、城三大要素，梳理人地关系、人城关系、城地关系、城城关系等四大关系，构建产业链网、交通链网、生态链网、物联链网等四大链网（图2）。

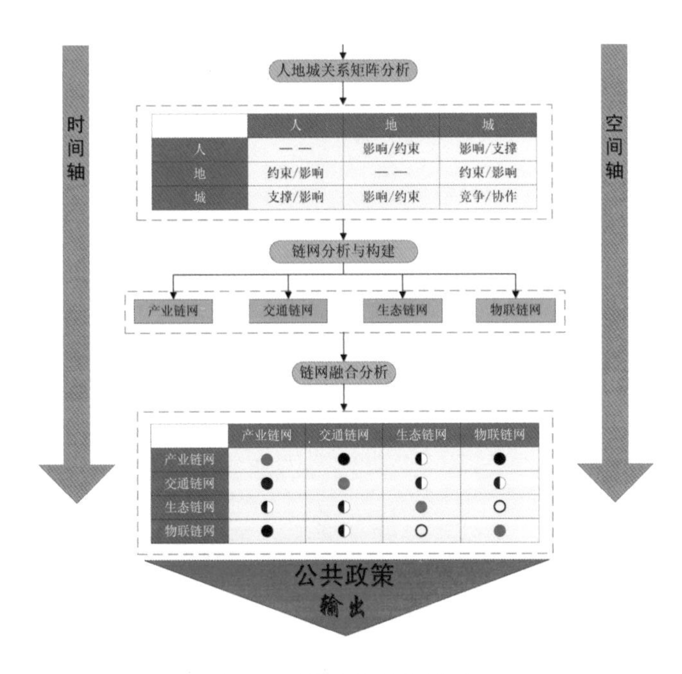

图 2　时空链网分析法概念模型

4 模型解释与应用指引

从总体规划的视角，进一步给出了三大要素的解析内容、四大关系的量化处理和操作步骤、四大链网的提出、构建方法及融合思路，为时空链网分析法的具体应用提供可操作的指引（图 3）。

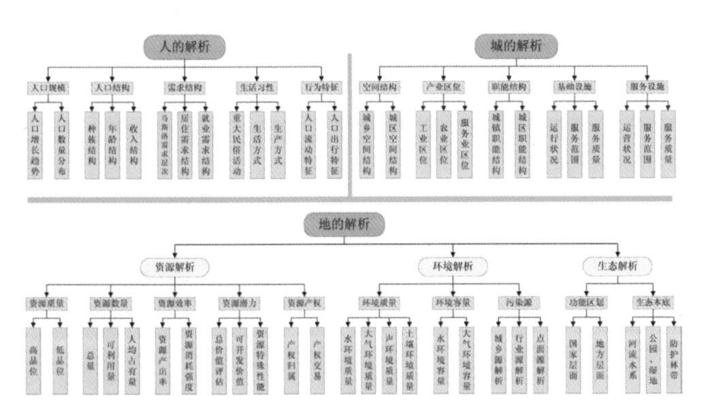

图 3　多规融合解析内容

5 思考和讨论

权威研究表明，城镇化率（速度）与城乡统筹、经济发展并无显著因果关系。那么，我们该如何深入审视新型城镇化的驱动机制？

城市模型研究理论与方法的“新常态”

——来自麦克·巴蒂访谈的启示

刘　伦
剑桥大学

1 背景

纵观城市科学的发展历史，从对城市现象的记载、描述，到对其进行归纳、总结，再到对城市事物之间的关系描述，最后发展到用系统的观点看待城市，其发展历程经历了一个从定性到定量的过程。在这样的发展规律下，“城市模型”（Urban Model）在城市科学中逐渐成为重要分支。城市模型是在对城市系统进行抽象和概念化的基础上，对城市空间现象与过程的抽象数学表达，是理解城市空间现象变化、对城市系统进行科学管理和规划的重要工具，可以为城市政策的执行及城市规划方案的制定和评估提供可行的技术支持（图1）。

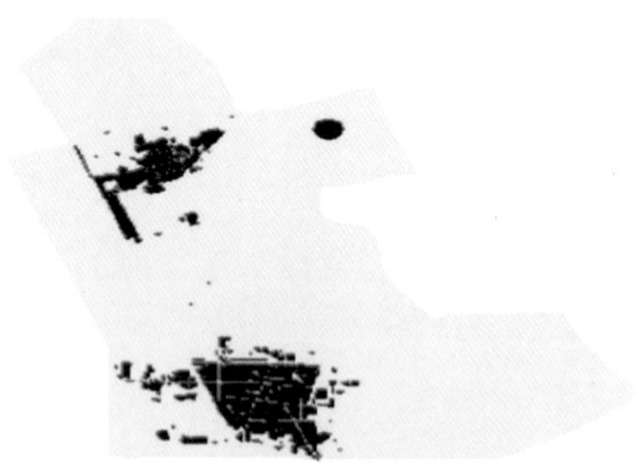

图1　基于城市CA模型的产业转型期沛县城市空间演变研究

2 人物

在我国城市规划逐渐由过去二三十年的“大拆大建”向精细化“新常态”转型的背景下，城市模型研究也在逐渐兴起。为使国内学界更好地了解城市模型研究的发展历程与发展方向，笔者于2013年12月采访了城市模型领域重要学者、英国伦敦大学学院教授、高级空间分析中心主任麦克·巴蒂（Michael Batty）。访谈主要涉及半世纪以来城市模型研究的经验与教训，以及城市模型的发展趋势，希望引发国内学界的关注与进一步研究。

麦克·巴蒂（Michael Batty）

英国伦敦大学学院（UCL）教授、高级空间分析中心（Center of Advanced Spatial Analysis，CASA）主任

英国科学院院士（Fellow of the British Academy）、社会科学院院士（Fellow of Academy of Social Sciences）

曾获区域科学学会“威廉·阿隆索奖”（William Alonso Prize）、Lauréat Prix International de Géographie Vautrin Lud（地理界的诺贝尔奖）

著有《城市模拟》（*Urban Modelling*）、《城市与复杂性》（*Cities and Complexity*）、《城市新科学》（*The New Science of Cities*）等

著作《城市新科学》（*The New Science of Cities*）

I Foundations and Prerequisites

1 Building a Science of Cities

2 Ebb and Flow: Interaction, Gravity, and Potential

3 Connections and Correlations:The Science of Networks

II The Science of Cities

4 The Growth of Cities: Rank, Size, and Clocks

5 Hierarchies and Networks

6 Urban Structure as Space Syntax

7 Distance in Complex Networks

8 Fractal Growth and Form

9 Urban Simulation

III The Science of Design

10 Hierarchical Design

11 Markovian Design Machines

12 A Theory for Collective Action

13 Urban Development as Exchange

14 Plan Design as Committee Decision Making

Conclusions: A Future Science

3 内容

城市模型研究始于20世纪初期，1960至1970年代是城市模型研究的第一次高潮，从1990年代开始，计算机硬

件技术的进步、人工智能等相关领域的发展、以及地理信息系统的日益成熟推动了城市动态模型的发展。在定量城市研究的第一次黄金时期，城市模型由于未能很好的解决实际问题，研究热潮随之减退。早期城市模型模拟结果不佳的主要原因可以归结为，城市发展中对政策制定最为关键的领域往往也最难以建模，其深层原因在于，当时的城市理论不足以为城市模型提供坚实的理论基础。这种理论层面的不足，可以进一步归结为城市理论在不确定性问题方面的不足，同时，人们也未能掌握足够的模拟主体的行为模式的相关信息。此外，不同国家文化中对技术的态度（如美国的技术乐观主义）、规划师职业文化对模型方法的接受能力、以及模型方法在不同领域之间移植的适应性问题也影响了城市模型在规划实践中的应用。

经过了早期的静态模型阶段，目前绝大多数城市模型都属于动态模型，精细化的城市模型（动态的、基于离散动力学的、微观的、“自下而上”的城市空间模型）将成为未来的研究热点。与之相应，城市模型与规划实践的结合也可由宏观的总规层面扩展至中、微观的详规层面。当今城市的复杂性正在快速提高，为了在越来越多样的城市问题上为规划决策提供支持，城市模型建模方法主要呈现出四项发展趋势。第一，宏观模型与微观模型的结合。第二，城市模型进入为特定问题建立专用模型的阶段，即开发更为“问题导向型”的城市模型。第三，城市模型研究需要应对快速提高的城市复杂性。第四，通过从不同角度对同一问题构建多个模型，观察并比较其模拟结果来应对不确定性问题（图 2）。

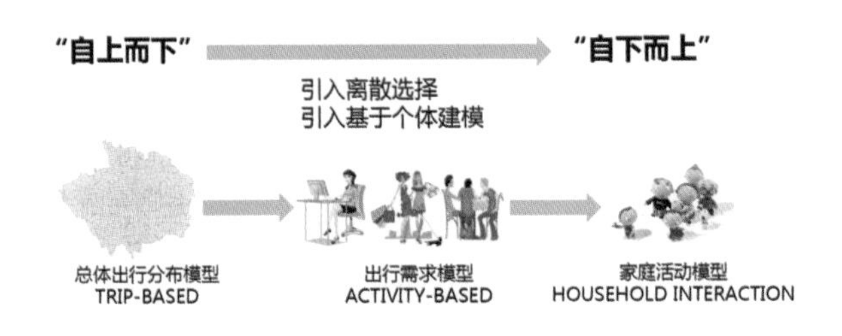

图 2 “精细化”是城市模型发展的主要方向

此外，在当今的大数据时代，城市研究也体现出多个领域的学者共同参与、研究日趋“破碎化”、分析算法趋于简单化等趋势。考虑到大数据的积累刚刚开始，目前的研究集中于短期截面数据，随着大数据收集时间的增长，5 至 10 年期、甚至更长时间跨度的长期大数据将具备更大的研究潜力。目前世界上大多数规划院校都并未将定量城市研究作为规划教育的基本组成部分，调整规划教育体系并非易事，且需要若干年的时间，同时还需要许多其他转变同时发生。首先，教育体系的转变需要规划院校教师人才结构的转变；但更重要的一点是，定量城市研究并非必须由来自规划教育背景的人员来完成，反而可能来自规划行业中具有更强“科学导向”学科背景的专业人员。在我国当前进入城市发展“新常态”的背景下，城市模型可以成为精细化城市管理的有力手段，但应意识到，模型并不能提供确定性的预测结果，但可以尝试进行有条件的预测即情景模拟，为规划决策提供参考。同时也应注意，模型方法虽然长于对复杂信息的处理，但其无法替代规划中的价值判断（图 3）。

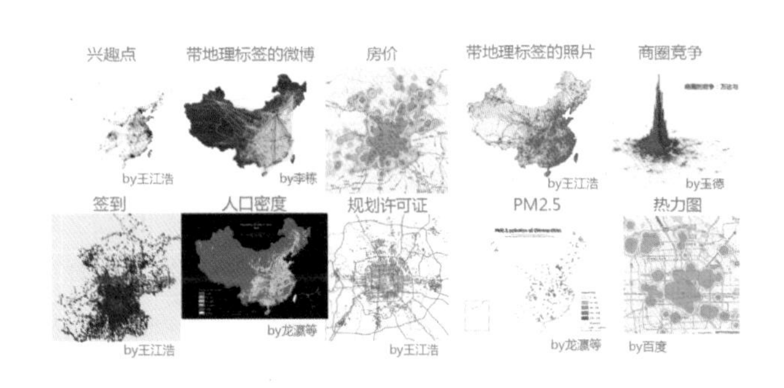

图 3 多种类型的城市大数据 / 开放数据

未来的城市规划

王　鹏
北京清华同衡规划设计研究院有限公司

1 背景

对于技术到底能如何改变城市，我们可以先回顾一下城市发展的历史，18 世纪后半段，工业革命开始，19 世纪中叶的伦敦，终日笼罩在工业和生活燃煤产生的雾霾里，当然还有很多其他的城市问题。

于是霍华德在这里生活了很多年之后忍无可忍，1898 年发表了明日的田园城市，但他想象的这种模式其实不是凭空产生的，也不可能更早产生，一方面，19 世纪早期发明了铁路，这时在英国已经很发达，另外一个很重要但容易被忽略的，就是 19 世纪末，高压交流输电技术成熟，城市的能源可以和城市分离，这样田园城市才能是干净漂亮而不是烟囱林立的。所以说新技术对城市形态和结构的影响往往是决定性的。

十几年前我们想象的互联网的未来，是虚拟空间代替了实体空间，人们在郊区的家里工作，大城市不再拥挤。而今天，我们习惯了在网上购物，但街上的车还是越来越多。实体空间没有被虚拟空间消解，反而与其越来越密切地联系。QQ 上我们会和陌生人打招呼，但微信使我们还是回到了熟悉的朋友圈。LBS 和 O2O 的出现，使互联网越来越与真实的空间位置和行为联系在一起。所以也许，互联网未必在短期对城市的结构会有什么颠覆性的影响，而更多的是潜移默化地置换和调整里面的功能。

我们的建设用地已经透支太多了，以后就算是西部城市，也不可能像我们习惯的那样每次修编总规扩出几百个平方公里。

在工业化和城镇化的下半场，量的扩张必然被质的提升代替，所以我们都在关注一个词“存量”，我想这应该是未来很长一段时间的关键词。

存量的意思就是，我们习惯了在一片空地上建设一个城市，但一个建成的城市，随着成长会出现各种问题，也会生病和衰老，我们是否具备了为城市治病的能力呢?

2 如何了解城市的物质形态?

以前我们调研时，用拍照来记录空间，用二维的地形图描述三维的形态，现在我们有了手机上的调研 APP，可以记录每张照片的位置，简便地生成包含各种信息的调研地图。

现在的技术，已经可以做到无人机在天上飞两圈，拍摄的照片可以自动建立三维模型。

不久的将来，各种遥感、航拍和三维重建技术很快将使我们能建立三维的全息城市模型。

甚至被烧毁的香格里拉独克宗古城，我们的名城所都能通过微信去征集照片了解火灾前的全貌，这不仅是技术的力量，更重要的是互联网带给我们的众包的力量。

3 如何了解城市的使用者需求

有个说法，互联网思维就是用户思维，那我们生产空间产品，用户应该是市民。可是以前的城市规划，我们看不见市民，市民只是个人口总量，甚至是拆迁成本，都是总量。

现在我们有了互联网和大数据，终于知道了这些以前很抽象的“人”到底有多少，在哪里工作，在哪里住，他们彼此有什么区别。

移动运营商的数据可以让我们知道至少七八成人口的实时位置，每天的路线轨迹，周末去哪里购物（图 1）。

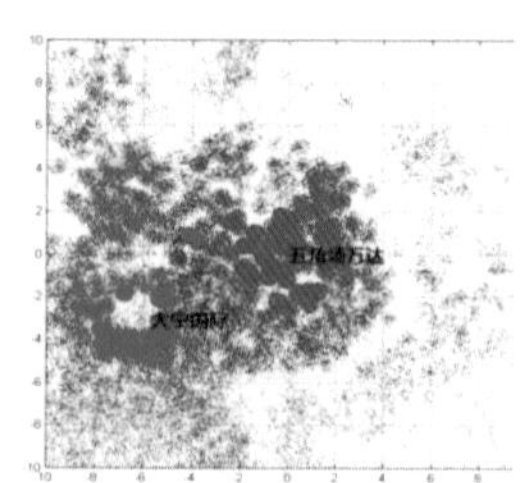

图 1　移动通讯定位数据对各类人群行为的分析（同济）

北规院使用某互联网企业提供的用户画像数据制作的一张图，告诉我们已毕业大学生群体中高消费的土豪住在哪些地方。注意这是一个互联网企业，不是一个 APP 或者网站，只要你用淘宝买东西，用支付宝付账，用百度地图看路，用团购和打车 APP，那你的个人信息住址工作单位都被很立体地记录了下来，据说我们每个人在三大互联网公司的数据库里都有几千到上万个标签来描述我们的个人特征。

只有我们也通过大数据了解了市民，才谈得上设计他们需要的空间产品。

4 如何了解城市的问题

这就是如何诊断城市得了什么病，城市问题有两种，一种是看得见的问题；另一种是看不见的。说到看得见的，我们仍然注意不到很多角落，这也像香格里拉古城一样，需要靠市民众包去帮我们发现。

这是我们制作的北京文化遗产和中国传统村落两个 APP 的界面，共同的功能是，打分和报警，像大众点评一样，使用者可以评价城市空间或者文化遗产的质量，看到文物遭遇破坏，或者使用不当，可以用手机拍照，上传通知管理者。

而看不见的问题，我们就需要用到数据分析。

龙瀛博士研究的收缩城市，统计数据上看，这些城市的共同点就是，市域人口减少。但其实引起减少的原因不同，也就是说得的病并不相同。

于是我们用数据去观察他们，通过不同的精细化指征发现了他们到底是什么引发的收缩，从而也就真正知道他们得了什么病。

当然这些数据有传统的统计，也有的来自互联网和物联网，总之随着智慧城市的建设，我们必将接触到越来越多的数据，总以拿不到数据为由拒绝数据，不如想办法用好已有的数据。因为，无论政府数据还是互联网公司的数据，得到这些数据的一个前提是，你能用这些数据创造更大的价值（图 2、图 3）。

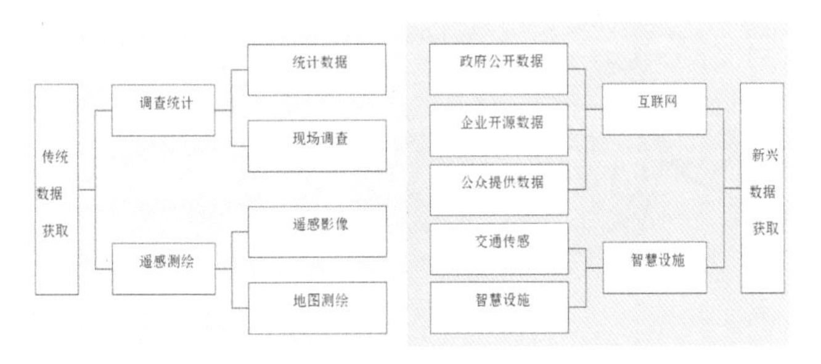

图 2　城市规划大数据

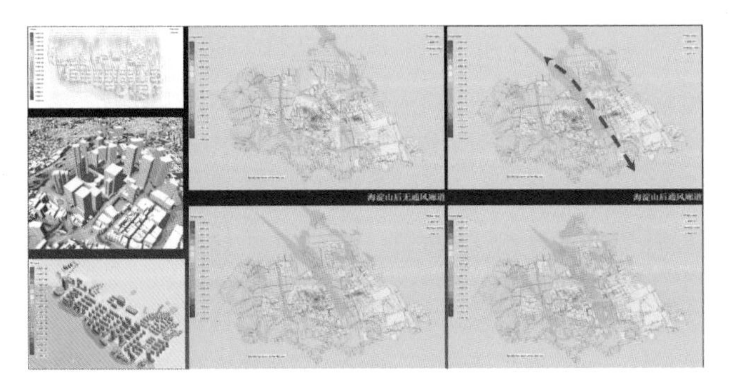

图 3　城市规划大数据分析图

还有个办法，就是自己去采集数据。上面提到了我们自己制作 APP，搭建公众参与平台，亲自提供互联网服务并获取数据；为了监测和分析精细化的室外环境数据，我们在学习用 Ardunio 平台设计可以无线上传环境数据的集成传感器，自己搭建物联网。

5 如何解决问题

对于医学来说，大多数常见病，正确的诊断就已经奠定了有效治疗的基础。现代医学已经把大数据作为临床诊治指南的主要依据，就是按照某种特定病种的诊断、治疗方法，全面收集所有相关结果、可靠的随机对照试验结果，进行定量合成或者荟萃分析，从而得到综合可靠的诊断或治疗结论。

未来，我们也许没有那么多蓝图式规划可做，但其实我们会有更多类型的城市病要去治，更多的问题要去解决，所以可做的事情还有很多：

（1）对于空城我们要有激活的疗法；

（2）对于城乡的区隔，我们要探索缝合的手术；

（3）对于穷城，我们要帮助他们强身健体。

哪怕一个很健康的城市，也需要经常体检看看是不是有什么小毛病，以前的规划是五到十年去医院动一次手术，以后可能每半年就需要我们的社区医生出具体检报告和治疗建议。

大数据走进我们视野才两年，大家已经在担心，我们的行业是不是会被毁灭，我们会不会失业，当然其实答案也不难，如果固步自封、不思进取，被淘汰是必然的，但只要我们深入社区、拥抱数据，勇于自我变革，就自然会和时代一起进步。

成都市公共交通“多网融合”规划工作

——“大数据”开创成都公交规划新技术，“多网融合”开启成都公交通发展新思路

王　波
成都市规划设计研究院

1 规划背景

国内大城市普遍受困于城市交通拥堵问题，成都也是其中的典型。2014 年 9 月，成都市汽车保有量已达到 307 万辆，仅次于北京排在全国第二，中心城区超过 120 万辆。

成都市中心城内的主要道路大部分已按规划形成，交通拥堵形势日益严峻，未来城市增长带来的交通增量必须依靠公共交通解决。另一方面，城市需要转型，改变以往单中心的发展格局，也需要相适应的公共交通的支撑。

因此，成都正处于公共交通与小汽车竞争的关键时期，也是创建“公交都市”的机遇期，公交优先是成都的必然选择。

2 现状与问题

成都目前在公共交通发展方面还有一些短板，例如：①规模不足，成都目前地铁只有 59.4 公里，轨道交通不能发挥骨干作用。②公共交通整体分担率只有 30% 左右。③衔接不足，各公交方式各自为政，换乘不方便，导致老百姓出行不方便，且系统不能发挥最大效益。④圈层分割，目前各卫星城只有龙泉有地铁，其他卫星城的入城公交较为不便。⑤层级尚不完善，缺乏中运量系统。⑥资源利用不充分，成灌铁路等国铁资源有较大潜力可挖。⑦ TOD 落实不够，公交枢纽与用地开发的互动不足（图 1）。

图 1　成都市块块分割公交系统示意图

3 发展目标

成都市未来中心城区公共交通分担率将达到机动化的 80%。建立以地铁为骨干，以有轨电车、快速公交和市域铁路为补充，以常规公交为基础的具备良好换乘条件的多层次公共交通系统。以公交走廊和公交枢纽引导城市发展，落实 TOD（图 2）。

图 2　成都市公交线网融合图

4 规划内容

我们在中心城推进“多网”融合成一张网。首先构建大运量轨道交通，规划了 23 条地铁线路，形成“二环二十一射”的结构，总里程达到 1 120 千米；通过市域化改造，共规划了 6 条总里程达 223 千米的市域铁路。其次，我们提出强化中运量层级的公共交通线网，构建“一环四射”总里程 132 千米的有轨电车骨干线和“一环八射”总里程 198 千米的快速公交线路，并在各卫星城构建分片区的有轨电车线网作为卫星城的公交骨干。最后，通过公交走廊统筹规划，实现多种交通方式的统筹布局与功能互补，形成全域一张网。

多网融合在“落地”层面的核心是公交枢纽。我们构建了四级公共交通枢纽体系，在都市区范围内布局 580 个公共交通枢纽，明确了各级枢纽的衔接要点与配置要求，实现各公共交通方式间的无缝衔接。

5 创新与突破

在这个规划中，我们以公交线网、公交枢纽、公交管理与服务、公交与城市协调四大要素为抓手促进市域铁路、地铁、快速公交、有轨电车、常规公交等五大公交方式的系统融合，致力于打破条条限制，统筹政策协调、线站规划、枢纽建设、运营管理，构建“多网融合”大公交体系。

我们还致力于破除块块分割，构建中心城区和卫星城一体化的都市区满覆盖的公交体系，并突出重点，打造典型公共交通走廊，以公共交通引领城市的发展。

在技术方面，我们用大数据来解决准确性和科学性问题。利用公交刷卡数据与 GPS 数据（7 天数据，共 3 150 万条），在 GIS 与 TransCAD 平台进行模拟分析，在西部地区尚属领先应用，有力地保证了规划的科学性和准确性。我们分析评价了公交站点设置与需求的匹配性，找出存在的缺口；评价已建、在建地铁线路规划建设的合理性；通过公交换乘及交通介质分析，发现了中心城区外围缺乏换乘设施，城市功能过度集中于城市中心的问题；最后，我们还识别了各公共交通方式之间的换乘关系，发现常规公交与快速公交衔接情况好好，而常规公交与地铁衔接情况较差的问题等（图 3）。

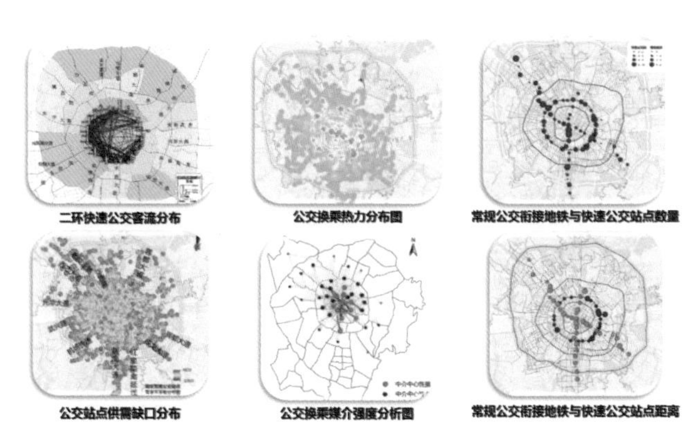

图 3　数据平台营运成果

6 效益与推广

规划体现了良好的实施效益和推广价值。首先，规划工作为公交体制改革夯实基础，以新的设计理念推动现有体质改革，加速城市发展；其次，规划提升了公交系统的综合服务能力与运转效率，在不增加规模的前提下也能提升系统 20% 的运能；此外，规划还提高了居民公交出行便捷程度，将市民公交换乘时间缩短至 5 分钟以内。最后，“大数据”开始进入政府工作，不仅为我市交通信息数据平台构建打下了坚实基础，更可为我市社会、经济、文化各方面的规划、建设、运营、管理提供崭新的方法论。

高效、便捷、舒适的公交是每位市民的理想，同时我们也渴望天蓝水清的城市环境。公共交通必须在这场竞跑中胜出。

高机动化背景下自行车交通系统的思考和重构

——以深圳市为例

周　军
深圳市规划国土发展研究中心

小汽车（机动化）和自行车（非机动化）在空间上矛盾日益凸显。高密度、高强度、高机动化城市，自行车该何去何从？深圳作为全国第二批城市步行和自行车交通系统示范项目城市，在自行车发展问题上进行了一些思考和行动。

1 自行车交通的重新思考

随着大城市规模的不断扩张，高机动化出行成为一种必然的趋势，客观上导致汽车交通和自行车交通在道路空间范围内的矛盾不断凸现。另一方面，政府“以车为本”的管理思路和交通规划行业“重机轻非”的规划手段不能有效保障自行车交通的骑行空间，导致自行车交通出行比例逐年降低。

但是，自行车交通作为短距离出行最便捷、经济、环保、健康的交通方式，相比公共交通和小汽车交通具有不可替代的优势，同时也可以一定程度减少汽车排放给城市带来的环境影响，是构建绿色、低碳、可持续发展的综合交通系统的重要交通工具。机非交通方式之间的关系该如何定位？协调发展还是厚此薄彼？这是中国大城市的政府和规划师都需要直接面对的问题。

2 深圳市自行车交通发展现状

（1）政策层面：为更好应对机动车空间不足问题，深圳从 20 世纪 90 年代开始大规模取消道路自行车道，交通政策的倾向性选择导致自行车使用比例逐年下降。

（2）设施层面：全市未形成系统的自行车网络，仅 17% 主次干道设置独立自行车道；自行车停放设施严重缺乏，轨道站点、公交站点、商业中心区和住宅区自行车停放设施不足（图 1）。

（3）环境层面：投资力度较小，自行车环境相对较差，缺乏独立安全的空间保障。

图 1　深圳自行车交通发展现状

总体而言，我市开始重视自行车交通的规划建设，也取得了一定的成绩。但是，相比北京、上海、天津、杭州等城市，自行车建设水平、重视程度和出行比例还存在较大的差距。

3 社区发展目标与规划策略

3.1 功能定位重构

（1）自行车设施条件和用地布局是影响深圳自行车出行选择的主要原因，而非气候条件。自行车出行高强度片区具有商业和居住功能混合、自行车骑行网络连续性好、骑行环境相对较好的特点，原特区外的工业区、原特区内的城中村均符合上述特征。调查显示，接近 6 成的居民选择因为设施不完善的原因不骑自行车，仅 14% 的居民选择是因气候原因不骑自行车（图 2）。

图 2　全市自行车出行强度分布图

（2）我市自行车交通仍具有较大的发展空间。随着组团城市功能结构的不断完善，组团内短距离出行需求仍然较大。深圳小汽车开始实行限购政策，小汽车出行将得到有效控制，深圳自行车交通将达到现状的 4~5 倍。同时，公交和轨道站点的自行车接驳有较大的增长需求。到 2020 年，全市轨道交通总里程将达到 348 公里，借鉴其它城市自行车接驳轨道交通的比例约为轨道客流 5%~10% 计算，未来自行车接驳轨道交通的需求约为每日 26 万 ~52 万人次。另外，自行车发展具有坚实的公众基础。根据网上问卷调查结果显示，八成以上的市民支持发展自行车交通，小汽车拥有者对发展自行车交通的支持率也超过 75%（图 3）。

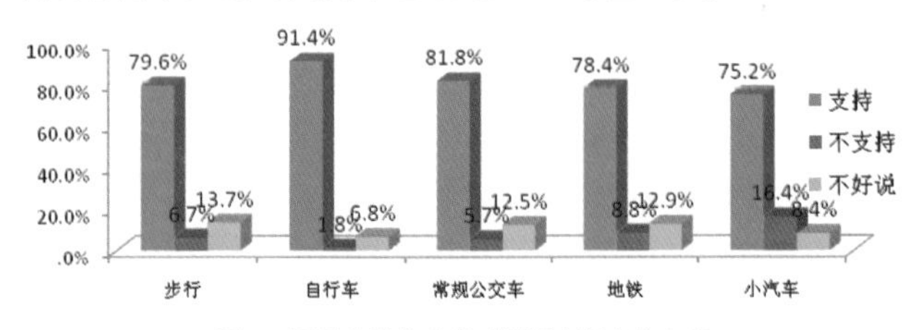

图 3　不同交通方式者对发展自行车的态度

（3）发展定位和目标。结合深圳人口密度高、机动化水平高、轨道交通发达、空间资源紧缺等城市发展特点，确定自行车交通作为我市中短距离出行的主要交通方式之一，与公交协调发展；作为延伸轨道交通服务的重要方式之一；以及作为市民休闲健身的方式之一 。2020 年主次干道设置自行车道的比例接近 60%；自行车交通方式占全方式的比例由 6% 提升至 15% 左右，自行车与轨道交通接驳的比例达到 5% 以上的预期发展目标。

3.2 空间布局重构

空间布局包括宏观层面的以差异化发展理念为指导的自行车交通分区分级体系，以及微观层面的以道路横断面为主要重构手段的道路空间资源重新分配。

（1）空间体系层面：结合自行车交通出行需求、公共交通发展、片区产业定位，划分为一般骑行单元和重点骑行单元，对于不同定位分区提出差异化的交通设施配置（图4）。同时，全市自行车通道分为主廊道、连通道、休闲道，承担不同功能和不同出行目的的自行车出行需求（图 5）。

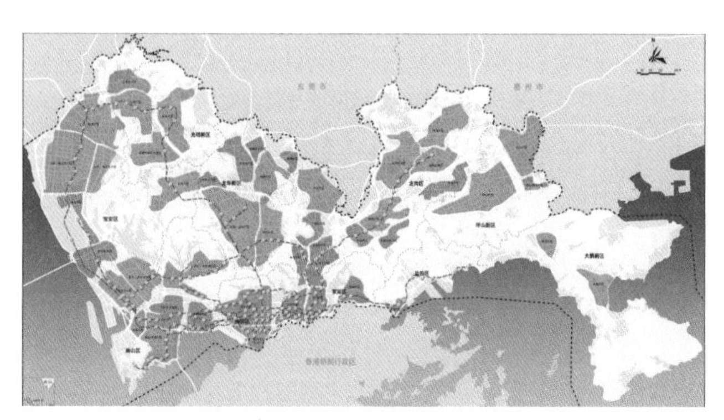

图4　全市自行车交通分区

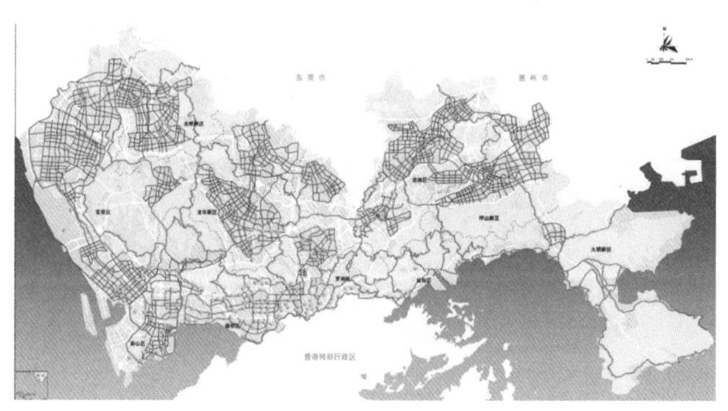

图5　全市自行车交通系统规划方案

（2）设施接驳层面：根据自行车接驳需求，轨道站点分为一般接驳点 + 重点接驳点，配置不同规模的自行车停车设施（图 6）。

图6　轨道站点自行车接驳规划

（3）道路空间层面：针对新建道路、改建道路，以及不同等级道路的断面设计，提出改善自行车条件的实施指引。

3.3 标准准则重构

提出全市自行车规划设计导则，并将主要成果纳入深圳城市规划标准条文，从机制方面保证自行车交通发展的规划基础。

（1）规划设计导则新增了分区发展、网络规划、交通环境、交通接驳、公共自行车系统等多方面的指引。

（2）规划设计导则为各层次城市规划、交通专项规划以及道路方案设计自行车交通系统的规划设计提供系统全面的指引。

（3）《深圳市城市规划标准与准则》（2014 年）新增独立“步行和自行车交通”章节，包括自行车交通规划总体要求、自行车道、建筑物配建准等内容。

基于“引导低碳出行”的低碳细胞单元模式研究

杜 琴
广东省城乡规划设计研究院

1 两个反思

1.1 “车行优先”观念下的尴尬

城市中比比皆是的人行天桥，是城市为行人安全、方便行走时的“人性化”设计，而在这种“人性化”的设计理念下，掩盖了一个更加“不人性”化的设计——现有道路设计的首要理念是方便机动车的快速、方便行驶，在这种道路设计的本质就是建立于不低碳的元素之上，又如何在这一“不低碳”的框架内做到“低碳”？

1.2 “职住平衡”的不平衡

讲到交通，讲到用地，就不得不谈到“职住平衡”。最早关于“职住平衡”的研究出现在“新城”的发展理论当中，当时为了疏解老城区的人口和交通压力，而提出在郊区建设新城。这种“职住平衡”的研究是在城市总体层面进行研究的，城市规划师也很快意识到“职住平衡”还可以做的更好，于是“职住平衡”进入第二个发展阶段，也就是把平衡的尺度再次缩小，在某一空间尺度上（适宜非机动车出行），进行合理的居住和工作岗位的安排，达到抑制机动车出行的目标。

基本上关于“职住平衡”的研究，都是试图实现在空间上的平衡，然而在市场经济时代，人们对于居住的选择更加市场化，要实现某一空间范围内居住—工作的平衡仅存在于理论上。

2 研究目的与框架

重构道路系统、建立以自行车快速路网为导向发展（ATOD）的全新空间布局模式——“低碳细胞单元”。

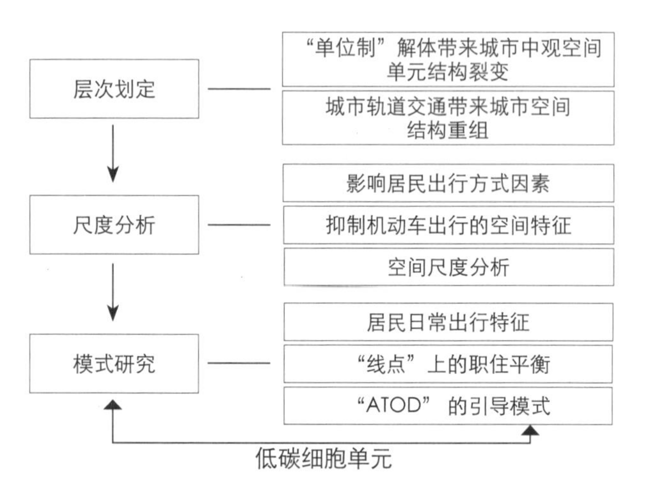

3 哪一层次的研究是有作用的

3.1 “单位制”解体带来城市中观空间单元结构裂变

1990 年代中期推行的住房市场化改革以及单位制的解体，肢解了此前以单位大院为基本空间单元的城市空间功能组织格局，居民日常出行从原单位大院内部几乎全部转移到城市道路上，迫使居民大量使用私人机动交通工具出行。城市交通严重拥堵、机动车尾气排放所致的重度空气污染已经成为中国各大中城市面临的严峻城市问题。解决城市交通拥堵和空气污染问题必须抑制私人机动出行已成为共识，而城市中观空间重组则是抑制私人机动出行的重要途径（图 1）。

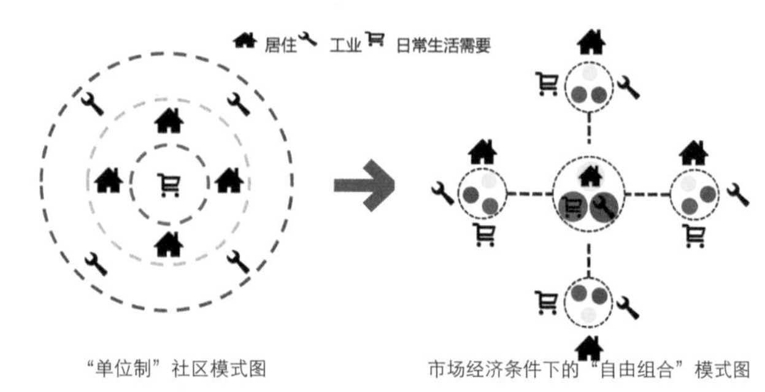

图 1 中观尺度空间单元结构的裂变

3.2 城市轨道交通带来城市中观空间结构重组

轨道交通的快速发展，打破原有城市发展沿道路发展的模式，形成围绕站点的集聚发展，和“点—点”的快速连接，对城市中观空间结构进行了重组（图 2）。

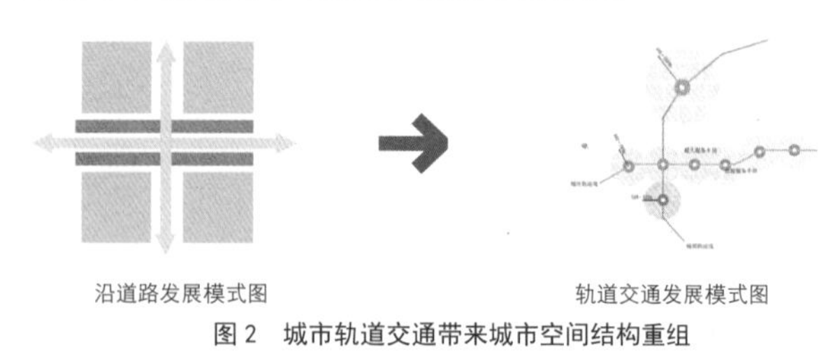

图 2 城市轨道交通带来城市空间结构重组

4 何种尺度是有意义的

4.1 抑制私人机动车出行的空间尺度

在城市中观尺度层面，由于道路空间一定，在鼓励自行车、步行等低碳交通方式的同时势必会对私人机动车交通进行抑制。选取合适的尺度，既鼓励人们采取自行车、步行交通，又能同时有效抑制私人机动车交通，是解决整个问题的重要背景。

4.2 满足居民日常活动组织需求的空间尺度

根据调查显示，居民基本可在 1 公里的出行范围内满足除就业以外的各类日常性出行。而居住地、就业地选择属于个体行为，居住—就业空间距离受复杂因素影响。所以抑制私人机动车出行，其根本是引导居民优先使用自行车步行交通。研究分析得出自行车的舒适出行距离为 2 公里，而步行的舒适出行距离为 400~500 米。我们以舒适出行距离为尺度范围的主要确定因素，使人们在短距离出行的时候优先考虑自行车及步行，再通过长距离大运量的城市轨道交通解决职住问题，通过此种方法来达到抑制私人机动车出行的目的。

5 何种布局模式是有远见的

5.1 出行调查研究

根据一份广州日常出行方式调查问卷的分析，日常公众出行目的主要以上班为主，而公众出行主要考虑因素为速度，舒适度及安全性。由此进行分析，我们得出公众日常出行需求主要分为通勤与生活两类，而通勤交通主要为工作上班，余下出行活动则可划为生活交通（表 1）。

表 1 出行需求调查分析

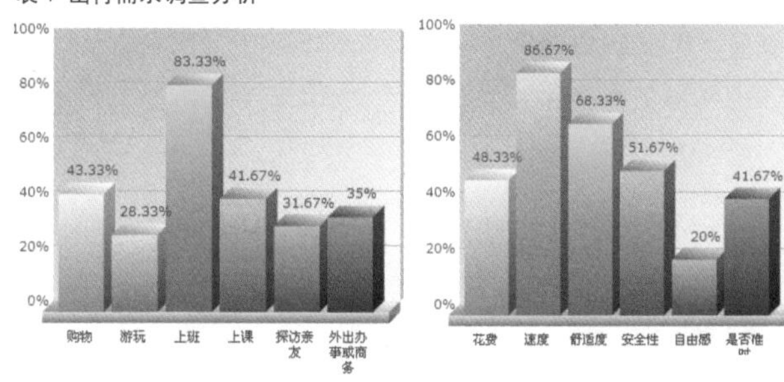

5.2 布局策略

（1）通过点—点之间长距离大运量交通解决低碳细胞单元之间日常通勤交通需求。

（2）构建“自行车快速交通系统”解决低碳细胞单元内的摆渡交通需求。

（3）通过“ATOD”模式解决低碳细胞单元内部日常生活交通需求。

5.3 布局推演

（1）通过点—点之间长距离大运量交通解决日常通勤交通需求

通过轨道交通串联起各个低碳细胞单元，使民众的日常工作与上学可以通过快速轨道交通方式解决，从而在空间上突破职住平衡的问题。

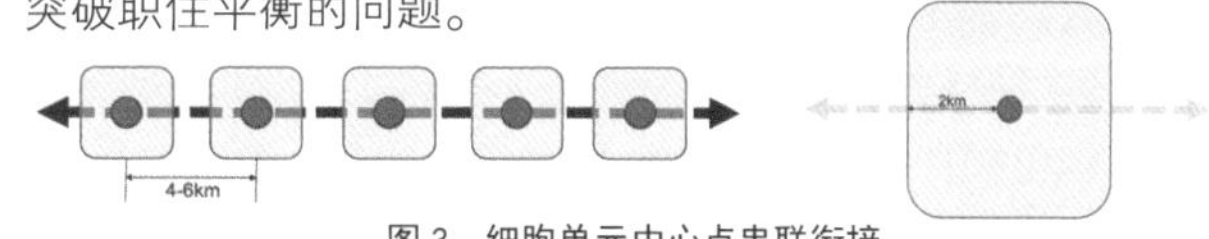

图 3 细胞单元中心点串联衔接

在细胞单元中心设置轨道交通站点，通过站点带动整个低碳细胞单元发展（图 3）。

（2）构建“自行车快速交通系统”解决低碳细胞单元内的摆渡交通需求

图 4 连接边缘及环状自行车道

以轨道站点为出发点，向单元四周建立放射状自行车专用快速通道，保证单元边界外围居民与轨道站点的可达性

通过鼓励自行车通行的道路设计联系起各社区服务中心，使细胞单元内部形成自行车低碳出行网络系统，并依托各社区服务中心带动步行单元发展（图 4）。

（3）通过 ATOD 模式解决低碳细胞单元内部日常生活交通需求

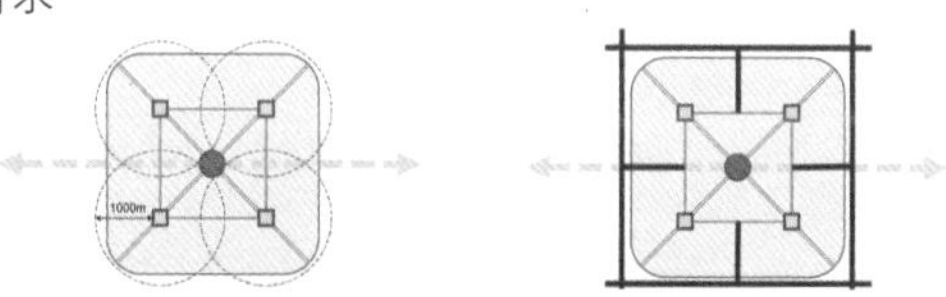

图 5 自行车道路关键点设置社区服务中心，外围衔接城市道路

通过鼓励自行车通行的道路设计联系起各社区服务中心，使细胞单元内部形成自行车低碳出行网络系统，并依托各社区服务中心带动步行单元发展。

外围连接城市机动车道路，同时限制机动车进入细胞内部范围，有效保护自行车在细胞内部的道路使用权（图 5）。

（4）自行车快速交通系统分级

通过“低碳细胞单元”内部道路网络的建立，我们对内部自行车道路网络进行分级：

自行车快速通道：通过封闭交通、专用车道等手法构建自行车专用快速通道，以轨道交通站点放射布置，解决单元内部与轨道站点之间的日常通勤交通问题。

自行车与机动车混合快速通道：连接自行车快速通道之间的道路设置为自行车与机动车混合通道，环状布置，其中机动车道单向行驶，留出半幅路面给自行车通行。

此外，单元外围通过机动车道与其他区域连接，并与混合通道的单向机动车道连接，严格限制与城市轨道站点之间的机动车交通。通过此种方式，赋予自行车更多路权，从而在根本上引导公众使用自行车与步行交通。

新常态下特大城市郊区应急避难场所规划的应对策略

——以金山区、嘉定区为例

李开明
同济大学建筑与城市规划学院

新常态下，特大城市的发展需要面对很多突发的灾害，避难场所的规划建设显得愈发重要。对于特大城市来说，中心城区与郊区、近郊区与远郊区的发展具有其独特的空间特征和经济属性。应急避难场所的规划编制涉及主体多、编制层次性复杂；同时特殊要求多、区域标准差异大的特点。本次论文通过对金山区、嘉定区应急避难场所规划的分析和梳理，对灾害类型和疏散原则、区域协调安置操作方法、场地型与场所型安置比例、避难场所规划建设的协调以及规划建设标准的层次性控制等五个方面进行了初步思考，并提出了相关应对策略。从而使规划编制可实施、可管理、可延续。

1 灾害类型和疏散原则的关系——灾害类型决定疏散原则

（1）一般郊区——普通灾害以就近疏散为主

嘉定区应急避难场所规划建设主要围绕地震及其次生灾害（含火灾、爆炸等）、台风及其次生灾害（含暴雨、风暴潮等）等两种灾害主要展开，这就决定了嘉定区采用的是就近疏散原则（图1）。

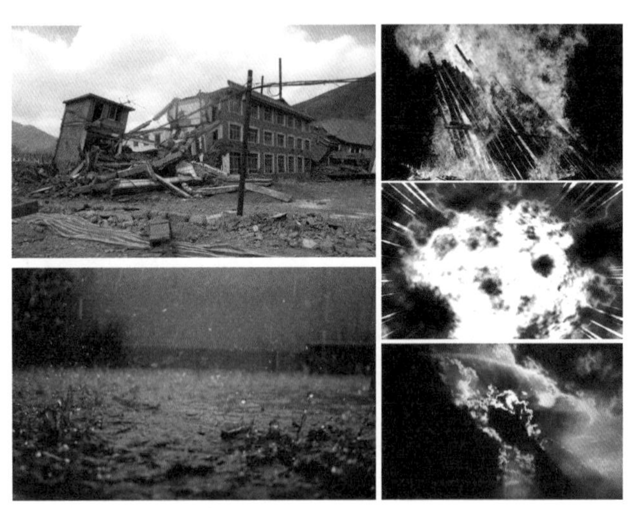

图1　地震、火灾等普通灾害

（2）特殊灾害（如石化、危险品）——就近疏散和就远疏散相结合

金山区应急避难场所规划建设除了应对以上两种主要灾害外，还必须应对石化污染及其次生灾害（如空气、水污染、强火灾和爆炸），由于这些灾害发生迅速，扩散快，因此在这些区域易发的地点，因此在这些区域需要采用就远疏散的原则，需要防止应急避难场所人群因发生危险而被迫二次转移。因此编制避难场所规划时还是需要对各自主要灾害类型和相关要求进行细分，把一般性要求和特殊性要求结合起来考虑，综合确定防灾策略，进而优化疏散原则（图2）。

图2　空气污染等特殊灾害

2 区域协调安置操作方法——空间资源和避难时间的协调

（1）设置避难协调组——统筹解决避难需求问题

由于嘉定区、金山区各街镇（行政区划范围）内部之间总体避难需求和避难资源不是完全匹配的。因此需要加强避难协调组内各街镇之间的合作。

（2）考虑服务半径的要求——避难的时间要求

在协调组内跨行政区内的安置涉及到服务半径和转移时间限制的问题。这就需要在设置避难协调组时，不仅考虑考虑到覆盖的人群数量需求，同时考虑到覆盖人群的到达的时间效应和服务半径要求，使空间资源和避难时间能够协调平衡（图3）。

图3　统筹解决避难需求及服务半径

3 场地型与场所型场所安置比例——考虑人群避难品质提升的需要

（1）日前比例：场地型和场所型基本持平

在目前金山区、嘉定区的避难场所体系规划中；针对地震灾害主要采用场地型为主，场所型为辅的安置办法；对台风暴雨主要采用场所型安置办法（图4）。

（2）发展趋势：逐步过渡到以场所型为主体

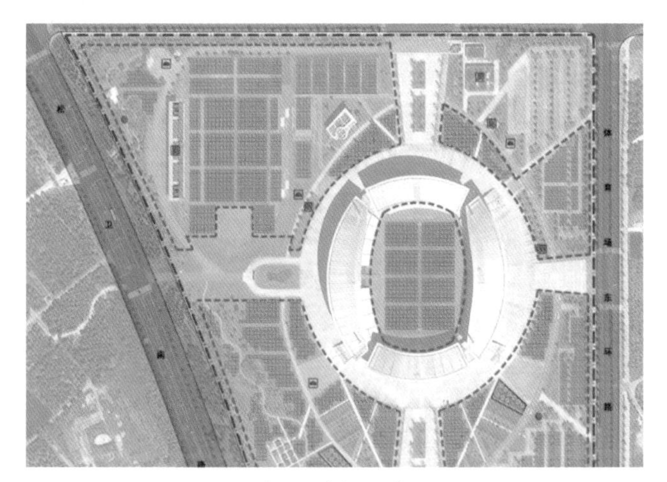

图 4　金山区避难场所详细设计

一方面，在日本、美国等避难体系先进的国家内，即使如地震等避难场所，也逐步过渡到以场所型为主体，这是国际发展大趋势；另一方面，随着人群生活居住水平的提高，对避难的舒适性需求相应提高。因此从长远来看，长时间的避难应该以场所型避难为主，因此在后续规划中应逐步增加场所型避难场所的比例。

4 避难场所规划建设的协调——建设时序与实施主体之间的协调

（1）时序上的协调——与人口增长规模相适应、依托控规进行事前干预

城市人口是不断增长的，这就需要在应急避难场所规划中提供与未来人口规模增长相适应的避难场所。对规划潜在的应急避难资源结合控规提出导则和控制要求。便于这些地块在土地出让、划拨和建设中进行事前干预，而不是建成后进行避难场所补救，这样更有利于应急避难场所的建设。

（2）实施主体之间的协调——处理好条线之间的关系

一方面，考虑到平灾结合和各区县财政经费来源问题，避难场所由民防办牵头建设，避难用的学校由教育局管辖，避难绿地由园林局管辖，三个平行部门之间以及和各街镇实施主体之间如何统筹协调建设，需要上级部门统筹组织。另一方面，避难场所建成后，需要统筹考虑建设、维护、管理之间的关系，需要建委、规土及相关部门理清机制，保证避难场所正常的运营。

5 规划建设标准的层次性控制——强制性内容和指导性内容平衡

（1）规划分层次控制——市级层面要总体控制，区级层面要有灵活空间

由于上海市各区县的灾害特征在总体一致的情况下，还是存在一定程度差别的，因此在确保Ⅰ类、Ⅱ类等固定避难场所落地的同时，需要把Ⅲ类应急避难场所的设置权下放到各区县，加强规划的控制性和灵活性（表 1）。

（2）标准分层次细化——市区、郊区两套建设标准

中心城区和郊区的人口密度、空间格局、经济特征以及地方财政实力是相差巨大的，因此在建设标准中有必要对市区和郊区的相关建设规范予以区分（图 5）。

表 1　避难场所的分类

场所	避难时间	特点	设置要求
Ⅰ类	30天以上	属于固定和长期避难，需要保持长期性和稳定性，全市统筹	需要全市层面统筹
Ⅱ类	15天以上		
Ⅲ类	紧急	属于宅前避险	根据灾害类型，区内统筹

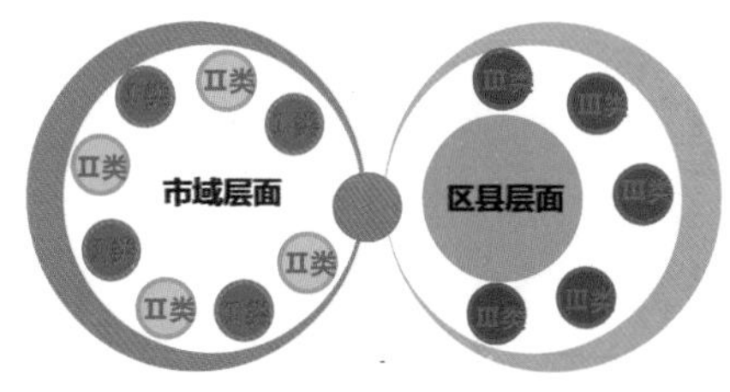

图 5　避难场所的分层控制

由于市政专项规划具有涉及编制和管理主体多元、规划层次及系统性复杂、各种专业和特殊要求多、不同区域标准差异大的问题。需要规划编制者、规划审批者、规划管理者一起客观分析、积极反馈、转换视角。从而使专项规划可以实施建设、可以方便管理、可以动态延续和更新。

基于“海绵城市（LID）”理念的城市用地布局方法探讨

——以《西咸新区国际文化教育园区总体规划》为例

张军飞　耿楠森　陈　建
陕西省城乡规划设计研究院

“规划先导，助推海绵城市建设”。研究以《西咸新区国际文化教育园区总体规划》为例，从背景、理念、方法、建议四个方面深入探讨基于“海绵城市（LID）”理念的城市用地布局方法，结合案例研究对西咸新区未来建设海绵城市在规划角度提出思考和实施建议，探讨建设“人文－自然和谐共生之城”中国海绵城市发展新模式！

1 研究背景

从田园城市到海绵城市，看西咸新区海绵城市建设的7个阶段。

2011年6月，西咸新区首次提出“建设现代田园城市”；

2012年，沣西新城按照低影响开发理念推进雨水综合利用；

2013年12月，习近平在中央城镇化工作会议上提出建设“海绵城市”；

2014年11月，住建部出台了《海绵城市建设技术指南》；

2014年12月，西咸新区文教园总体规划开始编制；

2015年1月，中国海绵城市建设技术创新联盟在西咸新区成立；

2015年3月，西咸新区成西北首个“国家海绵城市建设试点”。

2 现状特征及研究思路

2.1 现状特征

现状农田、水系、湿地和植被构成建设海绵城市的生态基底。

2.2 研究思路

根据《指南》，文教园总规将强调优先利用河流水系、绿色街道、雨水花园、下沉式绿地等“绿色”措施来组织排水，以“慢排缓释”和“源头分散”控制为主要规划设计理念。用地布局从保护性开发和水文干扰最小化的原则出发，首先，通过保护和恢复现状沣河、沙河等水生态敏感区和现状基本农田形成雨水收集的一级廊道；其次，结合河流两岸的坡地、洼地、水体、绿地等进行低影响开发雨水系统规划设计形成雨水渗透、净化和利用的二级廊道；最后，优先通过分散、生态的低影响开发设施实现径流总量控制、径流峰值控制、径流污染控制、雨水资源化利用等目标，形成雨水净化、吸收的前端设施，防止城镇化区域的河道侵蚀、水土流失、水体污染等。同时，结合文教园的用地特征，具体的雨洪管理又分成三个类别，对不同地块的雨水采取不同的方式进行引导、净化和吸收，形成文教园基于“海绵城市”理念的“三级”“三类”的雨水管理模式。

3 基于“海绵城市”理念的用地布局规划

在现状水系的保护和修复的基础上，通过指狀绿地、带型公园、绿色街道等措施，有效地控制城市不透水地表面积，提高城市透水率（图1）。

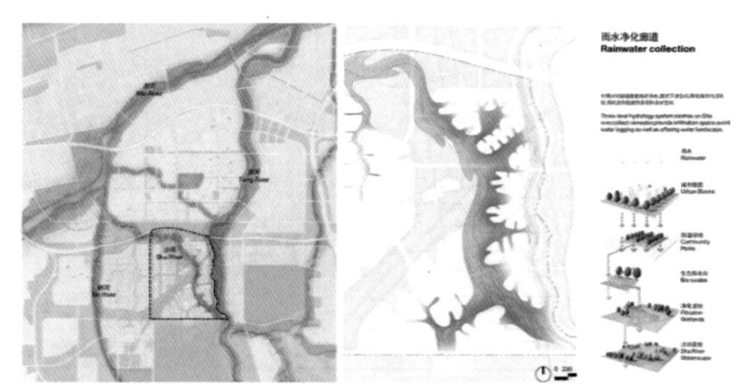

图1　原有水系（沙河）的保护和恢复

第一步，“先底后图”保护原有“水”“田”生态系统。

首先，最大限度保护沙河河道、水塘、坑塘、沟渠和现状农田等生态体系。划定城市蓝线和绿线。其次，利用沙河河道收集城市雨水，提供下渗空间，降低初期雨水洪峰和水流速度，为市民提供景观和亲水空间。

图2　保护现状农田，划定柔性边界

第二步，“绿指相嵌”构建新区“城”“绿”柔性边界。

《指南》指出，要合理确定城市空间增长边界。一方面，将农田景观引入城市内部，在打造农田向城市过渡的空间的同时为居民提供休闲活动场所；另一方面，在生态空间靠近城市的位置，以指狀绿地的形式在每个组团边缘建设农产品交易场所，规划沿指状绿地划定“城”“绿”柔性边界，保障城市建设用地到水域和农田的友好融合（图2）。

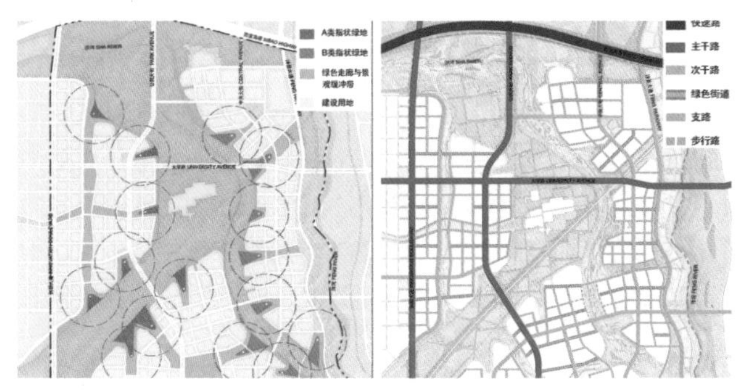

图3　贯通绿色网络，绿色街道及道路排水设施

第三步，“网络贯通”建立绿色网络系统。

一方面，在现状生态安全格局分析的基础上修复以前的生态碎片形成带状绿色廊道。另一方面，根据地形和汇水分区特点，合理确定雨水排水分区和排水出路。通过道路绿地对雨水的过滤延长汇流路径，优先采用道路绿带、绿色街道、雨水湿地等低影响开发设施控制径流雨水（图3）。

第四步，通过保护水系+恢复农田+贯通绿廊+道路串接形成初步的用地规划框架

第五步，“源头收集”在规划框架的基础上搭建社区雨水收集系统（图4）。

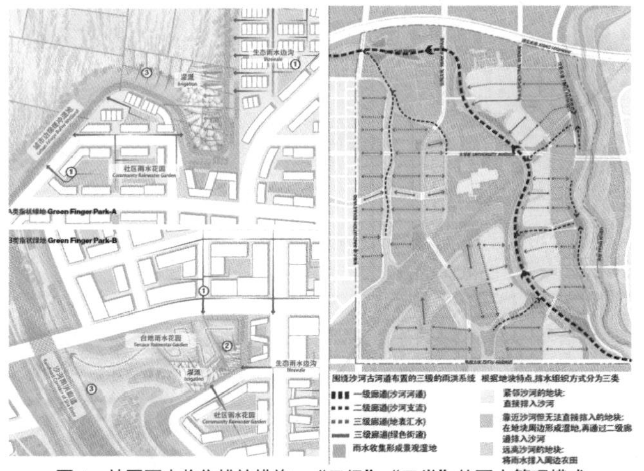

图4　社区雨水收集排放措施，“三级”“三类”的雨水管理模式

第六步，规划框架+雨水收集系统=规划用地布局

4 规划思考与实施建议

4.1 通过开发强度控制保障对原有自然系统的最小破坏

现状农田、水系、湿地和植被构成建设海绵城市的生态基底（图5）。

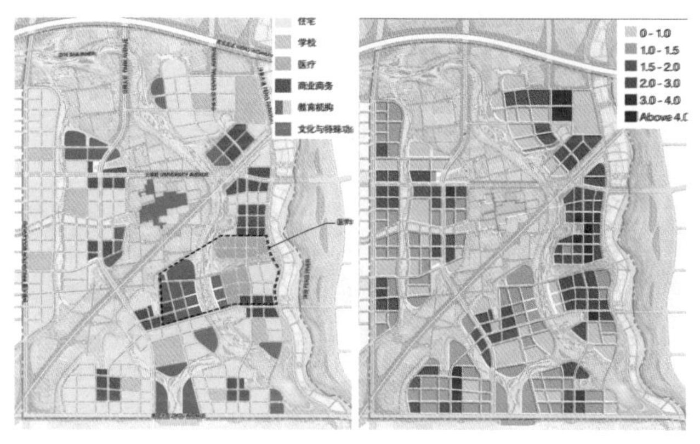

图5　规划用地布局，开发强度分区控制

4.2 在总体规划阶段提出低影响开发技术的相关指标

规划基于海绵城市的建设要求，从绿地建设与管理、社会经济管理和生态环境功能三种类型，二十项详细指标，明确海绵城市导向下的各类用地建设要求，为园区低影响开发夯实基础。

城市总体规划作为城市规划编制工作的第一阶段，是城市建设和管理的法定依据。在总体规划阶段基于“海绵城市（LID）”理念对城市用地进行合理布局可以更好的指导下一步控制性详细规划的编制和海绵城市理念的落实。

全球城市指标体系及国际比较研究

潘　鑫
上海同济城市规划设计研究院

2014 年 2 月，上海市政府《关于编制上海新一轮城市总体规划的指导意见》明确提出，将上海“努力建设成具有全球资源配置能力、较强国际竞争力和影响力的全球城市”。通过科学的评判方法认识上海全球城市建设现状，明确发展短板，对于明晰远景发展思路，引导上海全球城市建设具有重要意义。

1 “全球城市”指标体系研究进展及趋势

1.1 现状特征

全球城市指标体系研究早期主要基于对单项指标的考察，包括跨国公司、经济控制能力、航空交通联系等。其中，基于跨国公司的研究影响力最为深远，英国拉夫堡大学世界城市研究小组，开辟了世界城市网络定量研究的新领域。

进入 21 世纪以后，基于全球城市内涵越来越丰富，比较有代表性的有万事达卡全球商业中心指数、日本森纪念财团（MMF）发布“全球城市实力指数”、科尔尼的全球化城市指数等。

1.2 研究思路

结合对国内外学者对全球城市指标体系相关研究，可以发现全球城市的指标研究呈现出两大变化趋势（表 1）。

表 1 GaWC 与 2ThinkNow 排名比较

城市	GaWC排名		2ThinkNow 创新城市排名	
	2010	2012	2012	2014
伦敦	1	1	7	2
纽约	2	2	2	3
香港	3	3	14	20
巴黎	4	4	5	5
新加坡	5	5	30	27
上海	7	6	29	35
东京	6	7	25	15
北京	12	8	53	50
旧金山	27	28	4	1
波士顿	36	39	1	4
洛杉矶	17	18	12	14
芝加哥	8	11	26	21

（1）从反映城市内部组织构造的个体判别指标向全球城市网络中的城际联系判别指标转变。随着各城市间人口、资本、产业、信息等网络联系数据逐步透明化，基于不同城际联系的指标研究将更为全面的反映全球城市整体面貌。

（2）从关注全球城市经济实力指标向城市创新指标转变。从 GaWC 网络关联度与 2ThinkNow 全球城市创新能力排名来看，网络联系度处于顶端的伦敦与纽约，其创新能力也位居前列；旧金山与波士顿虽然网络联系度排名下降，但其创新能力却处于首列，率先实现了向创新型城市的转型。

2 上海“全球城市”建设评价思路

2.1 对标城市选取

伦敦、纽约是目前公认的全球城市，位于全球城市体系的顶端，通过与顶端城市的比较可以直观的了解到目前上海与全球城市顶端的差距以及今后努力的方向。就亚洲而言，新加坡、香港、东京是上海面临的主要竞争对手，只有清晰地了解这些亚洲城市的发展状况，才能科学的判断上海在亚洲城市中的地位与实际发展情况（图 1）。

图 1　全球城市分布

2.2 评价内容

将未来全球城市功能特征概况为五个方面：①全球金融商务集聚地；②全球网络平台及流量配置枢纽；③全球科技创新中心；④诱人的全球声誉；⑤面向全球的政府。本文着重评价上海在这五大功能特征方面与对标城市的竞争能力。

2.3 指标选取

结合数据发布的权威性，连续性及多城市指标可获取性等考虑，本研究选取在国际上定期发布，具有较大影响力的单项或综合评价指标体系，遵循“功能特征—典型评价指标”的思路与对标城市进行比较评价。

3 上海“全球城市”建设现状评价

3.1 总体判断

GPCI 指数和 GCI 指数标识的是城市综合实力，2014 年上海在两项全球城市体系中排名分别位于 15 位和 18 位，显示上海已经具备冲击全球顶端城市的基础与潜力（表 2）。

表 2 全球城市各指数排名

	GPCI (2012)	GAWC (2012)	WCoC (2008)	GFCI (2014)	2thinknow (2014)
评价测度	综合指数	企业网络联系度	全球商业中心指数	全球金融中心指数	全球创新城市指数
伦敦	1	1	1	2	3
纽约	2	2	2	1	2
东京	4	7	3	6	15
香港	11	3	6	3	20
新加坡	5	5	4	4	27
上海	12	6	24	20	35
北京	14	8	57	32	50

3.2 全球金融商务集聚地建设现状评价

根据全球金融中心指数（GFCI 7—16）系列报告，伦敦、纽约、香港及新加坡金融中心地位稳定，稳居前 4 位，上海金融中心地位则呈现上下波动态势。近几年，上海金融中心功能得到一定程度加强，但与香港、新加坡和东京的差距并没有显著缩小的迹象。

3.3 全球网络平台及流量配置枢纽建设现状评价

根据最具代表性的 GaWC 世界城市排名，上海已经从 2000 年的第 31 位，上升到 2012 年的第 6 位，达到世界城市的第二个层级 Alpha+。在排名位序上也超越了东京，仅次于伦敦、纽约、香港、巴黎、新加坡。从全球城市网络联系值来看，2010 年上海与伦敦、纽约之间的联系值均列入前 10 位，超越东京、北京，但与香港、新加坡相比仍存在明显差距。

3.4 全球科技创新中心建设现状评价

根据 2014 年 2ThinkNow 全球城市创新能力最新排名，伦敦和纽约分别居于全球第 2 位和第 3 位，仅次于旧金山。反观国内城市，上海全球创新能力排名从 2010 年的第 24 位下滑到 2014 年的第 35 位，北京也位于 50 位左右停滞不前。

3.5 诱人的全球声誉发展现状评价

根据 2014 年 GPCI 报告，宜居方面，上海与国际城市差距不大，甚至稍微领先于伦敦、纽约，说明上海在工作环境、生活成本、安全性、生活便利性等方面具有一定的优势。在文化方面，上海城市魅力在亚洲层面具有一定竞争力，但与伦敦、纽约等顶级全球城市相比仍具有差距。

3.6 面向全球的政府发展现状评价

WCoC 指数中法律和政治框架、经济稳定性、经营的容易度 3 项指标与政府领导能力密切相关，可以视为衡量政府绩效的指标，结果显示，新加坡政府凭借在法律框架、人才政策、经济稳定性方面的调控和主导作用，各项排名均位居前列；而上海 3 项指标均位于 50 位以外，但该项指标评价中不仅包含地方政府也包含中央政府，上海未来的发展受国家社会、经济发展政策的影响依然明显。

4 上海“全球城市”建设现状评价

在“全球金融商务集聚地”、“全球网络平台及流量配置枢纽”方面，未来需要进一步释放潜能，借助上海自贸区制度创新、金砖银行总部落户上海等契机，提升上海金融商务中心国际化水平；同时，上海作为长三角区域的“门户城市”，未来应在构建中国企业对外辐射网络平台方面发挥更为重要作用。

在“全球科技创新中心”、“诱人的全球声誉”方面，未来，上海在稳步增加科研投入同时，更应在营造适宜创新的包容性环境，吸引全球流动人群集聚方面做更多的努力；生态环境作为区域性问题，在短期内难以根本上解决，上海应加强与长三角区域其他城市在产业结构转型、生态环境治理等方面的协作。

在“面向全球的政府”方面，一方面，上海迈向全球城市离不开中央政府的支持，应争取在现有自贸区基础上，尽快扩大试点范围覆盖全市乃至长三角地区，成为国家制度创新的试验田；另一方面，上海应借鉴新加坡等城市经验，提升城市管理水平及国际化视野，建设精英政府，真正助推上海未来 30 年走向全球城市。

面向城市规划设计的交通评价平台开发及应用

曹娟娟
上海同济城市规划设计研究院

1 研究概述

1.1 研究背景

目前交通模型、地理信息系统、计算机制图等自成系统，相互之间独立，系统间互动困难，形成了一个个的信息孤岛。城市规划师和交通规划师又因为数据的格式要求不同，即使是同一个应用系统，数据之间也不能直接沟通。

因此，开发与城市规划设计相结合的快速简便、即时反馈的交通评价系统，整合城市规划和交通评价的数据格式，建立数据共享的信息平台，实现相互之间畅通的信息流动，对于完善和改进当前的交通评价和规划技术手段极其必要。

1.2 研究目的

本研究是为城市规划方案编制过程中的“规划－交通”快速反馈提供技术支撑，形成基于规划信息集成的交通评价方法，开发基于规划模型和交通模型集成的、便于城市规划师使用的交通评价信息平台（以下简称“信息平台”），减少城市规划和交通评价互动过程中的手工操作，减少交通评价的时间消耗，以有效提高城市规划中的交通评价工作效率，推动交通评价技术在规划设计中的广泛应用。

2 信息平台开发

2.1 信息平台概述

信息平台是一个数据管理软件系统，可以将所有需要共享的城市规划数据转换成符合交通分析要求的数据格式，储存在平台的通用数据库里。

信息平台的核心功能是对城市规划方案进行快速交通评价，重点是在一个平台之上打通全套交通分析处理流程，亮点是平台中的多种信息、图形整合和数据可视化，核心技术是构建适合城市规划和交通评价的地理信息数据库，开发基于数据库的各种专业应用模块，以及集成外部专业应用软件系统。

2.2 开发需求分析

基于城市规划师和交通规划是的工作习惯和技术需求，确定信息平台开发的功能需求如下：

（1）具备数据的采集、存储、转换、传输、处理、运算结果展示等基础功能；

（2）具备数据接口与转换功能，实现多个子系统之间的有效数据传输和处理；

（3）统一数据库，实现数据共享；

（4）功能模块可扩展性；

（5）有不同用户的访问权限；

（6）系统的安全性维护。

2.3 平台主要应用系统构成

本研究的信息平台主要有三个软件系统组成，分别是基于 AutoCAD 的数据输入软件、Emme 交通模型系统、基于 CityGIS 数据库的交通评价和结果展示系统。

2.4 平台运行框架

首先，将基础数据文件通过 AutoCAD 系统导入到数据输入软件中，根据 Emme 交通模型的数据内容和格式要求对基础数据进行处理。

其次，将处理好的数据导出到信息平台数据库和交通模型中，并在交通模型中执行交通四步骤模型计算，得到交通模型计算结果。

最后，将交通模型计算结果数据导出到信息平台数据库进行评价分析，用户可通过网络登录交通评价和结果展示系统，进行评价结果的查看、打印等操作。

3 平台效率评估

原有交通评价工作流程：CAD 格式基础路网、用地数据文件输入到 GIS 信息系统中，在 GIS 系统中对原始数据进行处理，添加相关的属性信息，并补充小区数据，然后再将 GIS 中处理好的文件转换到 Emme 交通模型中，在 Emme 中进行交通模型计算的过程，得到 OD 需求、路段流量和路段出行时间等数据，根据这些数据可以实现交通评价，并通过图片形式展示如出行期望线图、路网流量 / 饱和度图、出行等时线图等，实现交通评价过程。

案例信息平台交通评价工作流程：CAD 格式基础路网、用地数据、小区划分、公交线路文件自动输入到信息平台中，在信息平台中对原始数据进行处理，添加相关的属性信息，并计算小区数据，然后再导出为 Emme 可直接读取的文件格式并输入到 Emme 交通模型中，在 Emme 中进行交通模型计算过程，得到 OD 需求、路段流量和路段出行时间等数据，根据这些数据可以实现交通评价，并通过网络平台的方式展示如出行期望线图、路网流量 / 饱和度图、出行等时线图等，实现交通评价过程（表 1）。

表 1 原有交通评价方法和案例交通评价方法工作量对比

内容	原有交通评价方法	基于信息平台的交通评价方法
使用的专业软件	CAD、GIS、Emme	CAD、Emme
数据转换次数	3	2
数据格式要求	高	高，但可自动实现
手工操作	大量	少量
基础数据处理占交通评价过程时间	1/4 - 1/3	1/7 - 1/6
基础数据处理所需人力	2-3人	1人
数据精度	高	高
数据准确度	部分需人工调整	极少量需人工调整
评价结果可得性	需专业人员提供	可通过网络平台查询

4 平台应用案例

4.1 案例应用基础

案例规划紧抓综合交通体系规划与总体规划同步编制契机，积极运用交通模型技术手段，对县城土地利用、道路网络进行预测、评价及反馈，直接指导并优化了城市交通骨架及空间发展布局结构，贯彻了“用地—交通”整合互动规划的理念，取得了业主方的良好评价，同时为后续规划的深化奠定了良好基础。

4.2 案例应用实施过程

本案例主要是利用信息平台来改善城市规划过程中的交通评价，进而实现规划方案的优化，并确定最终合理的规划方案。

首先，将城市总体规划最初的用地方案和道路网络方案输入到信息平台中进行交通评价，若交通评价结果不理想，则提出相应的用地和道路网络修改建议，对最初的规划用地和道路方案进行优化。

然后对优化后的方案再次进行交通评价，整个过程轮回进行，直至得到满意的交通评价结果，从而确定最终的城区规划用地和道路方案。

5 研究总结

5.1 研究亮点

（1）开发了规划数据和交通评价集成的信息平台；

（2）实现了多学科、多系统的信息共享；

（3）实现了城市规划过程中信息的有效收集；

（4）实现了数据的统一存储格式和中央数据库的建立；

（5）开发了多个分析软件之间数据转换标准和工具；

（6）实现了自动识别和纠错，减少了人工操作。

5.2 研究展望

（1）快速交通评价方法的完善和推广；

（2）拓展评价指标体系；

（3）信息平台中公交功能模块完善；

（4）实现平台的自动化过程；

（5）信息平台的管理和维护。

本文为国家住建部研究课题《面向城市规划设计的交通评价信息系统集成与开发（2013-K5-10）》、上海同济城市规划设计研究院重点课题《城市规划中的交通网络空间评价信息系统集成与开发》的研究成果之一。

快速城镇化地区的城市开发边界划定方法探索

——以陕北榆林市为例

沈思思　陈　健　张海丹
陕西省城乡规划设计研究院

1 背景

过去的 20 年，我国土地城镇化明显快于人口城镇化，各地“摊大饼”趋势明显。近年国家相关会议要求，严控增量，盘活存量，优化结构，提升效率，切实提高城镇建设用地集约化程度。耕地红线一定要守住，红线包括数量，也包括质量。城镇建设用地，要以盘活存量为主，不能再无节制扩大建设用地，不是每个城镇都要长成巨人。按照促进生产空间集约高效、生活空间宜居适度、生态空间山清水秀的总体要求，形成生产、生活、生态空间的合理结构。

2 国内研究与实施情况

自 2007 年起，国内学术界对城市增长边界研究给予广泛关注，其内容主要涉及两类：

第一类着重于理论，即增长边界概念内涵和管理体系；

第二类着重增长边界划定的技术方法探讨。

对应关于城市增长边界的不同认识，国内已有研究中定量划定城市空间增长边界的方法主要有增长法、排除法、综合法三大类：

增长法：将城市建设用地看作是不断增长的有机体，结合模型模拟城市增长并参照模拟结果划定城市增长边界，主要用于弹性增长边界的划定。

排除法：排除由于建设条件受限或生态环境敏感等原因而形成的不宜或不可建用地，识别城市建设用地可能范围的最大值，主要用于刚性边界的划定。

综合法：在考虑城市增长的限制性因素的基础上融入对增长趋势的预测，主要用于弹性增长边界的划定。

3 快速城镇化地区的城市开发边界划定方法

考虑到快速城镇化地区的特殊性，划定以各类新区与建成区拓展用地的规划拼合图为基底，采取“倒推法”为总体思路：以城市生态安全格局、城市吸引力梯度、城市最大规模预测、空间形态控制、“两规”建设用地图斑对比等方法层层削减规划用地基底，最终划定城市建设用地的刚性开发边界和弹性开发边界，并进而提出相应的空间管制对策。

具体来说，即剔除不可逾越的生态底线区，在可开发建设区域作用地适宜性评价，对建设用地的城市吸引力进行排序。在此基础上，以规模预测控制用地总量，以空间形态引导用地布局，最后以“两规”建设用地图斑协调结果对边界具体范围定桩定界，最终完成城市开发边界划定工作(图 1)。

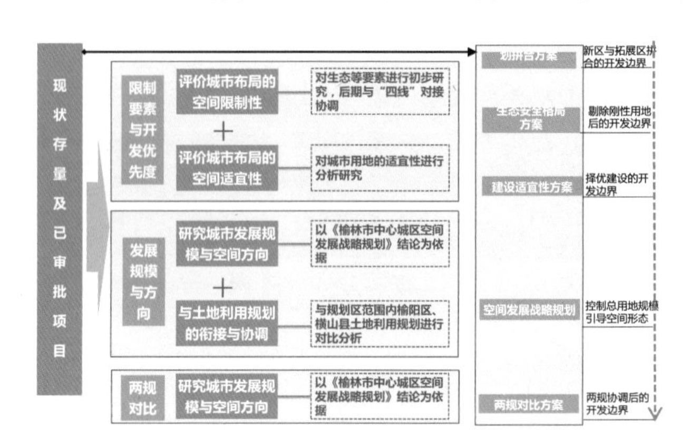

图 1　快速城镇化地区的城市开发边界划定方法技术框架

4 实证：榆林城市开发边界划定

2014 年 10 月，陕西省住房城乡建设厅、省国土资源厅共同开展全省城市开发边界划定工作，确定了榆林在内的试点城市，并作为下一步“三规合一”规划的基础工作。

榆林城乡规划区范围为榆林市区 7 个街道办事处，包括榆阳区的榆阳镇、金鸡滩镇、牛家梁镇、小纪汗乡、芹河乡、青云乡、鱼河镇、横山县的白界乡及横山县波罗镇靠近市区的部分行政辖区，总面积约 2 214 平方公里。

城市布局的空间限制性评价：

（1）生态底线界定

生态底线指对维护自然生态系统服务，保障国家和区域生态安全具有关键作用，在重要生态功能区、生态敏感区、脆弱区等区域划定的最小生态保护空间——《国家生态保护红线—生态功能红线划定技术指南（试行）》。

（2）生态底线管控要求

生态底线区是生态要素集中，城市生态保护和生态维育的核心地区，是城市生态安全最后的底线，是城市开发建设永久不可逾越的“刚性边界”，应遵守最为严格的生态保护需求（图 2）。

生态底线划定后，要求：

保护性质不改变；

生态功能不降低；

空间面积不减少。

图 2 城市生态底线区

5 思考与建议

5.1 城市开发边界的定义、内涵和外延需要进一步明确

城市开发边界是一条城市发展的指导线，还是土地用途管制的边界线，谁批准？具有怎样的法律效力？

与土地总规“三界四区”的管控又如何衔接？

对于选址有特殊要求的独立建设项目（线性工程），是否也必须服从于该线的管控？

产业园区、高校能否在边界外建设？

5.2 城市开发边界的定义、内涵和外延需要进一步明确

对边界形态是否有集中连片的要求？高度城市化地区土地精细化利用与管理，很难做到集中连片。

开发边界的划定既要体现平原和丘陵地带的差异、也要区别建设用地指标高度紧张和富余的差异，同时对城市和农村以及高度城市化地区也要有差异，不能一条线划到底。

5.3 划定城市开发边界以什么作为工作底图需要明确

以城市总规还是土地总规为底图？

除两规外，还应与城市五线规划以及环保、海洋、林业等专项规划衔接。甚至要做到与耕地红线、基本农田和生态线成为互为前提、互为约束。

5.4 总量控制、分类管理、灵活调整

应充分考虑城市发展的不确定性，尽可能多预留弹性。

在不突破土地总规建设用地规模前提下，实施项目分类管理，区分公益性基础配套设施和经营性项目，对于基础配套设施允许开发边界的灵活调整，并将调整的权限下放到省或市。

后　记

第 4 届“金经昌中国青年规划师创新论坛”征稿采用单位推荐和个人报名的方式，得到了相关单位的大力支持和青年规划师的踊跃参与，共征集到 111 份报名参加演讲的材料。论坛组委会组织同济大学建筑与城市规划学院教授、论坛主持人及相关策划人围绕各议题对所有提交材料进行了评议，筛选了 21 份参加青年创新论坛的讲演材料。演讲者的构成非常丰富，既有各大设计机构的青年规划师，也有来自高校和研究机构的青年教师、学者、在校研究生等。

受篇幅限制，组委会选择整理了70份研究材料，并组织专人对每篇材料进行了适当编辑形成文集，如有不妥之处，敬请谅解。

提交参加第四届“金经昌中国青年规划师创新论坛”的讲演材料目录（按收稿时间顺序）：

题　目	作者	单位
城市文化传统的传承——重庆水上公交的复兴计划	傅　彦	重庆市交通规划研究院
数据增强设计：新数据环境下的规划设计回应与改变	龙　瀛	北京市城市规划设计研究院
趣城 * 深圳美丽都市计划 2013-2014 年实施方案——趣城・盐田	毛玮丰	深圳市规划国土发展研究中心
关于城市规划与社会建设的若干思考	毛玮丰、刘永红、兰　帆	深圳市规划国土发展研究中心
第十二届全国美术作品展览场馆与国家文化发展规划	潘　玥	西安美术学院
城市更新的制度安排与政策反思——以深圳为例	林　强	深圳市规划国土发展研究中心
区域一体化进程中“转型城市”的转型困境——以唐山为例	陈宏胜、王兴平、陈　浩	东南大学建筑学院 南京大学建筑与城市规划学院
城市更新：市场化探索的困局与展望	徐　辰	江苏省城市规划设计研究院
上海房价与购房需求偏好分析	高路拓	上海复旦规划建筑设计研究院
人口疏解，让城市更拥堵	汤　舸	上海复旦规划建筑设计研究院
天津工业遗产管理思路与策略研究	于　红、沈　锐、陈　畅、谢　沁	天津市城市规划设计研究院
旧城更新的社会网络保护研究	黄　勇、石亚灵、肖　亮、 胡　羽、刘蔚丹	重庆大学建筑城规学院 重庆大学城市规划与设计研究院
新型城镇化背景下的城乡统筹规划的实践与对策研究	王　波	无锡市城市规划编研中心
新常态下开发区由“增量”向“存量”规划的转型探索——以苏州工业园区实践为例	黄　伟	江苏省城市规划设计研究院
城市更新改造区规划控制技术实践——以佛山市祖庙东华里片区控制性详细规划为例	李洪斌、谢南雄	广州市城市规划勘测设计研究院
基于直面新常态下民族文化传承发展“三重性”的规划策略——以墨江哈尼文化集中展示中心为例	廖　英	昆明市规划设计研究院
迈向城市发展新常态深圳在城市规划中加强社会建设的改革初探	兰　帆、刘永红	深圳市规划国土发展研究中心
理性认识大数据对城市规划的作用	朱　玮	同济大学建筑与城市规划学院
城市棕地改造中的色彩规划研究——以宁波甬江北岸棕地为例	毛　颖	上海复旦规划建筑设计研究院
新常态下的上海“三线”划示思路	殷　玮	上海市城市规划设计研究院
产权、公共空间资源与城市设计的探讨——新时期空间资源优化配置	李沛东	重庆大学建筑城规学院
借鉴欧洲小镇内涵，探究风情小镇舟山发展模式	洪　斌、傅小娇	舟山市城市规划设计研究院
海洋建设管理新常态与多模型构建引导下的填海造地规模研究	张　赫	天津大学建筑学院
花桥国际商务城规划检讨介绍	赖江浩	江苏省城市规划设计研究院花桥分院
“新常态”下国际化产业园区的规划探索——中德沈阳高端装备制造产业园总体规划实践思考	李晓宇、高鹤鹏、盛晓雪、 林秀明、刘福星	沈阳市规划设计研究院
寻求“界线”和“规模”双重控制的结合——四川省城市开发边界划定的探索	唐　鹏	成都市规划设计研究院
成都市公共交通“多网融合”规划工作——“大数据”开创成都公交规划新技术，“多网融合”开启成都公交通发展新思路	王　波	成都市规划设计研究院
浦东新区人口演化中的空间分异研究	朱新捷	上海市浦东新区规划设计研究院
“春（村）城”里的后城中村时代	罗兵保	昆明市规划设计研究院
“新常态”下城镇用地规模预测的思考	熊　帼	昆明市规划设计研究院
浅谈农村基础设施建设困境及其融资的新常态	王　涛	昆明市规划设计研究院
城市设计范式——从“功能”向“景观”的转变	龚　斌	广东省城乡规划设计研究院
基于“引导低碳出行”的低碳细胞单元模式研究	杜　琴	广东省城乡规划设计研究院
新时期的广州城市空间发展战略思考	刘　程	广州市城市规划勘测设计研究院
基于土地集约利用的空间发展规划	郑　金	武汉市土地利用和城市空间规划研究中心
站着把规划做了	陈　宇、霍玉婷	天津市城市规划设计研究院
新常态形势下空间协调规划的实践与思考——以沈阳市于洪区“三规合一”工作为例	盛晓雪	沈阳市规划设计研究院
公共管理视角下的城市设计过程	奚　慧	同济大学建筑与城市规划学院
“多规合一”：新常态下规划体制创新的突破口	朱　江	广州市城市规划勘测设计研究院

续表

题目	作者	单位
面向实施的大尺度滨水空间规划策略探讨——以南京明外郭至秦淮新河百里风光带规划为例	章国琴、刘红杰	东南大学建筑学院 东南大学城市规划设计研究院
存量土地二次开发中规划编制新探索——深圳市土地整备单元规划制度设计	游　彬	深圳市规划国土发展研究中心
存量规划中的城市设计编制体系探索——以笋岗－清水河城市更新项目为例	王　歆	深圳市蕾奥城市规划设计咨询有限公司
病一下，更美好——城中村存续前提下的转型兼论	张　玉、陈　青、韩　冰	河南省城乡规划设计研究总院
上海人口发展的弹性规划应对方法探讨	周文娜	上海市城市规划设计研究院
城市旧住区人地矛盾成因初探——以西安振兴路居住地段为例	刘　展	陕西省城乡规划设计研究院
快速城镇化地区的城市开发边界划定方法探索——以陕北榆林市为例	沈思思、陈　健、张海丹	陕西省城乡规划设计研究院
陕西省富平县莲湖村传统村落内生保护方法研究	赵　卿、宋　玢、贾宗锜、赵菲菲	陕西省城乡规划设计研究院
适应城乡规划转型的技术分析模型：时空链网分析法初探	陆　学	陕西省城乡规划设计研究院
基于"海绵城市（LID）"理念的城市用地布局方法探讨——以《西咸新区国际文化教育园区总体规划》为例	张军飞、耿楠森、陈　建	陕西省城乡规划设计研究院
上海旧区改造式的房屋征收中的市民参与机制	徐祝敏	新奥尔良大学
新常态下东部大型产业平台的发展困境、转型思考与规划应对——基于新一轮战略规划的探索	赵佩佩	浙江省城乡规划设计研究院
城市空间存量优化中的微型公共空间分布	杨　迪	重庆大学建筑城规学院
未来的城市规划	王　鹏	北京清华同衡规划设计研究院有限公司
功能新区（分区级）城市更新规划编制的探索——以深圳龙华新区为例	胡盈盈	深圳市规划国土发展研究中心
互联网春运迁徙数据在省域城镇体系规划中的应用——兼谈规划师的大数据观	李　栋	中国城市规划设计研究院
常态、非常态与新常态——欠发达地区山村人居环境规划实践的思考	周政旭	清华大学建筑学院
高机动化背景下自行车交通系统的思考和重构——以深圳市为例	周　军	深圳市规划国土发展研究中心
中观层次城市设计的方法	石效国	四川省城乡规划设计研究院
新形式下工业组团城市规划——以天府新区永安组团为例	余　鹏	四川省城乡规划设计研究院
新型城镇化下城市总体规划各类人均用地的科学确定路——以四川省武胜、营山、大英县城总规为例	陶　蓓	四川省城乡规划设计研究院
新常态城镇化中的传统聚落边界应对	唐　密	四川省城乡规划设计研究院
城市历史景观方法在安徽宣城历史城区发展中的应用探索	卞蟲喆、王　溪、叶建伟	同济大学建筑与城市规划学院
城市模型理论与方法的"新常态"——来自麦克·巴蒂访谈的启示	刘　伦	剑桥大学
互联网思维的公众参与新模式——"众规武汉"在线规划平台	黄　玮	武汉市规划编制研究和展示中心
建设国家中心城市目标下武汉经济技术开发区的产城一体化	黄　玮、张　静	武汉市规划编制研究和展示中心 武汉市城市规划设计研究院
新常态下特大城市郊区应急避难场所规划的应对策略——以金山区、嘉定区为例	李开明	同济大学建筑与城市规划学院
基于行为偏好的休闲步行环境改善研究	刘　珺	中国城市规划设计研究院上海分院
新常态 新应对	李绍燕	
以健康理念为引导的城市设计——让城市回归健康生活	武维超	上海同济城市规划设计研究院
城市设计中集体记忆的延续与塑造	吴　怨	上海同济城市规划设计研究院
城市更新中绅士化现象的政策建议——以波士顿科德曼社区为例	张博钰	上海同济城市规划设计研究院
关注城市非传统安全——毒地	李　林	上海同济城市规划设计研究院
全球城市指标体系及国际比较研究	潘　鑫	上海同济城市规划设计研究院
大数据思维的乡村规划数据价值挖掘与应用研究——以环梵净山地区乡村为例	张昕欣	上海同济城市规划设计研究院
空间新常态：智慧城市与城乡空间组织重构	陆　韬	上海同济城市规划设计研究院
返璞归真——在区域和历史的维度中塑造城镇特色	俞　静	上海同济城市规划设计研究院
浅谈新常态下街道空间的价值再生——以金山区枫泾镇枫阳路设计为例	欧阳郁斌	上海同济城市规划设计研究院
民族地区适应性规划的探讨——以丝绸之路上的莎车老城为例	房　钊	上海同济城市规划设计研究院
一般史迹型中小历史文化名城控制性详细规划指标体系构建——基于22个一般史迹型历史文化名城控规编制的研究及启示	左妮莎	上海同济城市规划设计研究院
以文化承扬为核心的老城区有机更新思考	邵　宁	上海同济城市规划设计研究院
社区更新——从鞍山四村社区生活经历谈起	武思园	上海同济城市规划设计研究院
退而结网：城市更新规划编制再思考	房静坤	上海同济城市规划设计研究院
总规"使用手册"——服务于实施的规划思考	顾玄渊	上海同济城市规划设计研究院
面向城市规划设计的交通评价平台开发及应用	曹娟娟	上海同济城市规划设计研究院
"新常态"下的多方协调规划——以"奎－独－乌"地区空间协调发展规划为例	贾　旭	上海同济城市规划设计研究院
水资源约束——城市总体规划中的底线思维	黄　华	上海同济城市规划设计研究院
简析福州三江口樟岚总部基地城市设计中的创新规划思路与方法	宋　嘉	上海同济城市规划设计研究院
面向生态文明的多维度景观设计	张　莺	上海同济城市规划设计研究院
城市更新——精英到公众，共筑城市梦想	陆勇峰	上海同济城市规划设计研究院
中西医结合老城区存量规划方法探索——以吕梁老城区控制性详细规划为例	张逸平	上海同济城市规划设计研究院

续表

题　目	作者	单位
存量视角的杨浦区空间发展战略规划	赵力生	上海同济城市规划设计研究院
新常态，新应对——河北任丘通过海绵城市的建设打造生态规划水系	谭晨希	上海同济城市规划设计研究院
基于网络众规平台的城市公共空间 POE 探索	符　骁	上海同济城市规划设计研究院
新型城镇化背景下的城市规划底图制图探索	张利君	上海同济城市规划设计研究院
城市的“微创手术”	赵安娜	上海同济城市规划设计研究院
互联网激发下的乡村发展及规划的弹性应对	孙伏娇	上海同济城市规划设计研究院
博弈之困——寿助理下乡记	寿劲松	上海同济城市规划设计研究院
回归生活需求的旧城更新—厦门旧城改造回顾、反思与展望	赵　刚	上海同济城市规划设计研究院
新常态下的上海人居环境思考——以新江湾城地区为例	郑国栋	上海同济城市规划设计研究院
新应对——大数据时代的城市规划反思	潘镜超	上海同济城市规划设计研究院
探索在建设用地零增长的前提下，“三规合一”工作实现存量规划的策略	陈　晨	上海同济城市规划设计研究院
新常态新产业新农村	潘雅特	上海同济城市规划设计研究院
河北环京津县（市）总规编制创新：以三河为例	贾淑颖	上海同济城市规划设计研究院
林盘在川西村庄规划中的实践与应用	于　亮	上海同济城市规划设计研究院
由“二次城镇化”引发的思考	张　成	上海同济城市规划设计研究院
新常态下，我们如何应对	王建平	上海同济城市规划设计研究院
历史文化街区的划定——以南宁为例	汤群群	上海同济城市规划设计研究院
地理信息系统在城市规划中的运用	赵哲毅	上海同济城市规划设计研究院
微分都市——下一代城市的梦想	丁宇新	上海同济城市规划设计研究院
基于 GIS 的城市设计方法探索	洪　成	上海同济城市规划设计研究院
第十一届中国（郑州）国际园林博览会规划创新思考——基于新常态背景视角	陈　光	上海同济城市规划设计研究院

参加推荐单位名单（排名不分先后）：

北京清华同衡规划设计研究院有限公司
北京市城市规划设计研究院
成都市规划设计研究院
重庆大学城市规划与设计研究院
重庆大学建筑城规学院
重庆市交通规划研究院
东南大学建筑学院
东南大学城市规划设计研究院
东南大学区域与城市发展研究所
广东省城乡规划设计研究院
广州市城市规划勘测设计研究院
河南省城乡规划设计研究总院
剑桥大学
江苏省城市规划设计研究院
江苏省城市规划设计研究院花桥分院
昆明市规划设计研究院
南京大学建筑与城市规划学院
清华大学建筑学院
陕西省城乡规划设计研究院
上海复旦规划建筑设计研究院
上海市城市规划设计研究院
上海市浦东新区规划设计研究院
上海同济城市规划设计研究院
深圳市规划国土发展研究中心
深圳市蕾奥城市规划设计咨询有限公司
沈阳市规划设计研究院
四川省城乡规划设计研究院
天津大学建筑学院
天津市城市规划设计研究院
同济大学建筑与城市规划学院
无锡市城市规划编研中心
武汉市城市规划设计研究院
武汉市规划编制研究和展示中心
武汉市土地利用和城市空间规划研究中心
西安美术学院
新奥尔良大学
浙江省城乡规划设计研究院
中国城市规划设计研究院上海分院
中国城市规划设计研究院
舟山市城市规划设计研究院

感谢所有作者对“金经昌中国青年规划师创新论坛”的支持！感谢所有参加推荐单位的大力支持！

金经昌中国青年规划师创新论坛组委会
2015 年 7 月

图书在版编目(CIP)数据

新常态·新应对:第4届金经昌中国青年规划师创新论坛/金经昌中国青年规划师论坛组委会编.--上海:同济大学出版社,2015.10
ISBN 978-7-5608-6022-0

Ⅰ.①新… Ⅱ.①金… Ⅲ.①城市化–中国–文集②城市规划–中国–文集 Ⅳ.①F299.21-53②TU984.2-53

中国版本图书馆CIP数据核字(2015)第226884号

第4届金经昌中国青年规划师创新论坛

新常态•新应对

New Normal • New Response

金经昌中国青年规划师论坛组委会　编

责任编辑　荆　华　　责任校对　徐春莲　　装帧设计　朱丹天

出版发行　同济大学出版社 www.tongjipress.com.cn
（地址：上海四平路1239号　邮编：200092　电话：021-65985622）
经　　销　全国各地新华书店
印　　刷　上海盛隆印务有限公司
开　　本　889mm×1194mm　1/16
印　　张　11.25
字　　数　360 000
版　　次　2015年10月第1版　　2015年10月第1次印刷
书　　号　ISBN 978-7-5608-6022-0
定　　价　100.00元